管理會計（第二版）

主　編　陳萬江、李來兒
副主編　閆書麗、肖霞、彭強

崧燁文化

第二版前言

本教材自第一版出版以來，已歷經七年有餘。在這七年的時間裡，對管理會計具有重要影響的管理學、經濟學的學術均已經有了長足的發展，學術界對企業管理的實踐，更加強調精細化。不僅如此，其還將市場機制對企業的影響，與傳統的管理理念中強調的成本管理結合起來，這就在理論層面上形成了一種具有最新時代特點的企業管理模式。與理論研究同時，管理實踐還面臨著宏觀背景上的眾創、眾籌大課題。

在這一系列的新理念和新實踐背景下的管理會計，應如何從理論、技術角度實現自我完善，從而使得管理會計學科可以更好地服務於企業管理實踐，是所有從事管理會計學理論和應用技術體系研究的人所面臨的大課題。

基於上述認識，我們對本教材進行了一次修訂。為了在理念上更加地符合上述大經濟背景對理論應該與時俱進的要求，應用技術體系應該更加精準化，我們著重對第二章和第五章進行了改寫。對第二章的改寫，著重在於將作為管理會計理論基礎的核心概念的「性態」進行了擴展，把原來一般教材將性態概念僅僅只是用於對成本範疇進行分析，擴展至各主要損益指標。進而，本章題目也由「性態理論」修改為「財務指標的形態分析」。這種修改使得本章標題可以更加充分地體現本章的核心內容。對第五章的修改，主要集中在相關成本概念的準確化和日常經營決策方法的系統化上。相關成本是經營決策中的一個基礎概念。這一概念是對傳統會計成本概念的一個異化。這一次的修訂，根本目的就在於要突出和強調這種異化以及由此產生的經營決策的價值。而對於經營決策方法的修改，則在於更加系統化地凸顯經營決策分析方法作為一個體系的邏輯脈絡。這種邏輯脈絡就是基於備選方案的財務指標的數量特徵以及因此而可以建立的函數模型特徵。有了這種對方法體系的邏輯關係的明確化後，由於把握了方法體系的根本，就可以更加靈活地對待經營決策方法，包括使用和構造。

本次修訂，是在一些不定期的討論基礎上，主要由陳萬江來完成的。這一次修訂，西南財經大學出版社給予了原始動力和過程的協助。在此，謹向他們致以衷心感謝！

陳萬江

目 錄

第一章　總論 …………………………………………………（1）
　　第一節　管理會計的意義 ………………………………（1）
　　第二節　管理會計的產生和發展 ………………………（3）
　　第三節　管理會計與財務會計的聯繫與區別 …………（6）
　　第四節　管理會計的基本內容 …………………………（9）

第二章　財務指標的性態分析 …………………………（12）
　　第一節　成本的性態分析 ………………………………（12）
　　第二節　收益性指標的性態分析 ………………………（27）
　　第三節　變動成本法 ……………………………………（30）

第三章　本量利分析 ……………………………………（43）
　　第一節　本量利分析概述 ………………………………（43）
　　第二節　盈虧臨界點分析 ………………………………（45）
　　第三節　目標利潤的分析 ………………………………（55）

第四章　預測分析 ………………………………………（61）
　　第一節　預測分析概述 …………………………………（61）
　　第二節　銷售預測分析 …………………………………（63）
　　第三節　成本預測 ………………………………………（70）
　　第四節　利潤預測 ………………………………………（74）
　　第五節　資金預測 ………………………………………（76）

第五章　經營決策分析 …………………………………（79）
　　第一節　經營決策分析概述 ……………………………（79）
　　第二節　經營決策需要考慮的成本概念 ………………（80）
　　第三節　經營決策的基本方法 …………………………（84）
　　第四節　經營決策案例分析 ……………………………（86）

第六章　長期投資決策 ……………………………………………………（115）
　　第一節　長期投資決策概述 ………………………………………………（116）
　　第二節　長期投資決策分析評價的基本方法 ……………………………（129）
　　第三節　長期投資決策的擴展 ……………………………………………（133）

第七章　全面預算管理 ……………………………………………………（138）
　　第一節　全面預算概述 ……………………………………………………（138）
　　第二節　全面預算體系的構成和編製方法 ………………………………（142）

第八章　標準成本控制 ……………………………………………………（158）
　　第一節　成本控制理論的形成與發展 ……………………………………（159）
　　第二節　標準成本基礎 ……………………………………………………（164）
　　第三節　成本差異分析 ……………………………………………………（170）
　　第四節　成本差異的帳務處理 ……………………………………………（176）
　　第五節　幾種成本計算方法的比較 ………………………………………（178）

第九章　責任會計 …………………………………………………………（183）
　　第一節　責任會計概述 ……………………………………………………（183）
　　第二節　責任中心 …………………………………………………………（187）
　　第三節　內部結算價格 ……………………………………………………（197）

第十章　作業成本會計 ……………………………………………………（202）
　　第一節　作業成本會計基本原理 …………………………………………（203）
　　第二節　作業成本法的計算 ………………………………………………（208）
　　第三節　作業成本管理 ……………………………………………………（214）

第十一章　戰略管理會計 …………………………………………………（219）
　　第一節　戰略管理與戰略管理會計 ………………………………………（219）
　　第二節　戰略管理會計基礎 ………………………………………………（226）

第十二章　質量成本會計 ··· (236)
第一節　質量成本概述 ·· (236)
第二節　質量成本會計管理 ·· (239)

第十三章　資本成本會計 ··· (247)
第一節　資本成本的經濟意義 ·· (247)
第二節　資本成本的管理與核算 ·· (251)

第十四章　人力資源成本會計 ··· (256)
第一節　人力資源會計概述 ·· (256)
第二節　人力資源成本會計 ·· (260)

參考文獻 ·· (266)

附表1　複利終值系數表 ··· (267)
附表2　複利現值系數表 ··· (268)
附表3　年金終值系數表 ··· (269)
附表4　年金現值系數表 ··· (270)

第一章 總論

案例與問題分析

MN 公司正在經歷一個嚴峻的時刻。該公司的產品在市場中逐漸失去銷路。於是，公司今後的道路該如何走下去的問題就擺在企業管理當局面前。如是否需要對企業的目標進行調整，是否需要對產品結構、技術結構進行改造，是否需要對市場的定位重新進行確定等問題。這些問題涉及該公司的經營管理中的根本問題。

由於涉及公司經營管理的根本問題，所以在對企業經營管理方面的一個重要的或根本的信息需求就產生了。這就是應該對企業經營管理的運行規律的瞭解和把握，從而可以為解決前述問題提供基礎條件。

第一節 管理會計的意義

現代系統論認為，會計的本質是一個信息系統，是為了滿足信息消費者能夠據以做出有根據的決策行為的需要而產生和形成的一種加工生成有關信息，並加以反饋的認定、計量和傳遞經濟信息的程序。強調對信息使用者的決策提供支持是現代會計的一個重要特點。因此，會計常被看成是為經濟決策提供信息支持的決策支持信息系統。基於信息使用者的不同需要，現代企業會計逐步形成兩個相對獨立的領域：財務會計和管理會計。

一、管理會計的概念

管理會計起源於 19 世紀后半葉，成長於 20 世紀上半葉，並於 20 世紀 50 年代得以基本成形。其基本成形表現為已經具有完整的理論架構和一個獨特的完善的方法體系，從而形成一個獨立的學科。

會計學基本理論表明，會計活動是以資產、負債、所有者權益、收入、費用以及利潤為基本的工作對象，尤其是在確認上述各會計要素間存在客觀的經濟關係基礎上，進行會計的一系列活動。財務會計活動的基本內容包括：首先按一定的觀念原則，對特定會計主體的資產及法定歸屬做出準確的貨幣計量，同時通過對收入、費用的確認和配比，計算出利潤並以此解釋特定期間的經營成果和某一時點的財務狀況。會計信

息外部使用者因遠離企業生產經營的實體，主要通過企業提供的財務報表來獲得相關信息，自然要求財務會計站在公正的立場上，客觀地反應情況，以保證有關的信息資料真實、可靠。因此，財務會計在進行這一系列活動時，必須遵守「客觀性」準則。「客觀性」準則要求會計在記錄反應時必須以已發生的事項為記錄內容，而不得以計劃或預測資料來代替實際信息，同時，對各種信息的會計處理應保持不偏不倚的立場。一切為了對信息使用者產生特定影響，以使其產生符合其他意志的行為，都是違背財務會計準則的。所以，以公認會計準則為行動規範的財務會計活動，應該真實地反應特定會計主體的財務狀況及經營成果的信息。

財務會計是以貨幣形式，運用復式記帳原理，以反應企業生產經營活動過程為基本內容，以向外部信息使用者提供關於企業特定期間財務狀況和經營成果信息為基本目的的對外報告型會計。

管理會計則是一種與財務會計具有不同特徵的會計活動。

管理會計是以將生產經營活動理解為一個有規律的連續過程為基礎，以揭示各財務指標的數量關係為基本內容，從而對生產經營活動的管理建立在科學而不是經驗基礎上的一種經營管理型會計。它是為滿足企業管理者的信息使用需求而提供經營決策所需的和改善經營管理的相關信息，以發揮作為決策支持系統作用的內部管理型會計。

管理會計仍然以會計基本要素為研究對象，尤其是要以各要素之間的經濟數量聯繫作為其研究對象。在管理會計的工作理念中，仍然堅持各會計要素間存在的客觀聯繫，尤其是「收入－費用＝利潤」這一等式中所表現的關係並在此基礎上展開其理論和技術結構。管理會計的這種工作內容的特點充分地證明了管理會計中包含的會計基本特徵。但是，在研究各會計要素的關係時，管理會計突破了傳統的會計方法，吸收了經濟學、管理學和數學的研究成果，借鑑工程技術研究和數理統計和分析等方法，以努力實現滿足管理活動之信息需求的目標。

管理會計作為一種經營管理型會計，在其理論與技術架構的構造理念上，表現出獨特的性質特徵。在管理會計的視野中，企業經營活動是一個連續的、有規律可循的運動變化過程。作為其所發出之信息，並具體體現這一過程的各個財務指標，表現出經濟變量的特徵；進而各個財務指標作為變量又表現出規律性可知的特徵。財務指標的規律性具體包括各個財務指標之間存在的質的相關、互補性和指標之間的數量聯繫，進而財務指標的變化規律以及相互之間的聯繫，也就是企業經營活動運動變化規律的實質性內容。基於這一理解，管理會計的理論與技術結構體系表現如下特徵：在努力探求財務指標體系中各財務指標的數量變化規律及相互間數量聯繫的基礎上，表達出生產經營活動的運動變化規律，從而為企業的管理活動奠定一個定量化的科學基礎。以這一理解為基礎，管理會計的學科體系上還形成了一個重要特徵即將各種基本的經濟數量管理概括成一系列基本範疇，並構成管理會計的理論基礎，進而構建出管理會計的理論架構與技術體系。應該指出，這一理論技術架構的特點決定了管理會計在理念上總是把對企業經營活動的管理視為一個動態的過程來加以理解，而不是像傳統會計那樣，總是靜態地描述企業生產經營活動。

基於此，可以對管理會計的內容歸納如下：管理會計通過特定的信息加工方式生

成相關信息，並提供給企業管理當局，以支持其關於生產經營活動的管理。

綜上所述，可以對管理會計定義如下：管理會計是指以表述企業經營活動的相關運動變化規律為基本工作內容，並將其提供給企業管理當局以支持企業管理當局的管理活動的決策支持系統。

二、管理會計的學科性質

管理會計是現代會計的一個基本領域。管理會計同財務會計共同構成現代會計體系，因此管理會計和財務會計是現代會計的兩個基本的分野。

管理會計的出現首先是現代管理活動的需要，同時現代管理理論以及實踐又為管理會計的出現奠定了基礎。管理會計是現代管理理論同會計理論以及實踐相結合的產物。這一歷史淵源決定了管理會計既具有管理活動的特徵，又具有會計的信息生成系統特徵。正如有的學者所指出的一樣：管理會計是以會計信息系統形式存在的決策支持系統。

管理會計首先是以會計信息系統的形式存在的。管理會計的理論與技術架構決定了管理會計首先是進行信息加工。在管理會計的活動進程中，其目標和工作理念的實現，都必須體現為信息加工的過程和行為。在企業經營活動過程中，各種資源要素在其被取得和使用的過程中，都呈現出一種資源流的狀態。而這些資源流，無論是物質流還是資本流，都將形成流量與存量的結果狀態。而這些經濟要素流本身的確認和計量，又必然表現為一定的信息以及信息流。依據對以決策為核心的管理是否有用而進行的信息流加工處理，從而再次生成更高層次和管理相關性更強的信息。這種對基本信息的處理就是管理會計作為一種信息系統的核心活動內容。

不僅如此，管理會計又是一個典型的決策支持系統，從而表現出典型的管理活動特徵。美國會計學會對管理會計的特徵作了如下的概括：管理會計是運用適當的技巧和概念，處理和分析企業的歷史資料或預測的經濟資料，以協助企業管理當局制定經營目標、編製計劃、做出各種決策，從而達到企業經營目標的一種理論技術體系。從管理系統構成理論來看，企業管理大系統由決策計劃制訂系統、決策計劃支持系統和決策計劃執行系統所構成。決策計劃支持系統是企業管理大系統中不可須臾暫離的有機構成部分。因此，決策支持系統具有典型的管理活動屬性。而管理會計是決策支持系統中的典型內容，所以管理會計也具有典型的管理活動屬性。

第二節　管理會計的產生和發展

一、管理會計的產生與形成

19世紀是資本主義經濟形式影響深遠的時代，同時，也是諸種現代經濟學說百家爭鳴的一個時代。管理會計正是在這一背景下得以萌芽、濫觴和發揚光大的。

在19世紀，一個值得經濟學說史大書特書的事件就是股份制經濟形式在社會經濟

活動中的深遠影響。這種影響的一個關鍵結果是關於社會財富相關權益的分離以及其社會意義。在社會經濟領域，基於社會財富相關權益的分離而產生的重要相關內容就是經營權與所有權相分離。尤其應該在這裡指出的是這一分離對會計活動和會計學說的影響。當上述的兩權分離學說與微觀經濟主體——企業相結合時，現代意義的公司制企業也相應產生了。與兩權分離的公司制企業必然相關的是產生了兩種不同需求的會計信息消費者：一是握有企業所有權的企業所有者，二是握有企業經營權的企業經理人。前者處於企業經營活動之外，但與企業存在經濟利益的相關性，他們關心的是其注入企業的資本的安全性和增值結果；而后者則關注著已經注入企業的資本的效用如何能夠得以充分發揮。這是基於社會經濟實踐活動而產生的對會計信息的不同需求。而恰恰是這種不同需求，形成了使早期會計轉變並形成現代會計架構的歷史前提。現代會計的基本架構即財務會計和管理會計兩個基本分野，這兩個會計的基本分野正是為滿足前述的不同會計信息需求而產生和形成的。

　　管理活動以及理論由早期狀態發展為現代形式，也為管理會計的發展奠定了理論基礎。在19世紀末期至20世紀初期，以嚴格而著名的泰羅的管理理論，成為管理理論的主流，因其嚴格和標準化特徵，故稱其為典型的標準化硬管理模式。這種模式的核心特徵是嚴格和標準化。而標準化思想對會計活動以及理論的影響，就是標準成本制度理論與實踐的形成。標準成本制度的形成和在實踐中的運用，導致了成本性態思想以及實踐形態的形成，變動成本和固定成本理論又導致變動成本法的產生，由此同時又產生了量本利分析理論框架和實用模型。

　　在經歷了20世紀30年代初的經濟大蕭條後，如何使得投資具有安全性和有效性，就成為管理者的著眼點。這裡的投資，並不僅僅指對外的金融投資，也包括一個企業內部的資金使用的效率問題。正是在這一社會背景下，投資理論、投資的經濟評價方法等也就成為管理理論的核心問題，這也是管理會計的重點問題之一。以折現計算為核心技術理念的淨現值計算和內部收益率計算等方法，也在這一時期成為管理會計基本架構的核心構成內容。

　　在管理理論對管理會計的影響中，尤其值得一提的是行為科學理論與系統理論對管理會計理論與實踐的影響。以對泰羅的硬管理模式進行批判和揚棄為基礎，是在管理活動中引進行為科學思想理論。泰羅的硬管理模式的核心是將人作為自然物對待，忽視人的主觀能動性。而行為科學理論的核心則是重視人，重視社會活動尤其是經濟活動的真正動因。行為科學思想對會計活動和理論的直接影響就是形成了管理會計基本理念，並且直接導致在管理會計理論技術體系中形成了以人為核心對象的會計核算體系、以人的經濟行為動因即經濟責任、利益和權利適配的會計核算體系，這就是責任會計核算體系。與此同時，作為現代科學的理論基礎和方法論基礎的系統論理論，也在深刻地影響著管理會計的體系和內容。這首先表現在，無論是從問題的某一部分進行決策規劃還是研究問題的整體，在管理理念上，都是以問題的整體以及整體的系統關係為管理的依歸，也就是說，管理會計的管理理念始終是以整體地、全面地、相互聯繫地研究問題為其根本特徵的。作為這一系統理念的具體體現，就是全面的預算管理體系的形成。

在20世紀50年代，管理會計在其基本體系構建上取得了進展，這就是管理會計目標研究。50年代初已有學者明確指出：管理會計以「提供基礎信息，以便讓經營人員擬定關於企業各項活動的計劃，並進行控制」為目的。美國會計學會於1955年度及1958年度的報告書中對管理會計的目標進一步做出了類似表述，如在1958年度的報告書中指出，管理會計工作在於協助經營管理人員擬訂達到合理經營的計劃，並依此做出明智的決策。這些發展狀況表現了管理會計的理論、理念的現代特徵。

　　20世紀70年代社會經濟活動的巨變再一次深刻地影響了管理會計的理論和技術體系。一方面，20世紀出現的「顧客化生產」理論使企業面臨更加激烈的市場競爭；另一方面，風起雲湧的企業購並浪潮，使得企業必須構造自己的戰略目標與計劃。與此相適應的是企業成本概念的完善化和成本管理會計的發展與戰略會計的形成和發展。

　　基於前述內容，在管理會計理論邏輯上不僅提出了前述的管理會計系列內容體系，而且也從改革管理會計的理論體系、控制與方法體系等方面著手，來研究建立管理會計方面的問題。對管理會計的這種研究以及管理會計本身的發展線索表明了一個管理會計本身的邏輯發展方向，正是這種方向體現著現代管理會計發展對新領域的開闢，體現著現代管理會計在新世紀的發展方向。

二、管理會計發展的階段特徵

　　雖然邏輯判斷的結論與歷史事實並不在每時每刻都一致，就正如所謂規範研究與實證研究有時候不一致一樣，但是在充分長的時間和充分多的樣板實例中觀察，其實兩者還是幾乎一致的。管理會計的上述發展歷程，就其特徵而言，可以割分成兩個具有不同特徵的階段，即執行性階段和決策性階段。

(一) 執行性階段的管理會計

　　執行性階段的管理會計，其核心是制定標準指標並保證其實施。執行性階段的管理會計的理論基礎是以泰羅的硬管理思想為核心的管理思想體系。在硬管理思想體系中，以自然科學的理論和技術方法為依據，制定從自然科學角度具有可執行性的指標，並以特定的過程控制方式來保證其實現。這種管理模式的關注重心在於執行過程。就具體內容而言，這一階段的核心是圍繞標準成本的制定和執行而展開的。

(二) 決策性階段的管理會計

　　在管理會計的發展歷程中，一個重要理念的出現，成為管理會計發生的階段性轉折的標誌，這就是：「管理的重心在於經營，而經營的重心在於決策」的理念。這一理念使得企業管理者將經營活動的重心由經濟活動過程之中轉移至經濟活動過程之前。這一重心的轉移，使得管理者的視野由過程的控制轉移至過程之前的預測、決策和規劃。也正是這一管理重心的轉移，使得這一階段上形成了一個管理活動的新中心即企業未來經營活動應該如何進行。

第三節　管理會計與財務會計的聯繫與區別

　　會計是隨著社會生產的發展和經濟管理的要求而產生、發展並不斷完善的。隨著市場經濟的發展和管理水平的提高，企業會計逐步形成了兩個相對獨立的領域：管理會計和財務會計。管理會計和財務會計都是從傳統會計中派生出來的學科，兩者同源分流，所以它們之間既有聯繫又有區別，兩者既相互補充又各具獨特職能。兩者共同為與企業相關的信息消費者服務。

一、管理會計與財務會計的聯繫

　　按照現代會計理論的一般解釋，管理會計從傳統會計中分離出去，原會計體系中組織日常會計核算和期末對外報告的內容部分就形成現代財務會計系統，並與管理會計體系成為相互獨立的兩個體系。顯然，管理會計與財務會計兩者源於同一母體，雖各自獨立，但又相互依存、相互制約、相互補充。這就使得這兩個以信息的加工和反饋為基本內容的體系表現出了共性與聯繫。

（一）基本訊息同源

　　管理會計和財務會計都是會計信息系統的一部分，它們的信息均來源於企業經濟活動的原始信息。管理會計是通過分析、加工多種資料為企業管理服務的。這些資料包括會計資料、統計資料、業務活動的資料及其他有關的資料，其中最重要的還是會計核算資料，是財務會計通過憑證、帳簿所記錄、匯總、整理的企業整個生產經營活動的有關數據。管理會計對這些數據進行加工整理，使之成為管理者規劃、控制生產經營活動，考核工作業績，做出正確決策的科學依據。這表明，它們的基本信息來源是相同的。

（二）管理會計的工作是財務會計工作的延續和發展

　　財務會計職能是正確記錄經濟業務發生的財務數據，按照國家規定的會計核算制度和規定格式正確編製企業財務報表，提供給公眾報表使用人。而管理會計是在財務會計提供的財務數據基礎上依據經營者的需要將有用的財務數據重新組合，運用統計、數學等方法，與企業預算相比較，分析完成和未完成原因，修正預算，提出改進措施，發揮財務計劃、分析、監督和控制職能，變財務會計的事後反應為管理會計的事前預測、事中監督和控制、事後的分析和總結，成為企業經營者的參謀。

（三）最終目標相同

　　管理會計與財務會計雖然分別為企業內部和外部的信息使用者提供經濟信息，但它們的最終目標都是為了提高企業的經濟效益。財務會計對企業外部的信息使用者提供財務報告的同時，也為企業內部的信息使用者提供了準確、可靠的信息，這將有助於決策者進行合理的決策，有助於強化企業內部管理，進而達到提高企業經濟效益的

目標。而管理會計則直接參與企業的經營管理決策，以幫助企業改善經營管理和提高經濟效益。

(四) 發展趨勢相同

管理會計與財務會計是由於企業所有權與經營權的分離而產生的，在此之前，管理會計與財務會計的概念並不存在，而只存在著會計的概念。但隨著企業經營環境的迅速變化，越來越多的企業外部經濟利害關係人逐步認識到管理會計所反應的企業重大經營決策控制行為的相關信息對保護各自經濟利益的重要性。因此，將管理會計所體現的重要會計信息納入到財務報告範疇的呼聲日漸增高。目前財務會計報告中將諸如現金流量等許多的管理信息已經納入其體系，管理會計信息的規範化和財務報告化也已成為趨勢。這對管理會計的未來發展會產生方向性的重大影響。

二、管理會計與財務會計的區別

管理會計雖是從傳統會計中派生出來的，但是其與財務會計既然並列為會計學科的兩大領域，當然也就有與財務會計的不同之處。

(一) 訊息的相關性差異

財務會計是以貨幣為計量工具，運用復式記帳原理，按照規定的程序，將特定企業生產經營活動中相關的業務數據進行性質變動的確認、數量增減的計量、並將確認和計量的全部內容經過分類整理並記錄，最終加工成以會計報表形式承載的信息，並對外進行信息的反饋，以滿足處於企業外部並與企業之間存在經濟利益的利害關係主體的信息消費需求。企業提供一定期間的經營成果和財務狀況信息，使前述的利害關係相關主體能夠及時、準確地瞭解企業的生產經營狀況，並能夠對企業的經營狀況做出準確的判斷，以確保其自身的經濟利益。因此，習慣上把財務會計叫做「對外報告會計」。

管理會計的性質決定了管理會計側重於為企業經營管理服務。如前所述，管理會計是以將生產經營活動理解為一個有規律的連續過程為基礎，以揭示各財務指標的數量關係為基本內容，從而將對生產經營活動的管理建立在科學而不是經驗基礎上的一種經營管理型會計，它是為滿足企業管理者的信息使用需求而提供經營決策所需的和改善經營管理的相關信息，以發揮作為決策支持系統作用的內部管理型會計。基於這一論斷，通常也稱管理會計為內部會計。

(二) 信息的時間屬性差異

財務會計總結歷史，管理會計面向未來。

財務會計的工作必須建立在已經發生的經濟事項基礎上，而絕不允許以計劃或定額一類的指標代替實際的經濟數據。同時，財務會計總是以觀念的貨幣為工具對已經發生的經營活動相關數據進行加工。所以，財務會計的工作表現出一個根本的特徵就是對「歷史」的觀念總結。財務會計的這一工作特徵表明，財務會計側重於從觀念上總結企業經營活動的歷史。

作為經營管理型會計，管理會計主要是要表達企業經營活動的規律，從而為企業未來經營活動該如何進行提供科學的依據。顯然，管理會計側重於對企業未來的經營決策提供信息支持。因此，從時間上而言，管理會計的關注視野始終是企業未來的經營活動。

（三）　訊息的空間範圍差異

財務會計遵循的會計準則以其會計活動的假設為前提。而其中的主體假設是關於財務會計活動的空間範圍的一個假設前提。這一假設使得財務會計的工作視野總是以一個企業整體作為關注的範圍。在財務會計的工作中，即使是僅僅一筆業務，其實質也是在加工有關一個企業的整體財務信息而不是孤立的一筆業務的核算。財務會計的任何工作，都是為反饋企業最終的以會計報表所承載的會計信息的有機組成部分。所以，財務會計的工作對象的主體層次是唯一的和確定的，也就是會計主體即企業。

但是，基於學科屬性的特色，管理會計並不受到會計準則的約束。所以，管理會計並無類似於財務會計所必須遵循的會計主體的工作空間的約束。事實上，管理會計的工作空間範圍是不確定的，它可以是企業整體，也可以是企業的某一具體部分，還可以是某一特定經營活動，甚至是某一經營活動的某一片段或環節。管理會計的工作空間範圍完全視所解決具體問題的本身之所需而相應確定。

（四）　訊息的生產工作所遵循規範差異

財務會計在其加工和反饋企業的相關經濟信息時，必須遵循公認會計準則。財務會計生產信息時的基本工作活動包括確認、計量、記錄和報告（信息反饋）。對這些活動，公認會計準則都做出了相應的準則規定。會計確認應該遵循權責發生制；會計計量應該遵循歷史成本原則並在適當的情況下可以採用公允價值計量屬性；會計記錄必須採用復式記帳方法；會計報告應該採用公認的會計報表形式，這些規定已經囊括了財務會計的信息加工和報告的全過程。因此，財務會計的信息的生產工作方法體系是受到嚴格的規範的，而且絕對不允許有隨意違背公認會計準則的行為發生。之所以如此，是因為財務會計既然是一種對外報告會計，就存在一個取得外部利益相關主體信任的任務。而遵循公認會計準則，就為取得這樣的信任奠定了一個理論與技術的基礎。

同樣道理，基於學科屬性，作為企業決策支持系統的管理會計，主要任務是幫助企業管理者對未來的生產經營活動進行規劃和控制。而這一活動單位，是一個主體內部的經濟管理行為，並不存在需要取得外部其他市場主體信任的問題。因此，管理會計並不需要遵循類似於財務會計所必須遵循的公認會計準則問題。正是基於這一差異，在信息載體形式、信息的相關時間範圍、信息的加工程序等在財務會計活動中必須遵循公認會計準則的事項上，管理會計完全是靈活多樣而不受公認會計準則的約束的。在這種靈活的信息生產活動中，管理會計唯一受到的約束是經營管理活動對信息的具體需求。

（五）　法律責任不同

由於財務會計的學科屬性特徵是一種對外報告會計，因此財務會計的活動是涉及

不同市場主體的一種活動。這些主體與企業之間存在經濟利益的相關性。而財務會計的信息生產加工活動既然涉及不同的法律主體，因而就應該承擔相應的法律責任。作為財務會計必須遵循的會計準則，本身也具有廣義的法的性質。公認會計準則對財務會計活動的約束，本身也在表明財務會計的法律責任。

而管理會計作為一種內部會計，所提供的資料信息在形式上不是正式報告，不對外公開發表，只為企業管理當局使用，所以不涉及其他法律主體，因而也不存在承擔法律責任的問題。

第四節　管理會計的基本內容

一、管理會計的職能

管理會計是為企業管理服務的，對企業加強內部經營管理，提高經濟效益有著重要的作用。它通過對企業的人、財、物等資源進行計劃和控制，達到管理者對資源最優化使用的目標。管理會計的主要職能可以概括為預測、決策、規劃、控制和考核評價等管理職能。

（一）預測職能

按照企業確定的經營目標和經營方針，在充分考慮經濟規律的作用和經濟環境的影響的條件下，對利潤、銷售、成本及資金等重要經濟指標進行科學的預測分析，為企業經營決策提供有用信息。

（二）決策職能

決策作為企業管理的核心，貫穿於企業管理的整個過程。管理會計發揮「決策」職能，就是參與經濟決策。主要體現在根據企業的決策目標，收集、整理有關的信息資料，選擇科學的方法計算、評價決策方案的指標並做出正確的財務評價，選出最優方案。

（三）規劃職能

管理會計的規劃職能是通過編製各種計劃和預算實現的。它是以經營決策為基礎，將預先確定的經營目標從時間和空間兩個角度進行分解，最終落實到企業經營活動各有關實踐地和各有關環節上，形成各種分部預算，從而科學、合理地配置企業的各項資源，同時形成企業經營活動的運行規範，並為控制和業績考核評價確定了標準。

（四）控制職能

管理會計的控制職能是指將經濟活動的事前控制和事中控制有機地結合起來。企業應監督計劃的執行過程，並對執行過程中實際與計劃的偏差進行分析，促使有關方面及時採取相應的措施，改進工作，確保經濟活動按照計劃進行。

（五）考核評價職能

管理會計的考核評價職能，就是對企業各有關單位責任的落實與履行等業績的考核與評價。根據各責任單位所編製的業績報告，通過對比、計算並分析實際數與預算數的差異，來評價和考核各責任單位的績效，獎優罰劣，保證經濟責任制的貫徹執行。

二、管理會計的基本內容

管理會計的內容是指與其職能相適應的工作內容。根據上述管理會計的職能，管理會計的基本內容包括預測與決策會計、規劃與控制會計和責任會計三個部分。

（一）預測與決策會計

預測與決策會計是指管理會計系統中為企業管理當局預測經濟前景和實施經營決策職能的管理會計子系統。它首先對企業會計信息系統和其他管理信息系統所提供的信息和數據進行預測分析，並利用專門的決策方法對企業經營投資等有關問題進行決策分析；然後採用預測和決策分析的各種專門方法，幫助管理者確定企業的經營目標、經營方針和經營方法，並通過全面預算將企業的總體規劃具體化，使企業的各種生產要素和經濟資源得到合理、有效地運用和最優配置，從而取得最佳的經濟效益和社會效益。預測與決策會計主要包括預測、短期經營決策、長期投資決策和全面預算等。

1. 預測

利用財務會計信息和其他相關信息，通過調查研究和綜合判斷，對企業短期和長期的生產經營活動進行科學的預測分析。通過預測分析，就可以瞭解經濟發展趨勢和企業的生產經營前景，確定未來一定期間的各種經營目標，為企業的投資決策和經營決策提供依據。預測一般包括成本預測、銷售預測、利潤預測和資金預測等。

2. 短期經營決策

短期經營決策是指為了有效地組織企業的日常生產經營活動，合理利用經濟資源，根據企業的經營目標，通過對有關可行性方案的經濟效益進行計量、分析和評價，以獲取最佳的經濟效益，為決策者提供最佳可行方案。短期經營決策主要包括生產決策、存貨決策和定價決策等。

3. 長期投資決策

長期投資決策是在合理確定預期投資報酬水平、考慮貨幣時間價值和投資風險價值的條件下，通過對企業長期的、資本性投資進行決策分析，選取技術引進、產品開發、設備購置與更新等方面的最佳方案。長期投資決策一般包括固定資產投資、固定資產更新決策和無形資產投資決策等。

4. 全面預算

通過編製全面預算，將企業預測、決策所確定的目標和任務以數量的形式表現出來，建立一個包括生產、銷售、財務等在內的預算指標體系，從而使企業生產經營各個環節能相互協調，保證企業經營目標的實現。全面預算一般包括業務預算、專門預算和財務預算三大類。

(二) 規劃與控制會計

運用各種控制手段，包括事前控制、事中控制與事后控制等，在決策目標和經營方針已經明確的前提下，對執行既定的決策方案而進行有關規劃和控制，使之能達到或符合預定的目標或標準。規劃與控制會計的內容主要包括存貨控制、成本控制等內容。

1. 存貨控制

在保證企業生產經營活動對存貨正常需要的前提下，盡量降低存貨的成本費用，並通過對存貨的成本構成及其相互關係的計量與分析，確定不同情況下的最佳合理的存貨儲存和訂購數量，並制定相應的存貨控制制度與方法。

2. 成本控制

成本控制是根據歷史成本資料和相關經濟技術做出成本預測、成本預算以及標準成本的規劃，並通過對實際成本與標準成本的差異進行比較、分析，達到降低產品成本、加強成本控制、完成成本目標和成本預算的目的。

(三) 責任會計

責任會計把經濟責任與會計信息結合起來，以加強企業內部控制。從實質上看，責任會計是一種以人為對象的會計，以人的經濟權利、利益和責任為核算對象的會計。在組織企業經營管理時，按照分權管理的思想將生產經營決策權在不同層次的管理部門及人員之間進行適當劃分，並劃分各個內部管理層次的相應職責、權限及所承擔義務的範圍和內容。即在企業內部建立若干層次的責任中心。責任中心的建立，就形成了責任會計的基礎，利用會計信息對各個責任中心的業績進行計量、確認、記錄、評價和考核，以適應權、責、利相統一的要求。責任會計體系應建立健全各項定額標準，明確各級責任中心，實行全面經濟預算，把權、責、利落實到各責任中心。責任會計的核算過程一般包括劃分責任中心、編製責任預算、對各責任中心的業績進行計量、控制、評價和考核、調整經濟活動等環節內容。

第二章　財務指標的性態分析

案例與問題分析

　　某股份有限公司下屬甲和乙兩個企業，公司總經理在翻閱財務報告時發現了一個問題：甲企業2006年產銷不景氣，庫存大量積壓，貸款不斷增加，資金頻頻告急。2007年，該廠對此積極努力，一方面適當生產，另一方面想方設法廣開渠道，擴大銷售，減少庫存。但最終其報表反應2007年的利潤卻比2006年低。乙企業的情況則恰好相反，2007年市場不景氣，銷售量比2006年低，年度報表上，除貨幣資金外，其他反應經濟效益的指標卻都比上年好。總經理對此情況大為不解，要求財務經理進行合理地分析。

第一節　成本的性態分析

一、成本的概念及分類

(一) 成本的概念

　　對於「成本」一詞，會計學、管理學、經濟學都有不同的解釋。即便是在同一領域，對成本的理解也是各種各樣。

　　馬克思說：「按照資本主義方式生產的每一個商品 W 的價值，用公式來表示是 $W=c+v+m$。如果我們從這個產品價值中減去剩餘價值 m，那麼，在商品中剩下的，只是一個在生產要素上耗費的資本價值 $c+v$ 的等價物或補償價值。」[1] 由此可見，所謂成本是指商品生產中耗費的活勞動和物化勞動的貨幣表現。

　　西方經濟學家們還把成本描述為：「為了獲得某些產品或勞務而作出的犧牲，這種犧牲可以用支付的現金、轉移的財產以及提供的勞務等來衡量。」[2]

　　財務會計中對成本從廣義和狹義兩個方面來定義。廣義的成本概念是指為了取得某項資產或達到特定的目的而付出的代價。如：購買固定資產所支付的代價構成固定

---

[1] 馬克思，恩格斯. 馬克思恩格斯全集：第25卷 [M]. 北京：人民出版社, 1972.
[2] 【美】R. H. 加里森. 管理會計 [M]. 4版. 1995.

資產的成本，購買原材料付出的代價構成原材料的成本。狹義的成本概念是指產品成本，即企業一定時期生產和銷售一定數量的產品或提供一定數量的勞務所支出的費用總和。

管理會計與財務會計的職能不同，它主要是為企業管理部門的預測、決策、控制和業績評價服務。要履行這些職能，所需要的信息各不相同，即：管理會計需要根據其職能的要求來核算和提供滿足需要的成本信息。中心思想是「針對特定的決策需要確定特定的成本對象，計算特定內涵的成本」。在這樣一個思想的基礎上，可以將成本定義為：企業在生產經營過程中對象化的、以貨幣表現的、為達到一定目的而應當或可能發生的各種經濟資源的價值犧牲或代價。[1] 這個定義主要強調形成成本的原因（目的性）和成本發生的必要性。成本的時態可以是過去時、現在時、完成時或將來時。因此，管理會計的成本範疇在時間和空間上都被進一步擴展，是廣義的成本觀念。

成本按照不同的標準有不同的分類，而且在對成本分類的這個問題上是「仁者見仁，智者見智」。本書在此主要從成本的經濟職能和成本性態來進行介紹。

(二) 成本按經濟職能進行的分類

在實際工作中，我們可以根據不同的目的和需要，從不同的角度對成本進行分類。由於製造業發生的成本最完整、最典型，因此，通常按經濟職能對成本進行分類。

按照經濟職能分，可以將成本分為製造成本和非製造成本。

1. 製造成本

製造成本也稱為生產成本或產品成本，是指企業為生產產品、提供勞務而發生的各種耗費。在財務會計中製造成本通常被分攤到本期生產的產品中，通過產品的銷售，將產品成本轉化為產品銷售成本，成為當期費用。當期未售出的產品作為存貨，相應的產品成本就構成了存貨成本。製造成本根據其具體的經濟用途分為：

（1）直接材料：是指在產品生產過程中，用於產品生產，並構成產品實體的原材料及主要輔料。

（2）直接人工：是指直接在對原材料進行加工，使之成為產品的過程中所耗費的人工成本。

（3）製造費用：是指在產品生產過程中發生的除直接材料、直接人工以外所有其他成本支出，如車間管理費、車間照明、機器設備折舊費、維修費等。

2. 非製造成本

非製造成本也稱為期間成本或期間費用，是指不構成產品實體的價值，而只與會計期間有關，並直接計入當期損益的成本。包括：

（1）營業費用

營業費用是指企業在銷售商品、提供勞務等日常經營過程中發生的各項費用以及專設銷售機構的各項費用，包括運輸費、裝卸費、包裝費、保險費、展覽費、廣告費，以及為銷售本企業商品而專設的銷售機構的職工工資及福利費等經常性費用。

---

[1] 吳大軍. 管理會計 [M]. 北京：中央廣播電視大學出版社，2000.

(2) 管理費用

管理費用是指企業為組織和管理企業生產經營活動所發生的費用，包括企業的董事會和行政管理部門在企業的經營管理中發生的或者應當由企業統一負擔的公司經費、工會經費、待業保險費、勞動保險費、董事會費、諮詢費、訴訟費、業務招待費、無形資產攤銷費、職工教育經費、房產稅、車船使用稅、土地使用稅、印花稅、技術轉讓費、研究與開發費、排污費等。

(3) 財務費用

財務費用是指企業為籌集生產經營所需資金而發生的費用，包括應當作為期間費用的利息支出（減利息收入）、匯兌損失（減匯兌收益）以及相關的手續費等。

成本按經濟職能分類，可以反應產品成本的構成，有利於分析成本升降的原因並尋找降低成本的途徑。但是，這種分類不能反應成本發生的驅動因子，即成本的發生及金額的大小與數量的關係，如產品數量對製造業人工總成本的影響、運輸里程對運輸公司的油料成本的影響等；不利於企業管理者加強成本的規劃、控制和挖掘企業內部潛力。而客觀上成本與數量之間是存在著內在聯繫的，因此，管理會計將成本按照與數量的關係來進行分類。

二、成本性態

成本性態也稱為成本習性（Cost Behavior），是指成本總額與業務量之間客觀上所存在的依存關係。這裡的業務量可以是生產量、銷售量，也可以是作業量。由於成本與業務量之間的內在聯繫，我們可以根據其變動規律，將成本劃分為變動成本、固定成本和混合成本。

(一) 變動成本（Variable Cost）

1. 變動成本的概念

變動成本是指在一定期間和一定業務量範圍內（相關範圍內）其總額隨著業務量的變動而成正比例變動的成本，即當業務量發生一定比例的變動時，相應的變動成本也會隨之發生相同比例的變動，如計件工資、直接材料消耗等。工資總額和材料消耗成本都將隨著產品生產數量的增加呈正比例增加。

【例2-1】轎車生產企業每生產一輛轎車需用一個發動機，每一個發動機價值7,000元。隨著企業生產轎車數量的增減，發動機的總成本隨之呈正比例增減，如表2-1所示。

表2-1　　　　　　　　　　　　轎車變動成本表

轎車產量（臺）	發動機單位成本（元）	發動機總成本（元）
1	7,000	7,000
2	7,000	14,000
3	7,000	21,000
4	7,000	28,000
5	7,000	35,000

2. 變動成本的特點

（1）相關範圍內，變動成本總額隨業務量變動成正比例變動（如圖2-1）。

（2）相關範圍內，單位變動成本不隨業務變動而變動，是一個常數（圖2-2）。

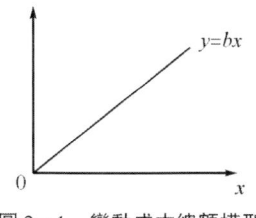

圖2-1　變動成本總額模型

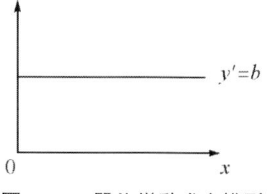

圖2-2　單位變動成本模型

（3）沒有業務量，也就沒有變動成本。

2. 變動成本分類

通常情況下，變動成本的發生有兩種情況。第一種情況：變動成本的發生是由生產技術或者實物之間的關係決定。這類成本是企業利用生產能力所必須發生的成本。第二種情況：變動成本的發生是由管理者的決策決定。根據變動成本發生的不同原因，將其劃分成酌量性變動成本和約束性變動成本兩類。

（1）酌量性變動成本

酌量性變動成本是指企業管理當局的決策可以改變其支出數額的變動成本，如銷售人員按照銷售百分比（量）計提的佣金。

（2）約束性變動成本

約束性變動成本是指企業管理當局的決策無法改變其支出數額的變動成本。這類成本受客觀因素影響，其消耗量由技術因素決定，因此，也稱為技術性變動成本，如一輛汽車需配備一個發動機、四個輪胎、一個蓄電池。

（二）固定成本（Fixed Cost）

1. 固定成本的概念

固定成本是指在一定期間和一定業務量範圍內（相關範圍內），不隨業務量的變動而變動的成本，如差旅費、職工培訓費、保險費、廣告費、勞動保護費、辦公費、管理人員固定工資、按直線法提取的固定資產折舊費。

【例2-2】企業租用一套生產設施，該設施設計年產能為10萬件，按照合同規定，無論設施是否使用，租用方每年均支付租金100萬元。目前，企業生產產品的最大市場容量為8萬件。那麼，企業租金與每年的產量沒有直接關係，是固定不變的，屬固定成本。

2. 固定成本的特點

（1）相關範圍內，固定成本總額不隨業務量的變動而變動，是一個常數。由於在一定的條件下，固定成本總額不隨業務量的變動而變動，因此，在平面直角坐標中，固定成本線是一條平行於X軸的直線，總成本模型是：$y=a$（如圖2-3所示）。

管理會計

```
     y
     │
     │────────────── y=a
     │
     │
     0─────────────── x
```

圖 2-3　固定成本總額模型

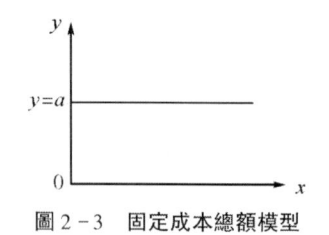

（2）相關範圍內，固定成本數量與業務量數量無關。所以，計算單位固定成本是沒有意義的。在相關範圍內，業務量的增加或減少，並不能導致固定成本相應增加或減少。例如，假設某企業業務量的相關範圍是 10,000 單位，對應於此的的固定成本為 200,000 元。該企業第一期的業務量為 5,000 單位，固定成本發生額為 200,000 元。第二期業務量為 8,000 單位，對應的固定成本為 220,000 萬元。對此，我們並不能得到第二期固定成本節約了的結論。

（3）但是，超過相關範圍，固定成本總額仍然要發生變化。固定成本保持在某一個常數水平上是相對於一定條件而言的，當條件發生變化時，固定成本仍然要發生變化。

如，某企業一生產線最大生產能力是 10,000 件產品，該生產線按直線法計提折舊額為 300,000 元。若產品市場容量擴大到 15,000 件，則需增加一條生產線。這樣，按照直線法計提的折舊額將增加到 600,000 元。那麼，也就是說，當生產量保持在 100,000 件以內，折舊額保持在 300,000 元，是一條平行於 X 軸的直線；當生產量超過 100,000 件，折舊額將增加到 600,000 元；在 100,000 件到 200,000 件以內，折舊額又保持在 600,000 元，又呈現出一條平行於 X 軸的直線（如圖 2-4）。

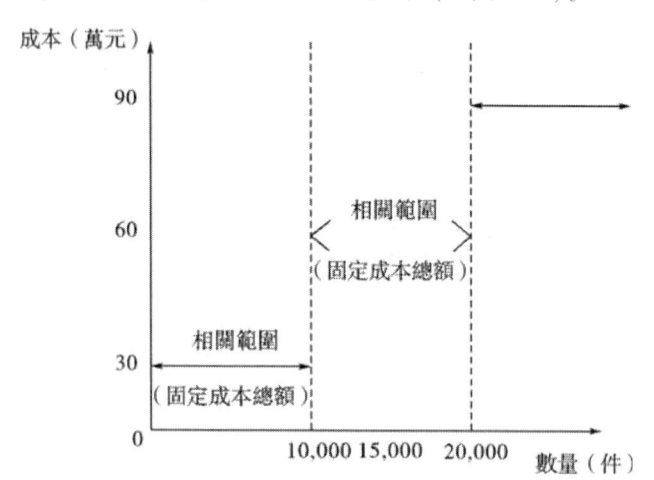

圖 2-4　某企業生產量與折舊額按直線法計提的關係

3. 固定成本的分類

根據決策者的經營決策行為對不同固定成本是否可控，可以將固定成本分為酌量

性固定成本和約束性固定成本。

(1) 酌量性固定成本

酌量性固定成本是指企業管理當局的決策可以改變其支出數額和決定其是否發生的固定成本，也稱選擇性固定成本或者任意性固定成本，如廣告費、職工教育經費、技術開發費、新產品研發費等。這類成本的期限相對較短，通常是在一年以內。由於管理者可以決定其是否發生，故其可以降低為零。但，這部分成本是企業可持續發展的基礎，因而，企業還必須根據其發展戰略合理安排酌量性固定成本。

(2) 約束性固定成本

約束性固定成本是指企業管理當局的決策無法改變其支出數額和決定其是否發生的固定成本，也稱承諾性固定成本。由於約束性固定成本與企業的經營能力有關，因而也稱為「經營能力成本」「能量成本」，如按直線折舊法計提的固定資產折舊費、房屋和設備的租金、不動產稅金、財產保險費等。這類成本具有長期性，且不可能為零。因此，企業根據約束性固定成本的這兩個特點，應盡可能充分利用一切生產能力，以達到降低單位產品成本的目的。

(三) 混合成本

1. 定義

混合成本是指成本總額隨業務量的變動而變動，但不呈正比例變動的成本。混合成本中包含了變動成本和固定成本。這種成本一般存在著一個初始量，類似於固定成本。在此基礎上，另一部分成本隨業務量的變動呈正比例關係變動，這部分成本類似於變動成本。也就是說，混合成本中即包含了變動成本，又包含了固定成本，如電話費、照明費、水費、設備維護費等。

實際工作中，企業的總成本就是混合成本，其成本項目中有的可以直接歸屬為變動成本，有的可以直接歸屬為固定成本，剩下的歸屬為混合成本。這些混合成本項目中的變動成本和固定成本可以進行分解，分別歸屬到變動成本和固定成本中。這個過程，稱為成本性態分析（如圖2-5）。

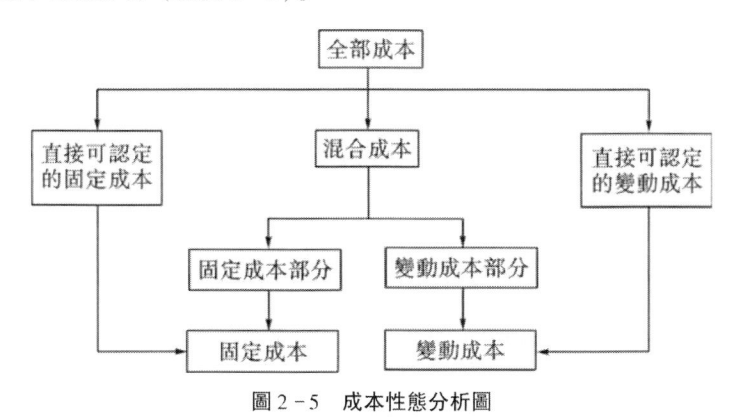

圖2-5 成本性態分析圖

2. 混合成本通用模式

按照成本性態，企業成本總額由變動成本和固定成本組成。根據變動成本和固定成本的特點，我們可以得到以下模型：

成本總額＝固定成本＋變動成本

　　　　＝固定成本＋單位變動成本×業務量；

即，$y = a + bx$；

其中，y 為成本總額；a 為固定成本總額；b 為單位變動成本；x 為業務量。

混合成本通用模式反應了成本與業務量之間客觀上存在的內在聯繫，管理會計就是利用這一模型來發揮其各種職能。

3. 混合成本的種類

雖然混合成本可以用通用的模式來反應，但混合成本總額與業務量的關係比較複雜，按照混合成本變動趨勢，可以將混合成本分為以下幾類。

（1）半變動成本

此類成本的特徵是當業務量為零時，成本為一個非零基，它不隨業務量的變化而變化，體現固定成本的性質，但在基數部分以上，則隨業務量的變化而成比例地變化，又呈現出變動成本性態（如圖2-6所示）。如，電話費，每月的電話費總額是由座機費和通話費構成，座機費與通話時間沒有關係，屬於固定成本範疇；通話費與通話時間呈正比例關係，屬於變動成本範疇。

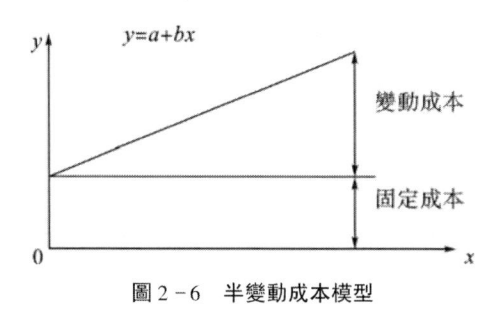

圖2-6　半變動成本模型

（2）半固定成本

半固定成本又稱為階梯式成本。此類成本的特徵是在一定業務量範圍內其發生額的數量是不變的，體現固定成本的性態，但當業務量的增長達到一定限額時，其發生額會突然跳躍到一個新的水平，然後，在業務量增長的一定限度內，其發生額的數量又保持不變，直到另一個新的跳躍為止（如圖2-7所示）。如，一個檢驗員每月最多檢驗3,000件產品，當企業的產品產量超過3,000件時，就必須增加一個檢驗員才能完成產品檢驗。企業質量檢驗員工資就屬於半固定成本。

圖 2-7　半固定成本模型

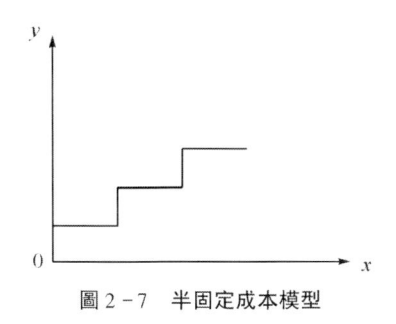

(3) 延伸變動成本

也稱為低坡型混合成本。這類成本在一定範圍內成本總額不隨業務量的變動而變動，但當業務量超出這一範圍後，成本總額將隨業務量的變動而發生相應的增減變動。也就是說，此類成本的特徵是在業務量的某一臨界點以下表現為固定成本，超過這一臨界點則表現為變動成本（如圖 2-8 所示）。如，企業在正常工作時間內，按固定工資支付給職工，超出工作時間加班時，按照加班時間長短或次數支付加班費。

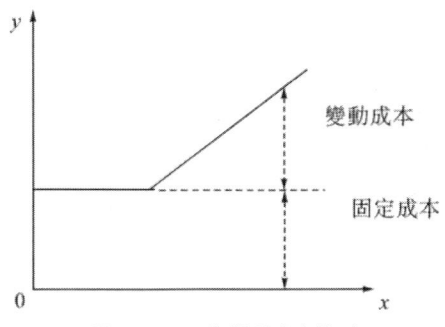

圖 2-8　延期變動成本模型

(4) 曲線變動成本

這類成本通常也有一個不變的基數，相當於固定成本，但在這個基數之上，成本雖然隨著業務量的增加而增加，但兩者之間並不像變動成本那樣保持嚴格的正比例直線關係，而是呈現非線性的曲線關係。按照曲線變動趨勢，可以分成遞減曲線成本（如圖 2-9 所示），如熱處理的電爐設備，每班需要預熱，預熱耗電成本屬於固定成本，預熱後進行熱處理的耗電成本逐漸增加；遞增曲線成本（如圖 2-10 所示），如累進計件工資、各種違約金、罰金等。

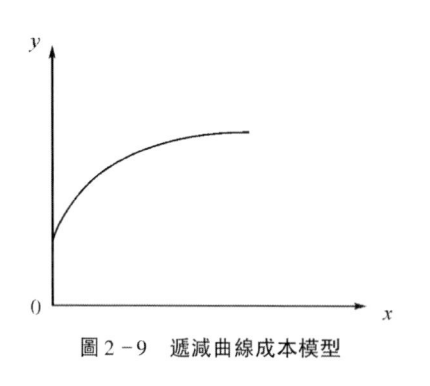

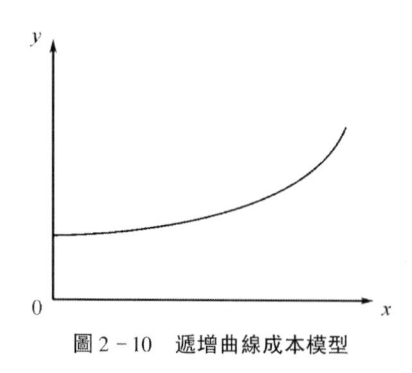

圖 2-9 遞減曲線成本模型　　　　圖 2-10 遞增曲線成本模型

4. 混合成本的分解

為了加大對企業經濟活動進行的計劃和控制力度，加強成本管理，我們需對混合成本進行分解，把全部成本最終歸屬為固定成本和變動成本兩大類。從理論上說，我們應該針對不同的業務逐筆、逐次地進行分析、分解，從而判斷所發生的成本應該歸屬到哪一類成本範疇，這樣無疑是最為準確的。但企業經濟業務繁多、複雜，按照這種分析方法，實際操作太麻煩，工作量太大，也不容易做到。管理會計主要針對的是未來的經濟活動，預測的是一種趨勢，而不要求十分精準。因此，實際工作中對混合成本的分解，通常採用概略的方法，其主要有歷史成本法、直接估算法、契約檢查法、帳戶分析法、技術估算法。

(1) 歷史成本法

歷史成本法就是對企業以往若干時期的實際成本數據和業務量數據進行收集、分析和計算，以完成成本性態分析的一種定量分析方法。這種方法是成本性態分析中最常用的方法，根據分析、計算的不同特點，歷史成本分析法又分為高低點法、散布圖法和迴歸直線法。

①高低點法

高低點法是根據企業一定時期內最高點業務量和最低點業務量的相應成本，利用變動成本和固定成本的特點，分析計算固定成本總額和變動成本總額的一種成本性態分析。

高低點法的基本原理：在相關範圍內，固定成本是一個常數，業務量最高點和業務量最低點所對應的混合成本之差即是變動成本。由此，根據業務量變動的範圍可以確定單位變動成本。在相關範圍內，單位變動成本是一個常數，結合歷史資料中任意時間點的資料，便可測算出固定成本總額。

高低點法分析步驟：

第一步：確定業務量最高點和業務量最低點；

第二步：計算單位變動成本 b，

單位變動成本 b =（最高點混合成本 - 最低點混合成本）/（最高點業務量 - 最低點業務量）；

第三步：計算固定成本 a，

固定成本 a = 最高點混合成本 - 最高點業務量 × 單位變動成本

或固定成本 a = 最低點混合成本 - 最低點業務量 × 單位變動成本

第四步：將固定成本和單位變動成本代入混合成本模型，

$y = a + bx$

【例 2-3】假設某企業去年 1~6 月份生產量與水費資料如下表 2-2 所示：

表 2-2　　　　　　　　　　　生產量與水費表

月　份	產量（噸）	水費（元）
1 月	600	3,800
2 月	700	4,000
3 月	650	3,300
4 月	1,000	5,000
5 月	900	4,600
6 月	800	4,200

根據資料，確定業務量最高點為 4 月，相應水費為 5,000 元；業務量最低點為 1 月，相應水費為 3,800 元。

b =（最高點混合成本 - 最低點混合成本）/（最高點業務量 - 最低點業務量）

　=（5,000 - 3,800）/（1,000 - 600）= 3（元/噸）；

a = 最高點混合成本 - 最高點業務量 × 單位變動成本

　= 5,000 - 1,000 × 3 = 2,000（元）

或 a = 最低點混合成本 - 最低點業務量 × 單位變動成本

　　= 3,800 - 600 × 3 = 2,000（元）

以上計算說明，該企業的水費中有 2,000 元屬於固定成本，單位變動成本為每噸 3 元。水費的成本模型為：

$y = 2,000 + 3x$

通過以上分析可見，利用高低點法進行成本性態分析，簡便易懂。但是，高低點法的基本原理主要是利用變動成本和固定成本的特點，而變動成本和固定成本均只在相關範圍內才具有各自的特點，從而決定了該方法進行成本性態分析所建立的成本模型只適用於相關範圍內。也即是說，只有歷史資料是相關範圍內的，才能採用高低點法。另外，由於這種方法沒有利用所佔有的全部數據來估計成本，只利用了極點業務量的數據，因此，該計算結果可能受到偶然性因素的影響。

②散布圖法

散點圖法也稱布點圖法，是指將所收集的業務量和混合成本的歷史數據，標註在坐標紙上，通過目測做出一條接近所有坐標點的直線，並據以確定混合成本中的固定成本和變動成本的一種成本性態分析方法。

散布圖法的分析步驟：

第一步：建立直角坐標，以橫軸代表業務量（x），以縱軸代表混合成本（y），並將歷史數據所反應的各種業務量水平和混合成本逐一標明在坐標圖上。

第二步：通過目測，在各成本點之間畫出一條反應成本變動平均趨勢的直線。作直線時盡量使直線上下方分佈的點數基本一致，且上下各點到直線的垂直距離之和大致相等。

第三步：分析坐標圖，直線與縱軸 Y 的交點就是固定成本，再根據圖中任意一點的坐標，利用總成本模型確定單位變動成本。

$b = (y-a)/x$

【例2-4】依據【例2-3】的資料，採用散布圖法對水費進行成本性態分析（如圖2-11所示）。

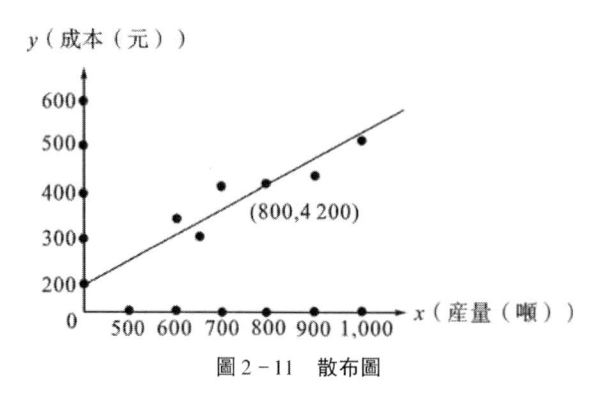

圖2-11　散布圖

首先建立直角坐標，以 X 軸代表產量，以 Y 軸代表水費。然后將1～6月份的產量和水費以相應的各點在坐標中進行標註，用目測的方法作出一條直線。直線與 Y 軸的交點約為2,100元，即固定成本可以確定為2,100元。再根據點（800，4,200）的資料代入成本模型，求得單位變動成本為：

$b = (4,200-2,100)/800 \approx 2.63$（元/噸）

散布圖法和高低點法的原理相同，利用散布圖來確定反應成本變動趨勢的直線，由於綜合考慮了一系列觀察點上的成本與產量的依存關係，比高低點法的計算結果更為準確。然而，由於散布圖法所得到的，反應成本變動趨勢的直線是通過目測的方法在各個成本點之間進行繪製的，所以計算結果主觀性較強。

③迴歸直線法

迴歸直線法是利用數理統計中常用的最小平方法的原理，對收集到的業務量和混合成本進行計算，確定出代表平均成本水平的直線，這條通過迴歸分析而得到的直線叫做迴歸直線，其截距就是固定成本 a，斜率就是單位變動成本 b。這種分析方法也稱為最小平方法。

迴歸直線法對混合成本進行分解的過程就是求取 a 和 b 的二元一次聯立方程的過程。假設有 n 個（x，y）的歷史數據，可以建立一組決定迴歸直線的聯立方程式。

$$\sum y = na + b \sum x$$

也就是說有多條可以用 $y = a + bx$ 來描述的混合成本。我們假定有一條由 a 和 b 兩個數值決定的直線能夠使各觀測值 y 與這條直線上相應各點的離差平方之和最小，那麼，這條線就是各個離散點的迴歸直線了。通過推導，可以用以下公式求取 a 和 b，

$b = (n\sum xy - \sum x \sum y) / [n\sum x^2 - (\sum x)^2]$

$a = (\sum y - b\sum x) /n$

$\quad = (\sum x^2 \sum y - \sum x \sum xy) / [n\sum x^2 - (\sum x)^2]$

根據 a 和 b，可以建立成本模型 $Y = a + bX$。

【例 2-5】仍依據例 2-3 的資料，採用迴歸直線法對水費進行成本性態分析。

為使計算過程更方便、清晰，我們將計算 a 和 b 的公式中所需的有關數據通過下表 2-3 來反應。

表 2-3　　　　　　　　　　生產量與水費表

月份	產量 x（噸）	水費 y（元）	xy	x^2
1 月	600	3,800	2,280,000	360,000
2 月	700	4,000	2,800,000	490,000
3 月	650	3,300	2,145,000	422,500
4 月	1,000	5,000	5,000,000	1,000,000
5 月	900	4,600	4,140,000	810,000
6 月	800	4,200	3,360,000	640,000
Σ	4,650	24,900	19,725,000	3,722,500

將表中有關數據代入計算 a 和 b，

$b = (n\sum xy - \sum x \sum y) / [n\sum x^2 - (\sum x)^2]$

$\quad = (6 \times 19,725,000 - 4,650 \times 24,900) / (6 \times 3,722,500 - 4,650 \times 4,650)$

$\quad = 3.6$（元/噸）

$a = (\sum y - b\sum x) /n$

$\quad = (24,900 - 3.6 \times 4,650) /6$

$\quad = 1,360$（元）

迴歸直線法相對於高低點法和散布圖法而言較為麻煩，但與高低點法相比較，由於選擇了所有歷史數據，避免了偶然性；與散布圖法相比較，用計算公式代替目測方法來確定直線，避免了人為的主觀臆斷。並且，其利用最小二乘法的誤差平方和最小的原理來進行分解，其計算結果較為準確。所以，迴歸直線法是一種較為理想的成本性態分析方法。不過，它的分析仍然具有一定的假設性和估計的成分。

(2) 直接估算法

直接估算法就是根據各成本項目的性質，把總體上與業務量變動較為密切的成本項目直接歸到變動成本，如製造業中所發生的原材料、燃料、動力以及在計件工資制下的人工成本、銷售佣金、包裝費等；把總體上較為穩定，與業務量的變動關係不大的成本項目歸到固定成本，如機器設備折舊費、車間管理人員工資、車間辦公費、保險費、廣告費等。

按照直接估算法進行成本性態分析，通常是把整個企業的所有成本看作是混合成本，然後按成本及費用項目來逐項認定。此法簡便易行，但需要分析人員作出一定的主觀判斷，尤其是對一些混合成本項目，只能按照判斷歸屬到變動成本或固定成本，分析結果對管理者決策、控制、考核等容易引起偏差，而且，採用此法還要求企業有較好的會計基礎工作。

(3) 契約檢查法[1]

契約檢查法就是根據企業簽訂的契約和合同、既定的管理與預算制度以及支付費用的規定等估算固定成本和變動成本的成本性態分析方法。

【例2-6】按供電局規定，企業變壓器維持費為4,000元/月，每度電費0.6元，用電額度每月10,000度，超額用電按正常電費的10倍計價。某企業生產每件產品平均用電2度，照明用電每月2,000度。要求採用合同認定法對該企業的電費進行成本性態分析。

用電額度內最大產量 = (10,000 - 2,000) /2 = 4,000 (件)

產量在4,000件以內時，建立成本模型如下：

$y = 0.6 \times (2,000 + 2x) + 4,000 = 5,200 + 1.2x$

產量在4,000件以上時，建立成本模型如下：

$y = (5,200 + 1.2 \times 4,000) + 0.6 \times 10 \times (x - 4,000) \times 2$

$= -38,000 + 12x$

契約檢查法適用於有明確計算辦法的各項成本，不依賴歷史成本資料，但必須有相關的契約，且在契約中有較為詳盡的規定。

(4) 帳戶分析法

帳戶分析法是根據各個帳戶（包括明細帳戶）的本期發生額，通過直接判斷或比例分配，對各成本項目進行成本性態分析的方法。

由於實際工作中各單位每個帳戶所記錄的成本內容不同，或者成本估計要求的準確性不同，故分別採用近似分類和比例分配兩種具體做法。近似分類是將比較接近固定成本的項目歸入固定成本，比較接近變動成本的項目歸入變動成本；比例分配是將不宜簡單歸入固定成本和變動成本的項目，通過一定比例將其分解成固定成本和變動成本兩個部分。

【例2-7】某企業的成本費用發生額如表2-4所示，要求採用帳戶分析法對各項

---

[1] 中國註冊會計師協會. 財務成本管理 [M]. 北京：經濟科學出版社，2008.

成本進行成本性態分析。

表 2-4　　　　　　　　　　　　帳戶分析表

單位：元

項目	總成本	變動成本	固定成本
產品成本	8,000	8,000	0
工資	487	187	300
福利費	48	0	48
廣告費	331	231	100
房地產租賃費	53	0	53
保險費	14	0	14
修理費	45	0	45
易耗品	100	30	70
水電費	50	0	50
利息	100	100	0
折舊費	250	0	250
合計	9,478	8,548	930

首先，對每個項目進行分析，根據成本特性，結合企業具體情況，確定各項分別屬於哪一項。上表2-3中，產品成本、利息與企業業務量關係密切，基本上屬於變動成本。福利費、租金、保險、修理費、水電費、折舊費與企業業務量無關，可歸為固定成本。

其次，剩下的工資、廣告費、易耗品屬於混合成本，對這些成本項目可分別採用歷史成本分析法、契約檢查法、直接認定法或技術估算法進行分析，確定其成本模型。假設該企業的易耗品為包裝用品，使用高低點法分析，其總成本模型為，

$y = 77 + 0.003, 3x$

又設該企業正常業務量為10,000元，則易耗品的成本總額為，

$y = 77 + 0.003, 3 \times 10,000 = 110$（元）

其中：固定成本比總 = 77/110 = 70%

變動成本比總 = 1 - 70% = 30%

當期：固定成本 = 100 × 70% = 70（元）

變動成本 = 100 × 30% = 30（元）

帳戶分析法是成本性態分析中最簡單的一種，因此，也是實際工作中運用較多的一種方法。但，這種方法在很大程度上取決於分析人員的判斷能力，因而，在一定程度上也帶有一定的片面性和局限性。

（5）技術估算法

技術估算法又稱工程分析法，是運用工業工程的研究方法來研究影響各有關成本

項目數額大小的每個因素，並在此基礎上直接估算出固定成本和單位變動成本的一種成本性態分析方法。

技術估算法是現代科學管理的一個重要組成部分，是隨著現代化大生產的發展而逐步形成的，它所研究的範圍涉及整個企業的經營管理。它以降低成本為目的，研究人、原材料和機器設備的綜合系統的設計、改進和實施方案。在研究過程中，要綜合利用數學、物理學、社會學及工程學等方面的專業知識和技術。它的核心內容是方法研究，即對所有生產活動和輔助生產活動進行詳細分析，尋找改進工作方法的途徑，找出最經濟、最有效的程序和方法，使產品製造、工作效率和資源利用達到最優效果。

技術估算法分析成本的基本步驟：

第一步：確定研究的成本項目；

第二步：對導致成本形成的生產過程進行觀察與分析；

第三步：確定生產過程的最佳操作方法；

第四步：以最佳操作方法為標準方法，測定標準方法下成本項目的每一個構成內容，並按成本性態分別確定為固定成本和變動成本。

【例2-8】對某企業車間的燃料成本進行分析。該車間燃料用於鑄造工段的熔爐，具體分為點火（耗用木材和焦炭）和融化鐵水（耗用焦炭）兩項操作。對這兩項操作進行觀測和技術測定后，尋找到最佳的操作方法。按照最佳的操作方法，每次點火要使用木柴0.1噸、焦炭1.5噸，融化1噸鐵水要使用焦炭0.15噸；每個工作日點火一次，全月工作26天，點火燃料屬於固定成本；融化鐵水所用燃料與產量相聯繫，屬於變動成本。木柴每噸價格為180元。

每日固定成本 $= 0.1 \times 100 + 1.5 \times 180 = 280$（元）

每月固定成本 $= 280 \times 26 = 7,280$（元）

每噸鑄件變動成本 $= 0.15 \times 180 = 27$（元）

每月燃料總成本模型為，

$y = 7,280 + 27x$

技術分析法作為一種獨立的分析方法，不需要依賴歷史成本數據，它是從投入與產出之間的關係入手的，可以排除一些無效支出或不正常的支出。採用此方法所得到的分析結果，更有利於標準成本的制定和預算的編製。但，此法分析成本較高，且對於不能直接將其歸屬於特定投入與產出過程的成本，或不能單獨進行觀察的聯合過程中的成本，如問接成本的分解，不能採用該方法。

三、成本性態的特點[1]

前面在進行成本性態分析時，一致強調「相關範圍」。那麼，什麼是相關範圍？管理會計把不會改變固定成本、變動成本性態的有關期間和業務量的特定變動範圍稱為廣義的相關範圍，把業務量因素的特定變動範圍稱為狹義的相關範圍。只要是在相關

---

[1] 吳大軍. 管理會計 [M]. 北京：中央廣播電視大學出版社，2000.

範圍內，固定成本總額的不變性和變動成本總額的正比例變動性都將存在。原有的相關範圍被打破，又將形成新的相關範圍，固定成本總額和變動成本總額的正比例又將是一個新的標準。

由於相關範圍的存在，使得各類成本的性態具有相對性、暫時性和可轉化性的特點。

（1）成本性態的相關性是指在同一時期內同一成本項目在不同企業之間可能具有不同的性態。因而，不同企業之間就不應當相互照抄、照搬其他企業成本性態分析的結論。

（2）成本性態的暫時性是指就同一個企業而言，同一成本項目在不同時期可能有不同的性態。因而就某一具體企業而言，應當經常進行成本性態分析，而不是將某次成本性態分析的結果當作一成不變的教條。

（3）成本性態的可轉化性是指在同一時空條件下，某些成本項目可以在固定成本和變動成本之間實現轉化。因此，任何企業在進行成本性態分析時，都必須從實際出發，具體問題具體分析。

第二節　收益性指標的性態分析

一、營業收入的性態分析

營業收入是企業通過其營業活動而獲取的收益。在企業的經濟指標上對應地表現為資產的相應增加。營業收入作為一種變量指標，其變化方式取決於銷售量和銷售單價。銷售量是以線性自變量形式存在的，因此營業收入就是因變量指標。但是作為因變量的營業收入，當單價是以常量形式存在時，營業收入就是線性的因變量。也就是說，此時的營業收入與銷售量之間是正比例函數關係。這使得營業收入的性態關係表達式為：

$y = px$

式中：y 為營業收入額；p 為銷售單價；x 為銷售量。

銷售單價以常數形式存在是普遍情況。在特定的情況下，銷售單價也可以成為隨銷售量的變化規律變化的變量。比如，企業在銷售商品時規定等額的量級折扣，而把一個量級視為一個銷售單位時，等額折扣的價格就成為一個隨銷售量的變化而均勻連續變化的指標。這時的營業收入就成為一個二次曲線函數。應該指出，這種情況只在一定的業務量範圍內存在。

營業收入是獲取利潤的前提或基礎。沒有營業收入，就無從談及邊際貢獻，更不可能產生利潤。

二、邊際貢獻的性態分析

(一) 邊際貢獻的定義

由於企業總是存在著為保持其生產能力所需要的最低限度的經營能力成本，因此，企業即使其產銷量為零，其成本總額也不一定為零。企業銷售產品所取得的收入，除了為生產和銷售產品而發生的成本外，還要彌補這些最低限度的經營能力的成本。管理會計的一個基本假設是「目標利潤最大化」，即是企業在經營管理決策中，以目標利潤最大化的方案為最優方案，並假定在實施最優方案時能夠實現目標利潤。通過成本性態分析，我們將企業的總成本劃分成了固定成本和變動成本，相關範圍內固定成本是一個常數。那麼，決定企業利潤大小的主要因素是收入與變動成本的差額。當這個差額等於固定成本時，企業不盈不虧；當這個差額大於固定成本時，企業便盈利；當這個差額小於固定成本時，企業就虧損。這個差額反應了企業的盈利能力。營業收入與相應變動成本總額的這個差額稱為邊際貢獻或貢獻毛益。邊際貢獻是從特定角度表現企業的營利能力的指標。

根據邊際貢獻的含義，可以有以下計算公式：

邊際貢獻總額＝銷售收入總額－變動成本總額

　　　　　　＝銷售數量×（銷售單價－單位變動成本）

　　　　　　＝銷售數量×單位邊際貢獻

管理會計中除了用絕對量指標反應邊際貢獻以外，還常用相對量指標反應邊際貢獻率。所謂邊際貢獻率是指邊際貢獻總額與銷售收入總額的比率，反應了邊際貢獻占銷售收入的比重。

邊際貢獻率＝邊際貢獻總額/銷售收入總額

　　　　　＝單位邊際貢獻/銷售單價

　　　　　＝1－變動成本率

以上公式中的變動成本率是指變動成本與銷售收入的比率，反應變動成本在銷售收入中所占的比重。

變動成本率＝變動成本總額/銷售收入

　　　　　＝單位變動成本/銷售單價

(二) 邊際貢獻的性態分析

邊際貢獻是管理會計理論中的基礎範疇。應當注意的是，邊際貢獻是一種盈利指標，但它並不是企業的最終利潤。單位邊際貢獻或邊際貢獻率反應了各種產品的初步盈利能力。邊際貢獻總額反應了各種產品的初步盈利能力對企業最終利潤所作的貢獻，所以邊際貢獻又稱為創利額。

根據成本性態，企業的成本可以劃分為固定成本和變動成本兩大類。固定成本與產銷業務量無關，在相關範圍內保持不變，而變動成本隨產品生產或銷售而發生，隨生產和銷售的增長而增長。因此，可以說變動成本與各種具體產品相關，固定成本與

各種具體產品無關，是為企業整體而發生的。

要使產品取得盈利，就要求產品上的銷售收入大於在這種產品上的變動成本，所以只要這種產品的單位收入，即單價大於單位變動成本，這種產品便可取得初步的盈利。產品銷售業務量越大，這種初步盈利數額就越高。因此，單位邊際貢獻反應了這種產品的初步盈利能力。

產品初步盈利能力數額，即邊際貢獻數額，是用來彌補固定成本的，企業的固定成本最終也只能通過一定的標準分攤給各種產品來承擔。各種產品的邊際貢獻如果能全部彌補所分攤的固定成本，就會給企業帶來利潤，反之，就會虧損。因此，各種產品的邊際貢獻總額是各種產品對企業最終利潤所作貢獻大小的標誌。

綜上所述，產品的邊際貢獻指標反應了產品的初步盈利能力和對企業最終利潤所作的貢獻。該指標的這種性質告訴我們，不能以財務會計中各種產品的最終利潤數額來衡量產品的盈利水平，即使是產品的售價低於其平均單位成本，只要售價能大於單位變動成本，這種產品提供了邊際貢獻，就有初步的盈利能力。另外，應當注意的是邊際貢獻與邊際利潤並不是同一個概念。邊際利潤是針對所增加或減少一個單位的業務量的產品而言，邊際貢獻是針對產品現有業務量總和而言。對於所增加或減少的這個單位業務量的產品來說，在相關範圍內單位邊際貢獻與邊際利潤是一致的。

邊際貢獻的性態是指邊際貢獻與業務量的關係。由於邊際貢獻總額是業務量與單位邊際貢獻的乘積，因此，當銷售單價和單位變動成本固定以後，邊際貢獻與業務量成正比例關係，單位邊際貢獻不變。銷售收入、變動成本、固定成本以及邊際貢獻之間的關係我們可以通過圖2－12來反應。

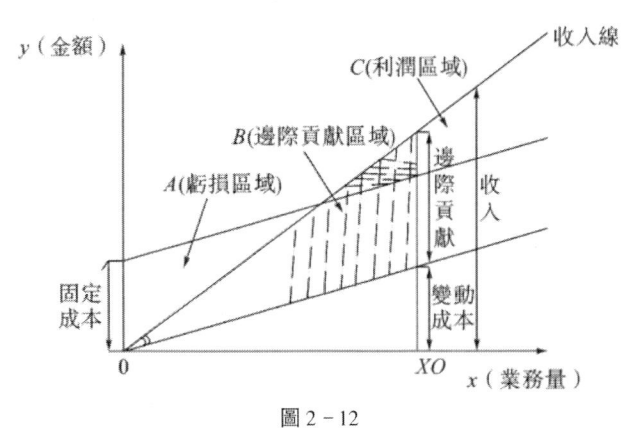

圖2－12

從上圖中可以看出以下規律：

(1) 總收入線與變動成本線相夾的區域B為邊際貢獻區域。邊際貢獻區域從坐標圖原點出發，意味著沒有業務量就不能有邊際貢獻，業務量越大，邊際貢獻就越多。

(2) 由於總收入線與橫軸之間的夾角反應單價水平，變動成本線與橫軸之間的夾角反應變動成本水平，因此，總收入線與變動成本線之間的夾角反應單位邊際貢獻水平。因此，在一定業務量水平下，此角度越大，產品的初步盈利能力越高。

（3）在 A 區域內，邊際貢獻小於固定成本，表現為虧損；在 C 區域內，邊際貢獻大於固定成本，表現為盈利。因此，在一定業務量水平下，擴大邊際貢獻區域的途徑是提高銷售單價和降低單位變動成本。

三、利潤的性態分析

利潤是基於企業的經營活動所賺取的收益。在企業的經濟指標內容上，對應表現是企業的資產變動淨額。這一變動淨額如果是正數，即是通常意義的盈利，如為負數，則是虧損。利潤指標在不同計算層次上有若干不同口徑的指標。為了更準確地反應經營活動結果的質量，這裡選取息稅前利潤指標形式為例進行利潤指標的性態分析。

息稅前利潤是邊際貢獻扣除固定成本之後的結果。其計算式為：

息稅前利潤 = 邊際貢獻 - 固定成本

或者： $EBIT = (P-b)x - a$

式中：P 為銷售單價；b 為單位變動成本；x 為銷售量；a 為固定成本；$(P-b)$ 為單位邊際貢獻。

營業收入和邊際貢獻的性態均與業務量成正比例關係，而息稅前利潤則與此不同。息稅前利潤與業務量間呈普通一次函數關係。基於這一差異，可以在比較的基礎上，歸納出息稅前利潤的形態特徵：

（1）與業務量呈正比例關係的營業收入和邊際貢獻，其變化率與業務量變化率相同。而與業務量呈普通一次函數關係的息稅前利潤，由於截距是負值，其變化率總是大於業務量變化率。這就是說，當業務量發生一定的變化時，息稅前利潤將以更大幅度對應變動。

（2）息稅前利潤的總體狀況由單位邊際貢獻和固定成本總額共同決定。單位邊際貢獻決定息稅前利潤的變化快慢，而具體的利潤結果還需綜合固定成本總額才能確定。

對利潤指標的性態分析是一種綜合性的性態分析。因為，這種性態分析是建立在對成本、營業收入、邊際貢獻的性態分析基礎上的分析。

第三節　變動成本法

隨著社會經濟的發展，生產技術的進步，成本會計制度也在不斷地發展。在工業化大生產之前漫長的時期，生產技術落後，主要是手工操作，產品生產成本也主要由投入生產的直接材料和直接人工構成。工業化大生產開始後，隨著生產規模的擴大、機械化、自動化程度的加強，同時伴隨著管理人員的增加，導致生產中「製造費用」不斷增加。到了 20 世紀，隨著科學技術的進一步發展和管理理論的日新月異，企業之間的競爭加劇。企業要生存和發展，必須重視技術進步和管理現代化，從而使企業管理人員和間接生產人員急遽增加，製造費用中的固定性成本不斷膨脹。這就給管理者提出了一個新問題：如何加強對固定製造費用的管理？成本會計提出了一個解決辦法：

將固定製造費用不再計入產品成本，而是一次全部計入當期損益，從當期的收入中全部扣出。這種方法就是「變動成本法」。變動成本法產生以後，人們將傳統的成本計算模式稱為「完全成本法」。由於完全成本法將固定性製造費用也計入產品成本和存貨成本，所以，這種成本計算模式又稱為「吸收成本法」。我國1992年會計制度改革時，財政部將其稱為「製造成本法」。

對於變動成本法的起源，在國內外會計學界有不同的觀點，但是有一點是可以肯定的，那就是發生於20世紀30年代末的那場世界性的經濟危機，對變動成本法的發展起到了極大的推進作用。因此，一般認為變動成本法是20世紀30年代起源於美國。隨著科學技術的迅猛發展和市場環境的日趨嚴峻，企業預測、決策和控制的重要性日益突出。到了50年代，人們意識到傳統的成本計算越來越難以滿足企業內部管理的需要，企業管理者要求會計人員提供更加適用和更加深入的信息，以便加強對經濟活動的事前規劃和日常控制，於是變動成本法開始受到重視。到了60年代，它已風靡歐美，成為管理會計的一項重要內容。

(一) 變動成本法的定義

所謂變動成本法是指在產品成本的計算上，只包括產品生產過程中所消耗的直接材料、直接人工和變動性製造費用，而固定性製造費用則被視為期間成本而從相應期間的收入中全額扣除。

變動成本計算法就是在計算產品的生產成本和存貨成本時，只包括產品在生產過程中所消耗的直接材料、直接人工和變動製造費用，而把固定製造費用全數列入當期損益，作為「期間成本」，從當期的收入總額中一次全部地扣除。

變動成本計算法的理論根據是：固定製造費用是為企業提供一定的生產經營條件，以便保持生產能力，並使它處於準備狀態而發生的成本。它們同產品的實際產量沒有直接聯繫，既不會由於產量的提高而增加，也不會因產量的下降而減少。它們實質上是與會計期間相聯繫所發生的費用，並隨著時間的消逝而逐漸喪失，故其效益不應遞延到下一個會計期間，而應在費用發生的當期全額列入收益表內，作為本期貢獻毛益總額的減除項目。

(二) 變動成本法的特點

變動成本法與全部成本法相比較，表現出以下特點：

1. 以成本性態分析為基礎計算產品成本

全部成本法是建立在成本按經濟職能分類的基礎上的，它將所有的生產成本全部計入產品成本，隨產品的銷售而轉入當期利潤或存貨結轉下期，將所有非生產成本作為期間成本，全部從當期利潤中抵減。變動成本法是建立在成本性態的基礎上，它把直接材料、直接人工、變動製造費用作為產品成本的組成部分，而把固定製造費用作為期間成本處理，與非生產成本一起直接在當期的收入中扣減，如表2－5所示。

表2-5　　　　　　　　　　　成本項目對比表

項目	完全成本法	變動成本法
成本項目	直接材料 直接人工 變動性製造費用 固定性製造費用	直接材料 直接人工 變動性製造費用
期間成本	營業費用 管理費用 財務費用	固定性製造費用 營業費用 管理費用 財務費用

2. 強調不同的製造成本在補償方式上存在著差異性

變動成本法認為產品成本應該在其銷售收入中得到補償。而固定性製造費用主要是為企業提供一定的生產經營條件而發生的，這些條件一經形成，不管其實際利用程度如何，有關費用照樣發生，同產品的實際生產沒有直接的聯繫，並不隨產量的增減而增減，也就是說，這部分費用所聯繫的是會計期間而非產品。由於固定性製造費用只與企業的經營有關，與經營狀況無關，所以應該與其他非生產成本一樣，在其發生的同期收入中獲得補償。

3. 強調銷售環節對企業利潤的貢獻

在變動成本法下，本期發生的固定製造費用是一個固定不變的常數，而利潤又等於當期的邊際貢獻扣減固定成本。在一定產量條件下，邊際貢獻與銷售量成正比例變動。因此，利潤額的大小主要由銷售量影響，即表現出損益對銷量的變化更為直接敏感，這在客觀上有刺激銷售的作用。

二、變動成本法與全部成本法的比較[①]

變動成本法與全部成本法對固定製造費用的不同處理，導致了兩種方法下的一系列差異。這主要表現在產品成本的構成不同、存貨成本的構成內容不同以及各期損益有所不同三個方面。

(一) 產品成本的構成內容不同

全部成本法將所有成本分為製造成本（或稱生產成本，包括直接材料、直接人工和製造費用）和非製造成本（包括管理費用和銷售費用）兩大類。將製造成本「完全」計入產品成本，而將非製造成本作為期間成本，全部計入當期損益。

變動成本法則是先將製造成本按成本性態劃分為變動性製造費用和固定性製造費用兩類，再將變動性製造費用和直接材料、直接人工一起計入產品成本，而將固定製造費用與非製造成本一起列為期間成本。當然，按照變動成本法的要求，非製造成本也應劃分為固定和變動兩個部分，但是與製造費用劃分后分別歸屬不同的對象有所不同的是，非製造成本劃分的無論是固定部分還是變動部分都計入期間成本，如圖2-13、圖2-14所示。

---

① 孫茂竹，文光偉，楊萬貴. 管理會計 [M]. 3版. 北京：中國人民大學出版社，2006.

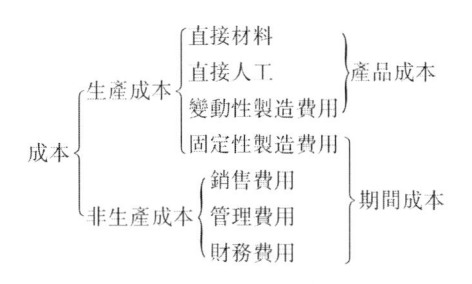

$$成本\begin{cases}生產成本\begin{cases}直接材料\\直接人工\\變動性製造費用\end{cases}產品成本\\\quad\quad\quad 固定性製造費用\\非生產成本\begin{cases}銷售費用\\管理費用\\財務費用\end{cases}期間成本\end{cases}$$

圖 2-13　變動成本法

$$成本\begin{cases}生產成本\begin{cases}直接材料\\直接人工\\變動性製造費用\\固定性製造費用\end{cases}產品成本\\非生產成本\begin{cases}銷售費用\\管理費用\\財務費用\end{cases}期間成本\end{cases}$$

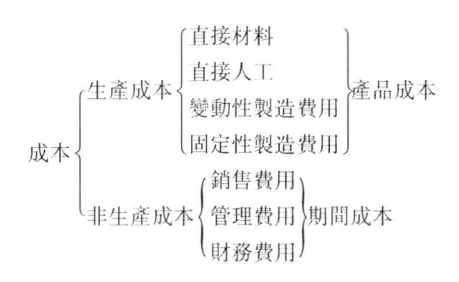

圖 2-14　全部成本法

【例 2-9】某企業只生產一種產品，年初庫存為 0，當年生產 400 件，銷售 300 件，銷售單價為 300 元。該產品製造成本和非製造成本有關資料如下：

直接材料	10,000 元
直接人工	3,000 元
變動製造費用	3,000 元
固定製造費用	12,000 元
變動銷售及管理費用	4,000 元
固定銷售及管理費用	2,000 元

根據以上資料，分別採用全部成本法和變動成本法計算產品的生產成本和期間成本，如表 2-6 所示。

表 2-6　　　　　　　　　　　　　　　成本計算表

單位：元

項目	全部成本法	變動成本法
產品成本：		
直接材料	10,000	10,000
直接人工	3,000	3,000
製造費用	15,000	
其中：		
變動製造費用	3,000	3,000
固定製造費用	12,000	

33

表2-6(續)

項目	全部成本法	變動成本法
產品成本總額	28,000	16,000
單位產品成本	70	40
期間成本：		
固定期間成本	2,000	14,000
變動期間成本	4,000	4,000
期間成本總額	6,000	18,000

從上表計算結果可見，全部成本法下產品的單位生產成本為70元，變動成本法下產品的單位成本為40元；全部成本法下的期間成本為6,000元，變動成本法下的期間成本為18,000元。

(二) 存貨成本的構成內容不同

由於變動成本法與全部成本法下產品成本構成內容的不同，當然產成品和在產品存貨的成本構成內容也就不同。採用變動成本法，不論是庫存產成品、在產品還是已銷產品，其成本均只包括製造成本中的變動部分，期末存貨計價也只是這一部分。而採用全部成本法時，不論是庫存產成品、在產品還是已銷產品，其成本中均包括了一定份額的固定性製造費用，期末存貨計價當然也包括了這一份額。

很顯然，變動成本法下的期末存貨計價必然小於全部成本法下的期末存貨計價。前例中，按照全部成本法計算的期末存貨成本為7,000元（100×70）；按照變動成本法計算的期末存貨成本為4,000元（100×40）。

變動成本法與全部成本法下「產品成本的構成內容不同」與「存貨成本的構成內容不同」是相關聯的兩個問題，也可以說是同一問題的兩個方面。產品成本的構成內容不同，自然存貨成本的構成內容也就不同，而存貨成本上的差異又會對損益的計算產生影響。

(三) 各期損益不同

如前所述，變動成本法下的產品成本只包括變動成本，而將固定成本當作期間成本，也就是說對固定成本的補償由當期銷售的產品承擔。而全部成本法下的產品成本既包括變動成本又包括固定成本。換句話說，全部成本法下對固定成本的補償是由當期生產的產品承擔，期末未銷售的產品與當期已銷售的產品承擔著相同的份額。固定成本上述處理方法上的不同，對兩種成本計算方法下的損益計算產生影響，影響的程度取決於產量和銷量的均衡程度，且表現為相向關係。即產銷越均衡，兩種成本計算法下所計算的損益相差就越小，反之則越大。只有當產成品實現所謂的「零存貨」，即產銷絕對均衡時，損益計算上的差異才會消失。事實上，產銷絕對均衡只是個別的、相對的和理想化的，不均衡才是普遍的、絕對的和現實的，這也是研究本問題的意義所在。

【例2-10】以【例2-9】的資料，分別採用變動成本法和全部成本法，計算出當

期稅前利潤。

根據變動成本法和全部成本法的特點，兩種方法計算息稅前利潤的公式如下：

（1）完全成本法

銷售毛利＝銷售收入－銷售生產成本

　　　　＝銷售收入－（期初存貨成本＋本期生產成本－期末存貨成本）

稅前淨利＝銷售毛利－期間成本

　　　　＝銷售毛利－（管理費用＋營業費用＋財務費用）

（2）變動成本法

貢獻毛益（製造部分）＝銷售收入－變動生產成本

貢獻毛益（全部）＝貢獻毛益（製造部分）－變動銷售管理成本

稅前淨利＝貢獻毛益（全部）－固定成本

　　　　＝貢獻毛益（全部）－（固定製造費用＋固定銷售管理費用）

按照以上公式計算息稅前利潤的過程如表 2－7 所示：

表 2－7　　　　　　　　　　　損益計算

單位：元

成本計算方法 損益計算過程	全部成本法	變動成本法
銷售收入	300×300＝90,000	300×300＝90,000
減：銷售成本 　期初存貨成本 　本期生產成本 　　期末存貨成本 　銷售成本	0 400×70＝28,000 100×70＝7,000 0＋28,000－7,000＝21,000	0 400×40＝16,000 100×40＝4,000 0＋16,000－4,000＝12,000
銷售毛利（生產邊際貢獻）	90,000－21,000＝69,000	90,000－12,000＝78,000
減：期間成本 變動銷售及管理費用	4,000	4,000
全部邊際貢獻		78,000－4,000＝74,000
固定銷售及管理費用 　固定製造費用	2,000	2,000 12,000
息稅前利潤	69,000－4,000－2,000 ＝63,000	74,000－2,000－12,000 ＝60,000

從表 2－6 可以看出，不同成本法下所計算出的息稅前利潤不同。採用變動成本法時，息稅前利潤為60,000元；採用全部成本法時，計算出的息稅前利潤為63,000元。

兩種方法計算結果相差了 3,000 元，這 3,000 元恰好是期末存貨中所包含的固定製造費用部分（100×30），而在變動成本法下，這 3,000 元固定製造費用是作為期間成本在當期的損益中全部扣除了的。換句話來說，這 3,000 元在全部成本法下被視為「一種可以在將來換取收益的資產」列入了資產負債表，而在變動成本法下則被視為「取得收益而已然喪失的資產」列入了損益表。

上例中的假設是企業期初沒有存貨，那麼當所生產的產品未全部銷售出去時，按變動成本法計算的損益就小於按全部成本法計算的損益。就產品的整個壽命週期而言，銷售總量最多也只能等於生產量，但就某個或某些空間期間而言，也可能出現銷量大於產量的情況。為了全面說明變動成本與全部成本對損益的影響，見【例 2－11】和【例 2－12】[①]。

【例 2－11】假設某企業從事單一產品的生產，只生產甲產品，該產品最近 3 年有關資料如表 2－8 所示：

表 2－8　　　　　　　　　　　　甲產品產銷情況

單位：件

項目	第 1 年	第 2 年	第 3 年	合計
期初存貨量	500	500	1,500	500
本期生產量	8,000	8,000	8,000	24,000
本期銷售量	8,000	7,000	9,000	24,000
期末存貨量	500	1,500	500	500

甲產品每件售價 12 元，單位變動生產成本 5 元，固定性製造費用 24,000 元，固定性銷售及管理費用總額 25,000 元。分別採用全部成本法和變動成本法計算這連續三年的息稅前利潤。

採用變動成本法和全部成本法計算各年損益情況分別見表 2－9 和表 2－10。

表 2－9　　　　　　　　　　　　變動成本法損益計算表

單位：元

序號	項目	第 1 年	第 2 年	第 3 年	合計
（1）	銷售收入（銷售量×12）	96,000	84,000	108,000	288,000
（2）	銷售成本（銷售量×5）	40,000	35,000	45,000	120,000
（3）	貢獻毛益（1）-（2）	56,000	49,000	63,000	168,000
（4）	固定性製造費用	24,000	24,000	24,000	72,000
（5）	固定性銷售及管理成本	25,000	25,000	25,000	75,000

---

① 孫茂竹，等. 管理會計學［M］. 北京：中國人民大學出版社，2008.

表2-9(續)

序號	項目	第1年	第2年	第3年	合計
（6）	固定成本（4）+（5）	49,000	49,000	49,000	147,000
（7）	稅前淨利	7,000	0	14,000	21,000

表2-10　　　　　　　　　　全部成本法損益計算表

單位：元

序號	項目	第1年	第2年	第3年	合計
（1）	銷售收入（銷售量×12）	96,000	84,000	108,000	288,000
（2）	銷售成本				
（3）	期初存貨成本	4,000	4,000	12,000	4,000
（4）	本期生產成本	64,000	64,000	64,000	192,000
（5）	可供銷售產品成本（3）+（4）	68,000	68,000	76,000	196,000
（6）	期末存貨成本	4,000	12,000	4,000	4,000
（7）	銷售成本（5）-（6）	64,000	56,000	72,000	192,000
（8）	銷售毛利（1）-（7）	32,000	28,000	36,000	96,000
（9）	銷售及管理成本	25,000	25,000	25,000	75,000
（10）	稅前淨利	7,000	3,000	11,000	21,000

通過以上計算結果可見，各年生產數量不變的情況下，第一年由於期初存貨數量和期末存貨數量一樣，兩種不同成本法計算的損益是一樣的，都為7,000元。第二年由於銷售量下降，期末存貨成本增加了1,000件，從而使得採用全部成本法計算的損益比採用變動成本法計算的損益增加了3,000元，這3,000元恰好是期末增加的存貨中所含有的固定性製造費用（1,000×3）。第三年又擴大了銷售，第三年採用變動成本法計算的損益比採用全部成本法計算的損益增加了3,000元，這3,000元恰好是當年減少的存貨1,000件所包含的固定性製造費用。第三年末的存貨數量與第一年年初存貨的數量相等，表明這三年達到了產銷平衡，從而使得這三年採用兩種不同成本法計算的損益之和相等，均為21,000元。

以上計算結果是在各年生產量不變的情況下，那麼，在各年生產量不同的情況下其又將是個什麼結果呢？我們通過下面的例題來看看。

【例2-12】某企業最近3年只生產一種甲產品，產銷情況見表2-11所示：

表2-11　　　　　　　　　　甲產品產銷情況

單位：件

項目	第1年	第2年	第3年	合計

表2-11(續)

項目	第1年	第2年	第3年	合計
期初存貨量	0	0	2,000	0
本期生產量	6,000	8,000	4,000	18,000
本期銷售量	6,000	6,000	6,000	18,000
期末存貨量	0	2,000	0	0

甲產品每件售價10元，單位變動生產成本4元，固定性製造費用24,000元，固定性銷售及管理費用總額6,000元。分別採用全部成本法和變動成本法計算這連續三年的息稅前利潤。

採用變動成本法和全部成本法計算各年損益情況分別見表2-12和表2-13所示。

表2-12　　　　　　　　　　變動成本法損益計算表

單位：元

序號	項目	第1年	第2年	第3年	合計
(1)	銷售收入（銷售量×10）	60,000	60,000	60,000	180,000
(2)	銷售成本（銷售量×4）	24,000	24,000	24,000	72,000
(3)	貢獻毛益(1)-(2)	36,000	36,000	36,000	108,000
(4)	固定性製造費用	24,000	24,000	24,000	72,000
(5)	固定性銷售及管理成本	6,000	6,000	6,000	18,000
(6)	固定成本(4)+(5)	30,000	30,000	30,000	90,000
(7)	稅前淨利	6,000	6,000	6,000	18,000

表2-13　　　　　　　　　　完全成本法損益計算表

單位：元

序號	項目	第1年	第2年	第3年	合計
(1)	銷售收入（銷售量×10）	60,000	60,000	60,000	180,000
(2)	銷售成本				
(3)	期初存貨成本	0	0	14,000	0
(4)	本期生產成本	48,000	56,000	40,000	144,000
(5)	可供銷售產品成本(3)+(4)	48,000	56,000	54,000	144,000
(6)	期末存貨成本	0	14,000	0	0
(7)	銷售成本(5)-(6)	48,000	42,000	54,000	144,000
(8)	銷售毛利(1)-(7)	12,000	18,000	6,000	36,000

表2－13(續)

序號	項目	第1年	第2年	第3年	合計
(9)	銷售及管理成本	6,000	6,000	6,000	18,000
(10)	稅前淨利	6,000	12,000	0	18,000

從上面的計算結果可見，由於各年的銷量相同，所以按變動成本法計算的各年的息稅前利潤相等，均為6,000元。這是因為儘管各年的產量不同，但由於各年的固定性製造費用全部作為固定成本進入了當期損益，所以，當其他條件不變時，息稅前利潤也就保持不變。由於各年的產量發生了變化，所以按照全部成本法所計算的各年的息稅前利潤完全不同。導致這種結果的原因就在於固定性製造費用需要在所生產的產品中進行分攤。上例中第二年的息稅前利潤最大，這是因為第二年的產量8,000件，大於銷量6,000件，期末產品存貨2,000件成本中負擔了相應份額的固定性製造費用6,000元（2,000×3）。第三年的情況恰好相反，銷量6,000件，大於產量4,000件，從而使得第三年採用變動成本法計算的利潤大於採用全部成本法計算的利潤。其原因是第三年的銷售成本中不僅包括了由當年產品所負擔的固定性製造費用，還包括了伴隨著年初存貨的銷售而「遞延」到了本期的固定性製造費用。

通過以上例題分析，我們可以總結出以下規律：

（1）當期末存貨量不為零，而期初存貨量為零時，完全成本法計算確定的稅前淨利大於變動成本法計算確定的稅前淨利。其差額＝本期單位固定性製造費用×期末存貨量。

（2）當期初存貨量不為零，而期末存貨量為零時，完全成本法計算確定的稅前淨利小於變動成本法計算確定的稅前淨利。其差額＝期初存貨單位固定性製造費用×期初存貨量。

（3）當期初存貨量和期末存貨量均為零時，完全成本法計算確定的稅前淨利等於變動成本法計算確定的稅前淨利。

（4）當期初存貨量和期末存貨量均不為零，而且其單位產品包含的固定性製造費用相等時，兩種成本計算方法下的稅前淨利之間的關係取決於當期產品生產的產銷平衡關係。

產銷平衡時，完全成本法計算確定的稅前淨利等於變動成本法計算確定的稅前淨利；

產大於銷時，完全成本法計算確定的稅前淨利大於變動成本法計算確定的稅前淨利；

產小於銷時，完全成本法計算確定的稅前淨利小於變動成本法計算確定的稅前淨利。

（5）當期初存貨量和期末存貨量均不為零，而且其單位產品包含的固定性製造費用不相等時，兩種成本計算方法下的稅前淨利的差額＝期末存貨中固定性製造費用－期初存貨中固定性製造費用。

三、對變動成本法的評價[①]

(一) 變動成本法的優點

變動成本法的產生有其客觀必然性。隨著社會經濟的不斷發展，變動成本法在企業的實際管理中發揮著越來越重要的作用。這是由變動成本法具有全部成本法所不具有的優點所決定的，變動成本法的優點主要表現在以下幾方面。

1. 變動成本法增強了成本信息的有用性，有利於企業的短期決策

企業的短期經營決策一般是不考慮生產經營能力的因素的，而只是關注成本、產量、利潤之間的消長關係。採用變動成本法能夠揭示這種關係，提供各種產品的盈利能力、經營風險等重要信息。從前面的分析中可以看出，全部成本法下計算的利潤受到存貨變動的影響，而這種影響是有違邏輯的：儘管產品的生產是企業實現利潤的必要條件之一，但卻不是充分條件，只有產品銷售出去，其價值才算為社會所承認，企業也才能取得收入和利潤。產品的銷售，不僅是企業實現收入和利潤的必要條件，也是充分條件，多銷售才會多得利潤。而全部成本法下反應的是多生產即可多得利潤，這種關係不符合邏輯。當然，在產銷均衡的條件下，多生產會多得利潤。因為這時變動成本法和全部成本法計算的結果是完全一致的。

2. 變動成本法更符合「配比原則」的精神

變動成本法將成本劃分為兩大類：直接與產品數量有聯繫的變動成本，包括直接材料、直接人工和變動製造費用。這部分成本需要按產品銷售比例，將其中已銷售的部分轉作當期費用，同本期銷售收入相配比，另外將未銷售的產品成本轉作存貨成本，以便與未來預期獲得的收益相配比。另一部分是同產品生產數量沒有直接關係的固定成本，即固定製造費用，這部分成本是企業為維持正常生產能力所必須負擔的成本，與生產能力的利用程度無關，既不會因為產量的提高而增加，也不會因為產量的減少而下降，只會隨著時間的推移而喪失，所以是一種為取得收益而已經喪失的成本。這種成本只聯繫期間，並隨時間的消逝而逐漸喪失，故應全部作為期間成本，同本期的收益相配比。

3. 變動成本法便於企業加強管理

成本升降主要有兩種方法：一是提高產量，二是成本控制。變動成本法可以區分由於產量的變動所引起的成本升降和成本控制所引起的成本升降，是通過制定標準成本和費用預算、考核執行情況、兌現獎懲來達到加強企業管理的一種有效的做法。

4. 變動成本法有利於促使管理當局重視銷售工作，防止盲目生產

變動成本法下，產量的高低與存貨的增減對稅前淨利都沒有影響。在銷售單價、單位變動成本、銷售組合不變的情況下，企業的稅前淨利將只隨銷售量的增減變化發生同向變化。這樣一種信息必然會使管理當局更加重視銷售環節，把注意力更多地集中在分析市場動態、開拓銷售渠道、以銷定產、搞好售後服務，從而防止盲目生產。

[①] 孫茂竹，文光偉，楊萬貴. 管理會計 [M]. 3 版. 北京：中國人民大學出版社，2006.

由於全部成本法重視生產，變動成本法重視銷售。那麼，隨著生產力水平的不斷提高，資本有機構成不斷上升，設備折舊費和固定製造費用在兩種不同的成本方法下的「槓桿作用」也就會越來越大。即它會使管理者在全部成本法下更重視生產，在變動成本法下更重視銷售。

5. 簡化成本計算工作，避免固定性製造費用分配上的主觀臆斷性

在變動成本法下，固定性製造費用被全部作為期間成本從當期的收益中全部扣除，從而省略了各種固定製造費用的分攤工作，這樣做大大簡化了產品成本的計算工作，也避免了固定製造費用分配中出現的主觀臆斷性。

6. 變動成本法為管理會計的系統方法奠定了基礎

利用變動成本法的資料可深入進行本量利分析和日常的經營風險分析；有利於貢獻毛益分析方法的應用；有利於建立彈性預算、制定標準成本、實行責任會計。

(二) 變動成本法的缺點

與全部成本法相比較，變動成本法具有以上優點，但任何事物都有兩面性，存在優點的同時也伴隨著缺點。對於變動成本法，主要的缺點表現在以下幾個方面：

1. 不符合傳統產品成本的概念的要求

傳統的成本觀念認為，產品成本是「一切可以計入存貨的製造成本」，是「為了生產產品或為了銷售而購置的產品所發生的成本」。那麼，從這樣的觀念來認識產品成本的話，成本中就應該既包括固定成本又包括變動成本，也就是說，固定製造費用就應當作為成本的一部分。而變動成本法是把這部分作為期間成本來處理的。

2. 按成本性態進行成本的劃分，其本身具有局限性

成本形態分析將成本劃分成變動成本和固定成本只是一種粗略的計算，結果並不是十分精確，只能反應成本與業務量變動的大致趨勢，況且，「相關範圍」隨著不同的時間、不同的產量、不同的企業在不斷發生著變化，是一個動態的條件。人們把握變動的事物在一定程度上受人的判斷能力影響，不同的人其判斷的標準和能力存在著差異。這更決定了變動成本和固定成本劃分的不準確性。

3. 不利於長期決策，特別是定價決策

由於成本形態分析的相關範圍是一個動態的條件，從而也決定了變動成本法不適宜用於長期決策。因為長期決策要解決的是生產能力的增減和經驗規模的擴大或縮減的問題，涉及的時間長，必然會不斷地突破相關範圍的限制。

變動成本與全部成本法相比存在著以上的優缺點，兩種成本法的優缺點恰恰是相互彌補的，即變動成本法的優點恰好是全部成本法的缺點，變動成本法的缺點恰好是全部成本法的優點。因此，全部成本法的優點主要表現為：符合人們傳統產品成本觀念，反應了生產產品發生的全部耗費，以此確定產品實際成本和損益，滿足對外提供報表的需要，容易被企業外部各界所接受。全部成本法反應的是生產量與利潤之間的關係，生產量越多，企業利潤越大，有助於刺激企業加速生產發展的積極性。

但是，全部成本法也存在著不足，主要表現為：用全部成本法計算出來的單位產品成本不僅不能反應生產部門的真實業績，反而掩蓋或誇大了他們的生產業績；採用

完全成本法計算所確定的分期損益,其結果往往難以為管理部門所理解,甚至會鼓勵企業片面追求產量,盲目生產,造成積壓和浪費;由於成本未按照成本性態將變動成本和固定成本分開,不利於預測、決策分析,不利於彈性預算的編製;在產品成本計算時,對於固定製造費用的分攤有許多方法可以使用,難免受到會計主管人員主觀判斷的影響,帶有一定的主觀隨意性。

第三章 本量利分析

案例與問題分析

　　SR 公司的產品獲得市場的好評，其銷路在迅速擴大。但是，企業管理當局有一些隱憂：該產品這種狀況能夠維持的時間是多長，實際的獲利水平究竟如何，有何相應的風險。如果其中的相關因素發生改變，對公司有何影響等就成為企業管理當局所考慮的問題。

　　解決這一系列問題的基本措施，首先應該瞭解企業損益結果的相關決定指標及其相互的數量聯繫，尤其是銷售量和銷售額、銷售的相關成本等指標與銷售利潤之間的關係；其次應該從這一系列指標的動態過程來瞭解把握上述的數量關係，從而建立起相關的數量規劃模型，這樣才可以解決上述問題。

第一節 本量利分析概述

一、本量利分析的涵義

　　本量利分析是成本—業務量—利潤依存關係分析的簡稱，也稱為 CVP 分析。它是在成本性態分析和變動成本計算模式的基礎上，運用數學模型或圖形，通過對成本、產銷量、利潤等因素進行綜合分析，揭示變量之間的內在規律性，為會計預測、決策、規劃和業績考評提供必要的財務信息的一種定量分析方法。

　　本量利分析是現代管理會計學的重要組成部分，是管理會計的核心內容，所提供的原理、方法在管理會計中有著廣泛的用途，同時它又是企業進行決策、計劃、控制和業績考評的重要工具。將本量利分析與控制相結合，可根據本量利之間的關係編製全面預算，進行成本控制，以尋求企業降低成本的途徑；與預測相結合，有利於企業進行保本點和目標利潤的預測；與決策相結合，有利於企業進行生產決策、定價決策和不確定性決策；與業績評價相結合，有利於企業進行業績考核等。因此，掌握並學會運用本量利分析法，對於企業有效地控制生產經營活動，正確地進行經營決策具有重要的意義。

二、本量利分析的基本前提

本量利分析必須以一定的假設條件作為基礎，目前，本量利分析主要包含下述幾個方面的假設：

(一) 成本性態分析假設

假定企業的全部成本已經按成本性態劃分為固定成本和變動成本，且相關成本性態模型也已經建立起來。

(二) 線性假設

假設在一定時期和一定的業務量的範圍內，成本水平與銷售單價不發生變化且成本函數表現為線性方程。該假設具體包含下述幾個方面的內容：

1. 固定成本不變假設

假設企業生產經營能力在一定時期和一定業務量的範圍內，固定成本總額不受業務量變動的影響，固定保持不變。表示在平面直角坐標圖中就是一條與橫軸平行的直線。

2. 變動成本與產量（銷量）呈完全線性關係假設

變動成本也要研究相關範圍。即假設在一定的相關範圍內，產品每單位的變動成本不變，變動成本總額與產銷量呈完全線性關係。表示在平面直角坐標圖中就是一條過原點的直線，該直線的斜率就是單位變動成本。

3. 銷售收入與銷售數量呈完全線性關係假設

假設產品平均的單位售價不變即設定銷售價格為一常數，在此基礎上，企業的銷售收入同產品的銷售量呈完全線性關係。表示在平面直角坐標圖中也是一條過原點的直線，該直線的斜率就是銷售單價。

(三) 產銷平衡假設

假設當期產品的生產量與業務量相一致，不考慮產品存貨水平變動對利潤的影響。即假定每期生產的產品總量總是能在當期全部銷售出去，產銷平衡。

(四) 產品品種結構不變假設

假設同時生產與銷售多種產品的企業，其銷售產品的品種結構不變。即在一個生產與銷售多種產品的企業，以價值形式表現的產品的產銷總量發生變化時，原來各產品的產銷額在全部產品的產銷額中所占的比重不會發生變化。

(五) 變動成本法假設

假設產品成本是按照變動成本法計算的。即產品成本中只包含變動生產成本，而所有的固定成本總額均作為期間成本處理。

第二節　盈虧臨界點分析

一、盈虧臨界點的涵義

企業生存與發展的基礎是實現一定數量的盈利，而實現盈利的基本前提是不盈不虧即保本經營。所謂盈虧臨界點又稱盈虧平衡點、保本點、盈虧分歧點，是指企業的經營處於不盈不虧狀態時的銷售量或銷售額。企業的銷售收入減去變動成本後所得到的邊際貢獻只有在補償固定成本後出現了剩餘，才能為企業提供一定的盈利，否則，企業就會出現虧損。當邊際貢獻剛好等於固定成本時，企業處於不盈不虧狀態，此時的銷售量即為盈虧臨界點。盈虧臨界點是企業的一項重要指標，企業的銷售量必須達到這個指標才能保本，大於這個指標才能盈利。可見，盈虧臨界點分析是本量利分析中的一項基本內容，它是專門用於研究使企業處於盈虧平衡狀態下本量利關係的一種定量分析方法。進行盈虧臨界點分析，可為企業管理層提供未來期間防止虧損發生應達到的最低銷售量信息。

二、盈虧臨界點的確定

(一) 盈虧臨界點確定的基本計算模型

盈虧臨界點的分析是建立在成本性態分析與變動成本法的基礎上的。在變動成本法下，本量利之間的基本關係用數學模型表示為：

銷售收入 -（固定成本 + 變動成本）= 利潤

(單價售價 - 單位變動成本) × 銷售量 - 固定成本 = 利潤

盈虧臨界點就是使利潤等於零時的銷售量，據此，上述模型可轉換成：

(單價售價 - 單位變動成本) × 銷售量 - 固定成本 = 0

由此可以得到盈虧臨界點計算的基本模型：

$$盈虧臨界點 = \frac{固定成本}{單位售價 - 單位變動成本}$$

$$= \frac{固定成本}{單位邊際貢獻}$$

設：P 代表利潤，V 代表銷量，SP 代表單位售價，VC 代表單位變動成本，FC 代表固定成本，BE 代表盈虧臨界點。則盈虧臨界點銷售量用符號表示為：

$$BE = \frac{FC}{SP - VC} = \frac{FC}{CM}$$

盈虧臨界點的表現形式通常有兩種：一種以實物量來表現，叫做盈虧臨界銷售量；另一種以貨幣量來表現，叫做盈虧臨界銷售額。

1. 按實物量計算的盈虧臨界點

$$盈虧臨界點銷售量 = \frac{固定成本}{單位售價 - 單位變動成本}$$

$$= \frac{固定成本}{單位邊際貢獻}$$

2. 按貨幣量計算的盈虧臨界點

$$單位售價 \times 銷售量 = \frac{固定成本}{單位邊際貢獻} \times 單位售價$$

而邊際貢獻率 $= \dfrac{單位邊際貢獻}{單位售價}$

因此盈虧臨界點銷售量（額）$= \dfrac{固定成本}{邊際貢獻率}$

【例3-1】某企業銷售B產品200,000件，單位售價為100元/件，單位變動成本為50元，固定成本為130,000元，要求：

(1) 計算B產品的盈虧臨界點銷售量；
(2) 計算B產品的盈虧臨界點銷售額。

解析：

(1) 盈虧臨界點銷售量 $= \dfrac{固定成本}{單位售價 - 單位變動成本} = \dfrac{130,000}{100-50} = 2,600$（件）

邊際貢獻率 $= \dfrac{邊際貢獻}{售價收入} = \dfrac{單位邊際貢獻}{單位售價} = \dfrac{100-50}{100} = 50\%$

(2) 盈虧臨界點銷售額 $= \dfrac{固定成本}{邊際貢獻率} = \dfrac{130,000}{50\%} = 260,000$（件）

(二) 安全邊際與安全邊際率模型

1. 安全邊際與安全邊際率

當企業處於盈虧臨界點時，意味著企業正好處於不盈不虧的狀態即企業在此點上產生的邊際貢獻已補償全部的固定成本；而要想獲利，其銷售量必需超過盈虧臨界點才能得以實現，且超過的越多，企業經營發生損失的可能性越小，企業就越安全。由此可以得到與盈虧臨界點相關聯的另一個計算指標——安全邊際。

安全邊際是指實際或預計銷售量（額）超過盈虧臨界點銷售量（額）的差額。該指標標誌著企業從現有銷售量（額）到盈虧臨界點還有多大的差距，此差說明企業現有銷售量（額）再降低多少，就可能會發生損失。顯然，差距越大，安全邊際越大，企業的抗風險能力越強，發生虧損的可能性越小，其經營越安全；反之，差距越小，安全邊際越小，其抗風險能力越差，發生虧損的可能性也越高，經營的安全程度越低。

安全邊際可以用絕對數與相對數兩種形式來表現。如果用絕對數來表現，則稱為安全邊際量（額）；如果用相對數來表現，則稱為安全邊際率，它是指安全邊際量（額）與實際或預計銷售量（額）之比。

其計算模型如下：

安全邊際量（額）= 實際（或預計）銷售量（額）- 盈虧臨界點銷售量（額）

安全邊際額 = 安全邊際量 × 單位售價

安全邊際率 $= \dfrac{安全邊際量}{實際（預計）銷售量} \times 100\%$

$$= \frac{安全邊際額}{實際（預計）銷售額} \times 100\%$$

西方企業通常採用安全邊際率這一指標來評價企業經營安全與否。表 3－1 為安全邊際率與評價企業經營安全程度的一般性標準，但該標準只能作為企業評價經營安全與否的參考。

表 3－1　　　　　安全邊際率與評價企業經營安全程度的一般標準

安全邊際率	10%以下	10%~20%	20%~30%	30%~40%	40%以上
安全程度	危險	不安全	較安全	安全	很安全

【例 3－2】假定在【例 3－1】中，本期銷售該產品 8,000 件，試計算：期間內經營 A 產品的安全邊際及安全邊際率。

解析：

（1）計算盈虧臨界點銷售量和盈虧臨界點銷售額：

盈虧平衡臨界點銷售量 = 2,600 件

盈虧臨界點銷售額 = 260,000 元

（2）計算安全邊際及安全邊際率：

安全邊際量 = 8,000 － 2,600 = 5,400（件）

安全邊際額 = 8,000 × 100 － 260,000 = 540,000（元）

安全邊際率 = $\frac{5,400}{8,000} \times 100\% = 67\%$

或安全邊際率 = $\frac{540,000}{8,000 \times 100} \times 100\% = 67\%$

2. 盈虧臨界點作業率

以盈虧臨界點為基礎還可以得到另一個輔助性的指標，即盈虧臨界點作業率。

盈虧臨界點作業率也稱為盈虧臨界點的開工率，是指盈虧臨界點銷售量（額）占正常經營（或開工）情況下的銷售量（額）的百分比。所謂正常經行銷售量，是指在正常的市場環境和企業正常開工情況下產品的銷售數量。其計算模型如下：

盈虧臨界點作業率 = $\frac{盈虧臨界點銷售量（額）}{正常經行銷售量（額）} \times 100\%$

盈虧臨界點作業率表明企業保本的銷售量在正常經行銷售量中所占的比重，該指標可以提供企業在保本狀態下生產能力利用程度的信息。

【例 3－3】依據上例的資料及有關計算結果並假定該企業正常經營條件下的銷售量為 5,000 件。要求：計算其盈虧臨界點作業率。

解析：

盈虧臨界點作業率 = $\frac{2,600}{5,000} \times 100\% = 52\%$

或盈虧臨界點作業率 = $\frac{260,000}{5,000 \times 100} \times 100\% = 52\%$

計算結果表明，該企業盈虧臨界點作業率必須達到52%，即銷售量必須達到正常經營業務量的52%方可保本；要想盈利，作業率必須達到52%以上；否則，企業將會發生虧損。

3. 安全邊際率與銷售利潤率

當企業的銷售量達到盈虧臨界點時，其固定成本已全部得到補償。因此，只有盈虧臨界點以上的銷售額（即安全邊際部分）才能為企業提供利潤。所以，安全邊際與利潤之間的關係用模型表示為：

銷售利潤＝安全邊際量（額）×單位邊際貢獻（率）

將等式兩邊同時除以銷售收入，則：

銷售利潤率＝安全邊際率×邊際貢獻率

【例3-4】依據【例3-2】和【例3-3】的資料及有關計算結果，計算其銷售利潤及銷售利潤率。

解析：

銷售利潤＝5,400×（100－50）＝270,000（元）

或銷售利潤＝540,000×$\frac{100-50}{100}$＝540,000×50%＝270,000（元）

銷售利潤率＝67%×$\frac{100-50}{100}$＝33.5%

(三) 多品種盈虧臨界點分析模型

通常情況下，企業不可能只產銷一種產品，當企業產銷多種產品時，由於不同產品的實物計量單位可能有所不同。因此，雖然也可以按具體品種計算各自的盈虧臨界銷售量，但由於不同品種的盈虧臨界銷售量不能直接相加，其總的盈虧臨界點通常不能表現為用實物量來計量的盈虧臨界銷售量，而只能表現為用金額來計量的盈虧臨界銷售額。在多品種條件下，盈虧臨界點常用計算模型很多，但主要有綜合邊際貢獻率模型、聯合單位法模型、分算模型等。

1. 綜合邊際貢獻率模型

綜合邊際貢獻率模型是建立在綜合邊際貢獻率計算基礎上的模型。所謂綜合邊際貢獻率計算，是指以各種產品的邊際貢獻為基礎計算加權平均邊際貢獻率，然后，再據以計算綜合盈虧臨界點銷售額的計算方法。其具體計算模型為：

企業的綜合盈虧臨界點銷售額＝$\frac{固定成本總額}{綜合邊際貢獻率}$

綜合邊際貢獻率＝$\frac{各種產品邊際貢獻之和}{各種產品銷售收入之和}$

上述綜合邊際貢獻率的實質是加權平均的邊際貢獻率。

【例3-5】某企業計劃期內生產經營甲、乙、丙三種產品，計劃期內固定成本總額為108,000元。其他有關資料如表3-2所示。要求：運用綜合邊際貢獻率法計算該企業的綜合盈虧臨界點銷售額。

表 3－2　　　　　　　　　　　某企業產品資料表

項　目	甲產品	乙產品	丙產品	合計
預計產銷數量（件）	3,000	4,000	5,000	
產品單位售價（元）	40	25	30	
單位變動成本（元）	24	15	18	
預計產品銷售額（元）	120,000	100,000	150,000	370,000
變動成本總額（元）	72,000	60,000	90,000	222,000
邊際貢獻（元）	48,000	40,000	60,000	148,000

解析：

$$綜合邊際貢獻率 = \frac{各種產品邊際貢獻之和}{各種產品銷售收入之和} = \frac{148,000}{370,000} = 40\%$$

$$綜合盈虧臨界點銷售額 = \frac{固定成本總額}{綜合邊際貢獻率} = \frac{108,000}{40\%} = 270,000（元）$$

2. 聯合單位模型

如果企業的產品結構保持不變，則在多品種條件下的盈虧臨界點的計算還可採用聯合單位作為盈虧臨界點銷售量的計量單位。所謂聯合單位，是指按固定實物比例構成的一組產品。例如，企業同時生產 A、B、C 三種產品且這三種產品之間的銷量長期保持比較穩定的比例關係，這三種產品的產銷量比為 1：2：3。則這 1 件 A 產品、2 件 B 產品和 3 件 C 產品之間就構成了一組產品，簡稱聯合單位。該方法的實質是將多種產品盈虧臨界點的計算問題轉換為單一產品盈虧臨界點問題的計算。根據存在穩定比例關係的產品之間的銷量比，可以計算出每一聯合單位的聯合單位邊際貢獻和聯合單位變動成本，並以此計算整個企業的聯合盈虧臨界點銷售量以及各產品的盈虧臨界點銷售量。其計算模型為：

企業的綜合盈虧臨界點銷售額 = 盈虧臨界點聯合單位 × 聯合單位售價

某產品的盈虧臨界點銷售量 = 盈虧臨界點聯合單位 × 該產品的產銷量比重

其中：

$$盈虧臨界點聯合單位 = \frac{企業固定成本總額}{聯合單位邊際貢獻}$$

聯合單位邊際貢獻 = 聯合單位售價 − 聯合單位變動成本

【例 3－6】某企業計劃期內生產經營 A、B、C 三種產品，固定成本投資總額為 228,000 元。其他有關資料如表 3－3 所示。要求：用聯合單位模型計算企業的綜合盈虧臨界點銷售額和各產品的盈虧臨界點銷售量。

表3-3　　　　　　　　　　某企業產品資料表

項　目	A產品	B產品	C產品
預計產銷數量（件）	5,000	10,000	15,000
產品單位售價（元）	30	20	40
單位變動成本（元）	20	15	20
單位邊際貢獻（元）	10	5	20

（1）確定產品銷量比：

A：B：C＝5,000：10,000：15,000＝1：2：3

（2）確定聯合單位邊際貢獻：

聯合單位邊際貢獻＝10×1＋5×2＋20×3＝80（元）

（3）確定盈虧臨界點聯合單位：

盈虧臨界點聯合單位＝$\dfrac{228,000}{80}$＝2,850（聯合單位）

（4）確定企業的綜合盈虧臨界點銷售額：

聯合單位售價＝30×1＋20×2＋40×3＝190

綜合盈虧臨界點銷售額＝2,850×190＝541,500（元）

（5）確定各產品盈虧臨界點銷售量：

A產品的盈虧臨界點銷售量＝2,850×1＝2,850（件）

B產品的盈虧臨界點銷售量＝2,850×2＝5,700（件）

C產品的盈虧臨界點銷售量＝2,850×3＝8,550（件）

3. 分算模型

分算模型建立的基礎是分算法的實施。所謂分算法，是指在一定的條件下，將企業的固定成本總額按一定標準在各產品之間進行分配，分別確定各產品的固定成本數額，再按單一品種盈虧臨界點的計算方法計算各產品的盈虧臨界點的一種方法。該方法的關鍵是要合理地進行固定成本的分配。在分配固定成本時，對於專屬某種產品的固定成本應直接計入產品成本；對於應由多種產品共同負擔的共同性固定成本，則應選擇適當的分配標準（如銷售額、產品重量、長度、體積、工時、邊際貢獻、材料耗用量等）在各產品之間進行分配。

【例3-7】仍以上例的資料為例。要求：用分算法計算企業各產品的盈虧臨界點銷售量（假定固定成本按銷售額的比重分配）和企業的綜合盈虧臨界點銷售額。

解析：

（1）計算各產品應分配的固定成本：

固定成本分配率＝$\dfrac{228,000}{150,000+200,000+600,000}$＝$\dfrac{228,000}{950,000}$＝0.24

A產品應負擔的固定成本＝150,000×0.24＝36,000（元）

B 產品應負擔的固定成本 = 200,000×0.24 = 48,000（元）
C 產品應負擔的固定成本 = 600,000×0.24 = 144,000（元）
(2) 計算各產品的盈虧臨界點銷售量：

A 產品的盈虧臨界點銷售額 = $\dfrac{36,000}{30-20} \times 30 = 108,000$（元）

B 產品的盈虧臨界點銷售額 = $\dfrac{60,000}{20-15} \times 20 = 240,000$（元）

C 產品的盈虧臨界點銷售額 = $\dfrac{144,000}{40-20} \times 40 = 288,000$（元）

(3) 計算企業的綜合盈虧臨界點銷售額：
綜合盈虧臨界點銷售額 = 108,000 + 240,000 + 288,000 = 636,000（元）

三、有關因素變動對盈虧臨界點的影響分析

前述盈虧臨界點模型是建立在假設固定成本、單位變動成本、產品的銷售單價以及產品品種結構不變的基礎上的，而現實中，這些因素在企業的生產經營過程中往往又是經常變動並引起盈虧臨界點的相應變動的。顯然，上述諸因素的變動與盈虧臨界點取值之間存在一定的內在聯繫。通常情況下，固定成本、變動成本下降，銷售單價提高，則盈虧臨界點的取值變小；反之亦然。可見，產品的單位售價、單位變動成本、固定成本以及產品的品種結構等因素的變動都會對盈虧臨界點產生影響。

(一) 單位售價變動對盈虧臨界點的影響

產品單位售價的變動是影響盈虧平衡臨界點的一個重要因素。產品單位售價的變動會引起單位邊際貢獻和邊際貢獻率向同方向變動，從而改變盈虧臨界點。在一定成本水平的條件下，當產品單位售價上升時，邊際貢獻和邊際貢獻率上升，盈虧臨界點降低，同樣銷售量下實現的利潤也就越高；當產品的銷售價格下降時，邊際貢獻和邊際貢獻率下降，盈虧臨界點上升，同樣銷售量下實現的利潤也就越低。

【例3-8】假定某產品的銷售單價為30元，單位變動成本為20元，固定成本總額為40,000元。按實物計算的盈虧臨界點銷售量為：

盈虧臨界點銷售量 = $\dfrac{40,000}{30-20} = 4,000$（件）

在其他條件不變的情況下，企業打算將產品單位售價從原來的30元提高到40元。要求：計算提價后的盈虧臨界點銷售量。

提價后的盈虧臨界點銷售量 = $\dfrac{40,000}{40-20} = 2,000$（件）

當產品售價從30元提高40元后，盈虧臨界點銷售量由4,000件下降到2,000件，在盈虧臨界圖上，銷售單價表現為銷售收入線的斜率，當成本水平一定時，銷售單價上升，則銷售收入線的斜率加大，盈虧臨界點降低，同樣的銷售量實現的利潤也就越多。產品單位售價變動前后的盈虧臨界點變動如圖3-1所示。

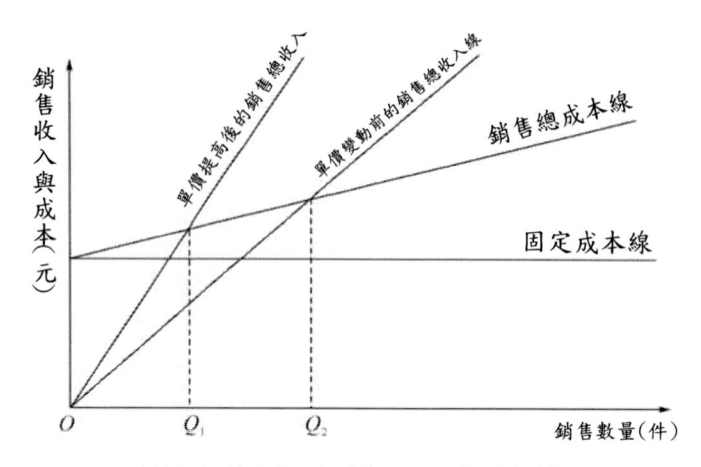

図3-1　產品單位售價變動前後的盈虧平衡圖

(二) 單位變動成本變動對盈虧臨界點的影響

產品單位變動成本的變動會引起單位邊際貢獻和邊際貢獻率向相反方向變動，從而改變盈虧臨界點。在其他因素不變的前提下，當產品單位變動成本上升時，單位邊際貢獻和邊際貢獻率降低，盈虧臨界點上升；當產品單位變動成本下降時，單位邊際貢獻和邊際貢獻率上升，盈虧臨界點下降。

在盈虧平衡圖中，表現為總成本線的斜率提高，導致盈虧臨界點上升；當產品單位變動成本下降時，會增大單位邊際貢獻和邊際貢獻率，在盈虧平衡圖中，表現為總成本線的斜率降低，導致盈虧臨界點下降。

【例3-9】仍以上例的資料為例。假定由於原材料採購成本上升，導致產品單位變動成本從20元/件上升到22元/件，其他因素保持不變。要求：計算單位變動成本上升後的盈虧臨界點銷售量。

$$\text{單位變動成本上升後的盈虧臨界點銷售量} = \frac{50,000}{30-20} = 5,000 \text{（件）}$$

當產品單位變動成本從20元上升到22元後，盈虧平衡臨界點銷售量由4,000件上升到5,000件。在盈虧平衡圖中，單位變動成本表現為總成本線的斜率，在其他因素不變的條件下，單位變動成本提高，則變動成本線的斜率加大。由於新的變動成本線的斜率大於原變動成本線的斜率，因此，盈虧臨界點上升，利潤減少。產品單位變動成本變動前後的盈虧臨界點變動如圖3-2所示。

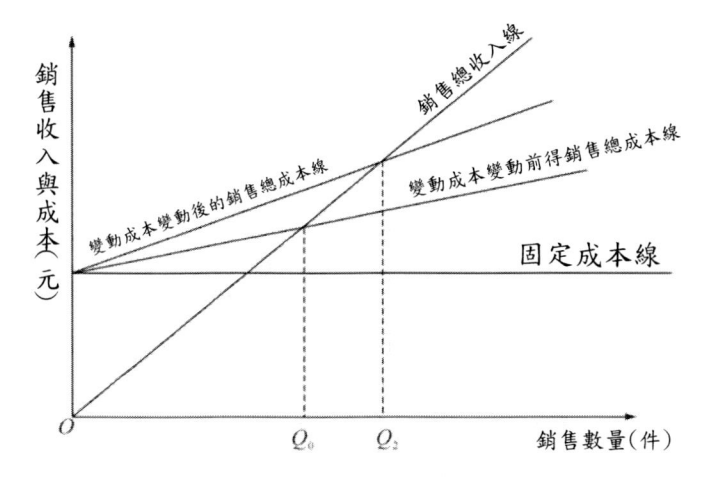

图 3-2　產品單位變動成本變動前後的盈虧平衡圖

(三) 固定成本變動對盈虧臨界點的影響

固定成本在一定的產銷量範圍內雖然不隨產銷量的變動而出現變動，但當企業的經營能力出現變化時，則也會導致固定成本出現變化。一般地，固定成本線是總成本線的起點，在單位變動成本不變的前提下，固定成本的高低直接決定著總成本線的高低的變化，因而也會對盈虧臨界點產生影響。在其他條件不發生變化的前提下，企業的經營規模越大，固定成本就越高，其盈虧臨界點就越高；反之，就越低。

【例 3-10】仍以【例 3-8】的資料為例，假定企業進行固定資產的更新改造，使得生產該產品的年固定成本總額從 40,000 元上升到 50,000 元，其他因素保持不變。要求：計算固定成本上升後的盈虧臨界點銷售量。

$$固定成本上升後的盈虧臨界點銷售量 = \frac{50,000}{30-20} = 5,000（件）$$

當固定成本從 40,000 元上升到 50,000 元后，盈虧臨界點銷售量由 4,000 件上升到 5,000 件。如果其他因素不變，則當固定成本總額上升時，在盈虧平衡圖中，會使成本線的位置平行上移，導致盈虧臨界點上升。固定成本變動前後的盈虧臨界點變動如圖 3-3 所示。

(四) 產品品種結構變動對盈虧臨界點的影響

通常情況下，企業產銷多種產品時，不同產品的盈利能力可能各不相同，而盈利能力不同的產品其邊際貢獻率也各不相同。當邊際貢獻率不同的產品在總銷售收入中所占的比重發生變化時，加權平均邊際貢獻率會發生變化。因此，在其他因素不發生變化的前提下，當所銷售產品的品種結構發生變動時，會導致綜合邊際貢獻率發生變化，從而影響綜合盈虧臨界點銷售額。當邊際貢獻較低的產品的銷售比重上升時，會引起企業的綜合邊際貢獻率下降，綜合盈虧臨界點銷售額上升，同樣的銷售收入但利潤反而會下降；反之，當邊際貢獻率較高的產品的銷售比重提高時，企業的綜合邊

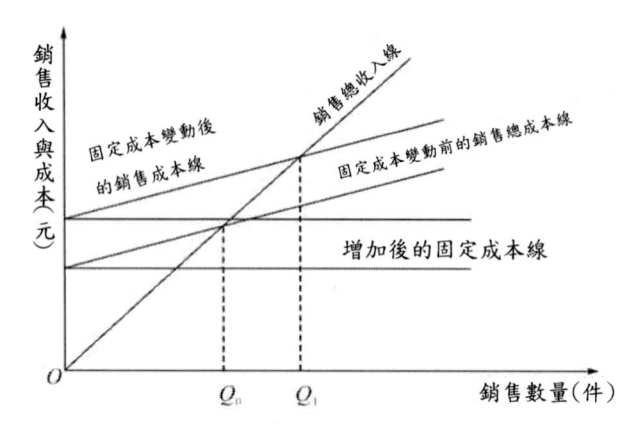

際貢獻率會上升，綜合盈虧臨界點銷售額下降，同樣的銷售收入但利潤反而會上升。

【例3-11】某企業計劃期內生產經營A、B、C三種產品，固定成本投資總額為101,750元。其他有關資料如表3-4所示。在其他因素不發生變化的前提下，銷售比重變為30%、30%、40%。要求：計算綜合盈虧臨界點銷售額。

表3-4　　　　　　　　　某企業產品資料表

項　目	A產品	B產品	C產品
預計產銷數量（件）	10,000	10,000	20,000
產品單位售價（元）	60	20	40
單位變動成本（元）	36	10	20
單位邊際貢獻（元）	24	10	20

解析：根據上述資料，相關計算步驟如下：

（1）計算三種產品的邊際貢獻率與銷售比重：

A產品：

邊際貢獻率 $= \dfrac{60-36}{60} = 40\%$

銷售比重 $= \dfrac{600,000}{600,000 + 200,000 + 800,000} = 37.5\%$

B產品：

邊際貢獻率 $= \dfrac{20-10}{20} = 50\%$

銷售比重 $= \dfrac{200,000}{600,000 + 200,000 + 800,000} = 12.5\%$

C產品：

邊際貢獻率 = $\frac{40-20}{40}$ = 50%

銷售比重 = $\frac{800,000}{600,000+200,000+800,000}$ = 50%

綜合邊際貢獻率 = 40%×37.5% + 50%×12.5% + 50%×50% = 46.25%

綜合盈虧臨界點銷售額 = $\frac{101,750}{46.25\%}$ = 220,000（元）

（2）A、B、C三種產品原有的品種結構為37.5%、12.5%、50%，當A、B、C三種產品的品種結構變為30%、10%、60%時，計算現行結構下的綜合邊際貢獻率：

綜合邊際貢獻 = 40%×30% + 50%×10% + 50%×60% = 47%

綜合盈虧臨界點銷售額 = $\frac{101,750}{47\%}$ = 216,489（元）

第三節　目標利潤的分析

一、目標利潤分析

目標利潤分析是指在保證目標利潤實現的前提下開展的本量利分析。

前述的盈虧臨界點分析僅是企業本量利分析在假定利潤為零時的本量利分析。由於保本經營並非企業的最終目的，確定盈虧臨界點只是為管理者建立一道經營的預警線，企業經營的最終目的還是為了獲取利潤，因此，為保證預定目標利潤的順利實現，企業應在盈虧臨界點分析的基礎上進一步開展目標利潤分析，即分析為實現目標利潤應完成的業務量、應控制的成本水平以及應達到的銷售量水平等。

由於銷售收入 −（固定成本 + 變動成本）= 目標利潤

（單價售價 − 單位變動成本）× 銷售量 − 固定成本 = 目標利潤

因此，目標利潤分析的基本模型為：

目標利潤銷售量 = $\frac{固定成本 + 目標利潤}{單位邊際貢獻}$

$= \frac{目標邊際貢獻}{單位邊際貢獻}$

目標利潤銷售額 = $\frac{固定成本 + 目標利潤}{單位邊際貢獻}$

$= \frac{目標邊際貢獻}{邊際貢獻率}$

依據上述分析式，可以確定保證目標利潤實現的一系列指標，包括目標銷售量（額）、目標成本和目標價格。

（一）實現目標利潤應完成的業務量

實現目標利潤應完成的業務量又稱為保利點業務量。它通常有下述兩種表現形式，

即實現目標利潤的銷售量和實現目標利潤的銷售額。其計算模型如下：

$$實現目標利潤的銷售量 = \frac{固定成本總額 + 目標利潤}{單位售價 - 單位變動成本}$$

$$= \frac{固定成本總額 + 目標利潤}{單位邊際貢獻}$$

$$實現目標利潤的銷售額 = \frac{固定成本總額 + 目標利潤}{邊際貢獻率}$$

或實現目標利潤的銷售額 = 實現目標利潤的銷售量 × 單位售價

【例3-12】某公司生產A產品，單位售價為40元/件，單位變動成本為25元/件，固定成本總額為20,000元。若計劃年度目標利潤確定為100,000元，試計算為實現上述目標應完成的銷售量和銷售額。

解析：

$$實現目標利潤的銷售量 = \frac{20,000 + 100,000}{40 - 25} = 8,000 （件）$$

$$實現目標利潤的銷售額 = \frac{20,000 + 100,000}{(40 - 25) \div 40} = 320,000 （元）$$

或實現目標利潤的銷售額 = 8,000 × 40 = 320,000（元）

(二) 實現目標利潤應控制的成本水平

在企業目標利潤已定的情況下，如果產品的單位售價與銷售量受到市場的約束，而按目前的生產銷售水平又無法實現目標利潤，此時就應考慮將成本降低並控制在一定的水平上才可實現目標利潤。鑒於成本按性態可區分為變動成本與固定成本兩部分，因此，對實現目標利潤應控制的成本水平，可分別從單位變動成本與固定成本總額兩方面加以確定。其計算模型為：

$$實現目標利潤應控制的單位變動成本水平 = \frac{銷售收入 - 固定成本總額 - 目標利潤}{銷售量}$$

$$= 單位售價 - \frac{固定成本總額 + 目標利潤}{銷售量}$$

實現目標利潤應控制的固定成本 = 銷售收入 - 變動成本總額 - 目標利潤

= 邊際貢獻 - 目標利潤

= 單位邊際貢獻 × 銷售量 - 目標利潤

【例3-13】仍以上例的資料為例，並假定該企業當期最大的產量僅為7,500件，其他有關單位售價、固定成本及目標利潤情況不變。要求：計算實現目標利潤應控制的單位變動成本水平。

解析：

$$實現目標利潤應控制的單位變動成本水平 = \frac{40 \times 7,500 - 20,000 - 100,000}{7,500}$$

$$= 24 （元/件）$$

假如該公司生產 A 產品的單位變動成本已無法降低，則實現目標利潤應控制的固定成本水平為：

(40－25)×7,500－100,000＝12,500（元）

(三) 實現目標利潤的價格水平

在企業目標利潤已定的情況下，如果銷售量與成本分別受到市場需求與企業生產條件的約束而無法改變，此時就應考慮以怎樣的銷售價格才可實現目標利潤。實現目標利潤的銷售價格的計算可按下述模型進行：

$$\text{實現目標利潤的產品銷售單價} = \frac{\text{變動成本} + \text{固定資產成本} + \text{目標利潤}}{\text{銷售數量}}$$

$$= \text{單位變動成本} + \frac{\text{固定成本} + \text{目標利潤}}{\text{銷售數量}}$$

【例 3－14】以【例 3－12】的資料為例，並假定該企業因受市場萎縮的影響當期只能產銷產品 7,500 件，其他有關單位變動成本、固定成本及目標利潤等情況不變。要求：計算實現目標利潤的價格水平。

解析：

$$\text{實現目標利潤的產品銷售單價} = 25 + \frac{20,000 + 100,000}{7,500} = 41 \text{（元/件）}$$

二、利潤的敏感性分析

利潤的敏感性分析是一種分析影響利潤的有關因素對利潤指標影響強弱的一種相關程度分析。分析各個因素的變化對利潤變化影響的敏感程度，可以使管理人員能按照重點管理思想，科學地做出相應的決策。

影響利潤的主要因素有：單位售價（SP）、單位變動成本（VC）、銷售量（V）和固定成本總額（FC）。而確定這些因素對利潤的影響大小的指標是敏感系數。根據本量利分析的基本方程式：$P = SP \times V - (VC \times V + FC)$，可以得到敏感系數公式如下：

$$\text{某一因素的敏感系數} = \frac{\text{含有某一因素的項}}{\text{目標利潤項}}$$

具體地有：

$$\text{價格的敏感系數} = \frac{SP \times V}{P}$$

$$\text{單位變動成本的敏感系數} = \frac{VC \times V}{P}$$

$$\text{業務量的敏感系數} = \frac{SP \times V - VC \times V}{P}$$

$$\text{固定成本的敏感系數} = \frac{FC}{P}$$

現以下例說明利潤的敏感系數的運用。

【例 3－15】某企業經營 A 產品，已知單位售價為 30 元，單位變動成本為 20 元，

固定成本為 200 000 元。銷售量為 100,000 單位。如果產品的單位售價、單位變動成本、銷售量和固定成本分別上升 10%，求各因素的敏感系數和對利潤的影響程度。

解析：

利潤 = 30×100,000 −（20×100,000 + 200,000）= 800,000（元）

（1）假設單位售價上升 10%：

利潤對單價的敏感系數 = $\dfrac{SP \times V}{P} = \dfrac{30 \times 100,000}{800,000} = 3.75$

利潤的變動率 = 10% × 3.75 = 37.5%

這一計算表明，本例中的單位售價變動 1%，利潤就會變動 3.75%，而本例中假設單價將上升 10%，那麼利潤就將上升 37.5%。

（2）假設單位變動成本上升 10%：

利潤對單位變動成本的敏感系數 = $\dfrac{VC \times V}{P} = \dfrac{20 \times 100,000}{800,000} = 2.5$

利潤的變動率 = 10% × 2.5 = 25%

即單位變動成本變動 1%，利潤就會變動 2.5%，而本例中單位變動成本的變動值為 10%，所以利潤將下降 25%。

（3）假設銷售量上升 10%：

銷售量的敏感系數 = $\dfrac{SP \times V - VC \times V}{P}$

$= \dfrac{30 \times 100,000 - 20 \times 100,000}{800,000}$

$= 1.25$

利潤的變動率 = 10% × 1.25 = 12.5%

即銷售量變動 1%，利潤就會變動 1.25%，本例中銷售量的變動值為 10%，所以利潤將上升 12.5%。值得注意的是，關於利潤對銷售量的敏感系數其實就是經營槓桿系數。

（4）假設固定成本上升 10%：

固定成本的敏感系數 = $\dfrac{FC}{P} = \dfrac{200,000}{800,000} = 0.25$

利潤變動率 = 10% × 0.25 = 2.5%

即固定成本變動 1%，利潤只變動 0.25%。本例中固定成本的變動值為 10%，故利潤只變動 2.5%。

因此，將上述四個因素按其敏感系數的絕對值排列，其順序依次是單位售價（3.75）、單位變動成本（2.5）、銷售量（1.25）、固定成本（0.25），也就是說，影響利潤最大的因素是單位售價和單位變動成本，然后才是銷售量和固定成本。利潤對各因素的敏感程度由相應敏感系數的大小來決定。在企業正常盈利的條件下，如果各因素的變動確定為 1% 的話，各因素敏感系數的大小順序及相關關係有如下規律：

（1）單位售價的敏感系數總是最高且大於 1。

(2) 單位售價的敏感系數與單位變動成本的敏感系數之差等於銷售量的敏感系數。
(3) 銷售量的敏感系數與固定成本的敏感系數之差等於1。
(4) 銷售量的敏感系數不可能最低。

三、經營槓桿

(一) 經營槓桿的涵義

經營槓桿現象源於固定成本的存在。在產品單位售價和單位變動成本不變的情況下，邊際貢獻的變動率必然等於產銷量變動率。由於固定成本必然存在，從而導致產生的利潤變動率必然大於邊際貢獻變動率即產銷量變動率。如果其他因素不變，固定成本金額越大，這一現象就越是強烈。這種現象通常稱為經營槓桿現象。為具體計量經營槓桿的強烈程度，就必須確定經營槓桿系數。

經營槓桿系數又稱為營業槓桿系數（簡記為 DOL），是指利潤變動率相當於產銷量變動率的倍數，或指利潤變動率與產銷量變動率的比值。經營槓桿系數由下式確定：

$$經營槓桿系數 = \frac{利潤的變動率}{產銷量的變動率}$$

【例3-16】某企業只產銷A產品，該產品的單位售價為30元/件，單位變動成本為20元/件，上年產銷該產品300件，固定成本為2,000元。若計劃期預計產銷量增加20%，試計算該企業的經營槓桿系數。

解析：依據題目所給資料，計算其利潤變動率（見表3-5）。

表3-5　　　　　　　　　　利潤變動率計算表

項　目	基　期	計劃期	變動值	變動率
銷售量（件）	300	360	60	20%
邊際貢獻（元）	3,000	3,600	600	20%
固定成本（元）	2,000	2,000	0	0
利潤（元）	1,000	1,600	600	60%

$$經營槓桿系數 = \frac{利潤的變動率}{產銷量的變動率} = \frac{60\%}{20\%} = 3$$

依據上述理論公式進行營業槓桿系數的計算不僅繁瑣，而且常常不便於開展有關的預測分析。因此，通常在實際工作中經營槓桿系數的計算按下列公式進行：

$$經營槓桿系數 = \frac{基期的邊際貢獻}{基期的利潤}$$

利用該公式計算【例3-16】中的經營槓桿系數，得：

$$經營槓桿系數 = \frac{基期的邊際貢獻}{基期的利潤} = \frac{3,000}{1,000} = 3$$

可見，運用這兩種方法所得的計算結果完全一致。

(二) 經營槓桿系數的應用

經營槓桿系數在實際工作中主要用於以下三個方面：

1. 反應企業的經營風險

市場供需的變化以及生產、成本等因素的不確定性是引起企業經營風險的主要原因，而經營槓桿本身並非企業利潤不穩定的根源，但如前所述，經營槓桿系數＝利潤的變動率÷產銷量的變動率，即利潤的變動率＝產銷量的變動率×經營槓桿系數。

由於經營槓桿系數的公式又可以表示為：

$$經營槓桿系數 = \frac{基期的邊際貢獻}{基期的利潤} = \frac{基期的利潤 + 固定成本}{基期的利潤} = 1 + \frac{固定成本}{基期的利潤}$$

可見，經營槓桿系數＞1，意味著銷售量發生增減變動，利潤將以 DOL 的倍數發生增減變動。由此可見，經營槓桿系數越大，利潤的變動越激烈，企業的經營風險也就越大。因此，經營槓桿系數的變動，能反應出企業經營風險的大小。影響經營槓桿系數高低的因素主要有固定成本和銷售量兩個因素，從經營槓桿系數的公式來看，DOL 總是隨著固定成本的變動做同方向變動，因此，在銷售量相關範圍內，降低固定成本總額，能降低企業的經營風險。

2. 幫助企業管理當局進行科學的利潤預測

在已知經營槓桿系數、基期利潤和產銷變動率的情況下，可按下列公式預測未來利潤變動率和利潤預測額。

未來的利潤變動率＝銷售變動率×經營槓桿系數

預測利潤＝基期利潤×（1＋銷售變動率×經營槓桿系數）

另外，我們也可以利用經營槓桿系數來預測保證目標利潤實現的預期銷售變動率。其計算公式為：

$$保證目標利潤實現的預期銷售利潤率 = \frac{目標利潤 - 基期利潤}{基期利潤 \times 經營槓桿系數}$$

$$或保證目標利潤實現的預期銷售利潤率 = \frac{目標利潤變動率}{經營槓桿系數}$$

3. 幫助企業管理當局做出正確的經營決策

引進新設備，採用先進技術，雖可提高產品的產量和質量，降低單位變動成本，提高邊際貢獻，但會使固定成本增加，經營槓桿系數增大，從而加大企業的經營風險。因此，只有該產品在市場上能夠順利銷售，其銷售量呈持續增長的趨勢，才適宜做出引進新設備，採用先進技術的決策。倘若市場疲軟，銷售量不能保持持續增長的勢頭，甚至還會出現下降趨勢時，則引進先進設備和採用新技術應持謹慎的態度。因為經營槓桿系數提高，風險也隨之增大，若銷售量略有下降，將會引起利潤大幅度降低，甚至出現虧損的危險。

另外，企業經常通過降價擴大銷售來增加利潤，占領市場份額，但其效果對不同類型的企業卻並不相同。對於資本密集型企業，由於固定成本高，單位變動成本低，經營槓桿的作用大，降價銷售後，單位產品利潤雖有所降低，但由於銷售量的增長，可使企業營業利潤大幅度提高。而對於勞動密集型企業，由於固定成本低，單位變動成本高，經營槓桿的作用小，採用降價銷售，往往不會提高企業的利潤，甚至還會使利潤下降。

第四章 預測分析

案例與問題分析

　　華美汽車配件製造公司的主打產品為火花塞，其銷售的主要地區為東北三省。公司準備做 2001 年的預算計劃，財務經理要求小王預計 2001 年的銷售量。小王是財務部的一名年輕的會計人員。首先，他對各個部門提供的相關資料進行分析，資料顯示，華美汽車配件製造公司火花塞銷售量的主要決定因素是東北三省汽車需求量。於是，他進一步找到最近五年相關的東北三省汽車需求量（華美汽車配件製造公司所占份額部分）以及華美汽車配件製造公司火花塞銷售量的有關資料。其次，小王根據資料，以相關汽車需求量與火花塞之間的關係建立了數學模型，得出了迴歸的預測模型。最后，小王根據公司調研的 2001 年的汽車需求量，最終確定了 2002 年的火花塞的銷售量。

　　財務經理看了小王的預測分析，覺得小王的分析有理有據，感到很滿意。

　　其實，從企業的角度來說，銷售預測是訂購材料、安排人工、規劃生產、處理財務的基礎。企業的全面預算通常是從編製銷售預算開始的，良好的銷售預算有賴於可靠的銷售預測。銷售預測的方法很多，有些方法要求有內、外部的各種資料，有些方法則只需要內部的歷史資料。各種方法難易不同、繁簡不等，本案例所採用的分析方法是因果分析法。該方法簡便易行、成本低廉。其運用原理為：產品的銷售一般總會與社會經濟的這些或那些因素相關，甚至有時完全取決於某些因素，通過找出與預測對象（因變量）相關的因素（自變量）以及它們之間的依存關係，來建立相應的因果預測的數學模型，然后利用數學模型來確定預測對象在計劃期的銷售指標。本章的主要內容就是講授企業管理活動中的各種預測活動，主要包括銷售預測、成本預測、利潤預測和資金量預測等內容。

第一節　預測分析概述

　　所謂預測，就是根據過去和現有的信息，運用一定的科學手段和方法，預計和估計事物未來發展趨勢。

一、預測分析的基本原理

(一) 可知性原理

可知性原理也稱為規律性原理。辯證唯物主義認為，世界是物質的，事物的發展儘管千姿百態，但還是有其固有的變化規律。只要人們掌握了事物的發展變化規律，就可以預測事物的未來發展狀況。一切預測活動都奠基於可知性原理。

(二) 延續性原理

延續性原理是指企業在生產經營過程中，過去和現在的某種發展規律將會延續下去，並假設決定過去和現在發展的條件同樣適用於未來。預測分析根據延續性原理，就可以把未來視作歷史的延伸進行推測。趨勢預測分析就是基於這條原理而建立的。

(三) 相關性原理

任何事物總是與其他事物之間存在著相互依存、相互制約的關係。作為預測對象的任何事物，其未來發展趨勢和狀況，也必然在多種因素共同作用下出現。預測分析根據經濟變量之間的聯繫，利用對某些經濟變量的研究來推測受它們影響的另一個經濟變量發展的規律性。因果預測分析就是基於這條原理而建立的。

(四) 可控性原理

預測對象有自身的發展規律，人們在掌握其規律性的情況下，可以發揮自己的主觀能動性和創造性，使事物朝著符合人們願望的方向發展，這就是可控性原理。

二、預測分析的方法

(一) 定量分析法

定量分析法主要應用數學方法和各種現代化計算工具對經濟信息進行科學加工處理，建立預測分析數學模型，揭示各有關變量之間的規律性聯繫，並做出預測結論。按照對數據資料的處理方式，定量分析法可以分為以下兩種類型：

1. 趨勢預測分析方法

趨勢預測分析方法也稱為時間序列分析法或外推分析法，是指將預測對象的歷史數據按時間順序排列，應用數學方法處理、計算、借以預測其未來發展趨勢的分析方法。它的實質是根據事物發展的延續性，採用數理統計的方法，預測事物發展的趨勢。如算術平均法、移動平均法、趨勢平均法、加權平均法、指數平滑法、時間序列分析法。

2. 因果預測分析法

因果預測分析法是指根據預測對象與其他相關指標之間的相互依存、相互制約的規律性聯繫，建立相應的因果數學模型進行預測分析的方法。它的實質是根據事物發展的相關性，推測事物發展的趨勢。如本量利分析法、投入產出分析法、迴歸分析法、經濟計量法。

(二) 定性分析法

定性分析法又稱為非數量分析法，是指由有關各方的專業人士根據個人經驗和知識結合預測對象的特點進行綜合分析，對事物的未來狀況和發展趨勢做出推測的一類預測方法。定性分析法在西方國家又稱為判斷分析法、集合意見法。如個人判斷法、專家會議法、德爾菲法。

三、預測分析的一般程序

預測分析的一般程序為：
(1) 確定預測目標。
(2) 收集並整理與預測目標有關的資料、數據。
(3) 選擇預測方法、建立預測模型。
(4) 實施預測，並對預測結果進行評價。

運用選定的預測方法和建立的預測模型對預測對象進行預測，求出預測結果，並對預測的結果進行比較、分析和評定，檢查其結果的正確與否和誤差大小，最後確定預測結果的可靠程度及適用範圍。

(5) 修正預測結果，做出最後決策。

一般用定量方法進行的預測，常會因為有一些因素由於數據不足或無法定量加以表示而影響預測的精度，這樣就可以採用定性的方法，考慮這些因素，並借以修正定量預測的結果，而對於定性預測的結果也常常採用定量方法加以補充、修正，以使結果更接近實際。實踐證明，經過這樣的修正，預測結果將更加完善。

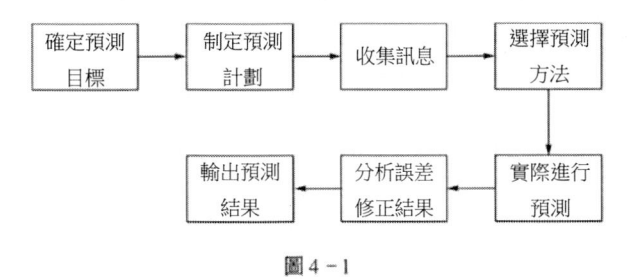

```
┌──────┐   ┌──────┐   ┌──────┐   ┌──────┐
│確定預測│ → │制定預測│ → │收集訊息│ → │選擇預測│
│  目標  │   │  計劃  │   │        │   │  方法  │
└──────┘   └──────┘   └──────┘   └──────┘
                                         │
                                         ↓
┌──────┐   ┌──────┐   ┌──────┐
│輸出預測│ ← │分析誤差│ ← │實際進行│
│  結果  │   │修正結果│   │  預測  │
└──────┘   └──────┘   └──────┘
```

圖 4－1

第二節　銷售預測分析

一、銷售預測的意義

銷售預測又稱為銷量預測，是指企業在一定的市場環境和一定的行銷規劃下，根據產品的歷史銷售數據，對其在未來某一時期的銷售量或銷售額進行科學的預計和測算。市場環境是指政治、經濟、人口、文化和科技等的發展情況。行銷規劃是指企業對銷售價格、產品改進、推銷活動和分銷途徑等方面的計劃安排。不同的市場環境和

不同的行銷規劃，會產生不同的預測結果。開展銷售預測的目的在於瞭解產品的社會需求量及銷售前景。掌握產品的銷售狀態和市場佔有情況。在市場經濟條件下，現實和科學的銷售預測對企業的整個生產經營活動具有十分重要的作用。具體地講，主要有以下三個方面：

(一) 銷售預測是企業各項經營預測的前提

經營預測包括利潤預測、銷售預測、成本預測等內容，雖然利潤、成本等預測各有其特定的內容和範圍，但都必須以銷售預測為前提條件，這是由市場經濟所決定的。在市場經濟條件下，企業能否在競爭激烈、複雜多變的環境下求得生存和發展，已不再取決於上級主管部門的意志，而是取決於企業對市場的適應程度，取決於企業能否生產出滿足市場需求的適銷對路、品質優良的產品，因此對企業產品銷售的預測對於其他預測起著決定性的作用，是其他預測工作能夠順利進行的保證。

(二) 銷售預測是進行經營決策的基礎

企業在生產經營活動的各個階段都存在著許多需要決策的問題。例如，產品品種決策，生產規模決策，成本決策以及利潤決策等。在這些需要決策的問題中，有許多是要以銷售預測的結果為前提的。為了保證決策的正確性，企業必須事先進行科學的銷售預測，為各項決策提供可靠的依據。銷售預測便於企業以銷定產，使企業的產品生產避免盲目性，使產品的供、產、銷、存密切銜接，是制定生產經營決策最重要的依據。

(三) 銷售預測是企業編製各項計劃的前提

如前所述，企業是以滿足市場需求為目標的。要達到這一目標，企業需要借助於銷售計劃，通過銷售計劃對企業整個生產經營活動進行組織和協調。因為銷售計劃的行銷目標是根據市場需求確定的，通過編製銷售計劃能使企業的生產與市場需求有機地結合起來。另外，銷售計劃規定了計劃期內企業產品的銷售數量、結構、生產所需的財力和物力等條件，這樣，就為編製其他計劃（如生產計劃、成本計劃、物資供應計劃等）提供了可靠的依據。因此，企業計劃的編製一般都從銷售計劃開始，而銷售計劃如何，又決定於銷售預測的準確與否。

二、影響銷售的主要因素

(一) 國民經濟的發展速度

國民經濟的發展速度，制約著整個社會的需求和消費水平，影響著每個企業的生產、供應和銷售活動。因此，進行銷售預測時，必須首先分析研究國民經濟建設的方針、政策；國民經濟發展計劃和國民收入的增長情況；國家的資源政策和自然資源的開發、利用；農、輕、重之間的投資比例等。

(二) 社會購買力水平

社會購買力是指一定時期內全社會用於購買商品的貨幣支付能力。它一般包括居

民購買力、集團購買力和農村生產資料購買力三類。

社會購買力是衡量一定時期內社會上有支付能力的商品需求和國內市場容量大小的重要標誌。為正確掌握產品銷售的變化趨勢，對銷售做出盡可能符合實際的預測，應對城鄉居民的貨幣收入、儲蓄動態、就業程度、年成好壞等與社會購買力相關的因素進行全面的瞭解和分析。

(三) 消費結構和消費傾向

消費結構和消費傾向是影響市場需求的重要因素，它們的變動主要取決於生產發展水平、科學文化水平和居民收入水平，同時也受消費心理、國際交往和政治因素的影響。要進行科學的預測，就應綜合考察生產和科學文化的發展，以及人民群眾生活水平、消費水平和消費心理的變化對商品的品種、規格、質量、功能、款式、造型等提出的各種新要求和新觀念。

(四) 市場價格

市場價格的變動可直接引起市場需求的變動。由於產品本身的價值量和市場供求關係變化的影響，常常使市場價格處於不斷地變化之中，而市場價格的某種變動，又必然引起市場需求發生相應變動。因此，進行銷售預測時，就應深入瞭解市場價格的變動及其變動趨勢、產品的供求關係以及消費者對市場價格的信賴程度和承受能力。

(五) 競爭態勢

在市場經濟條件下，開展公平競爭有利於降低成本、提高產品質量、改進售後服務。因此，進行銷售預測時，應做到知己知彼，注意調查和研究同行業、同類產品之間的競爭態勢，正確判斷企業產品與同類產品相比究竟處在何種地位；同時還應針對現在的和潛在的競爭對手的活動及其能力，揚長避短，制定強有力的對應策略和措施，以保證本企業產品在激烈的競爭中永遠立於不敗之地，為進一步開拓國內外市場創造良好的條件。

三、銷售預測分析的常用方法

(一) 趨勢預測分析法

1. 算術平均法

算術平均法是指以過去若干期的銷售量或銷售額的算術平均數作為計劃期的銷售預測的方法。

【例4-1】某公司2008年下半年銷售A類產品六個月的銷售額資料如表4-1所示。要求：預測2009年1月份A類產品的銷售額。

表4-1　　　　　　　　　　A類產品銷售資料

月　份	7	8	9	10	11	12
銷售額（萬元）	14.8	14.6	15.2	14.4	15.6	15.4

1月份A類產品的銷售額＝（14.8＋14.6＋15.2＋14.4＋15.6＋15.4）÷6
＝15（萬元）

這種方法的優點是計算簡單、方便易行；其缺點是沒有考慮近期（即10月、11月、12月）的變動趨勢。這種方法適用於銷售量或銷售額比較穩定的商品，對於某些沒有季節性的商品，如食品、文具、日常用品等，仍是一種十分有用的方法。

2. 移動加權平均法

移動加權平均法是指對過去若干期的銷售量或銷售額，按其距離預測期的遠近分別進行加權（近期所加權數大些，遠期所加權數小些），然後計算其加權平均數，並以此作為計劃期的銷售預測值的方法。

應該注意的是，所謂移動，是指所取的觀測值（歷史數據）隨時間的推移而順延。另外，由於接近預測期的實際銷售情況對預測值的影響較大，故所加權數應大些；反之，則應小些。若取三個觀測值，其權數可取0.2、0.3、0.5。若取五個觀測值，其權數可取0.03、0.07、0.15、0.25、0.5。移動加權平均法的計算公式為：

計劃期銷售預測值＝Σ各期銷售量（額）×權數

【例4-2】根據10月份、11月份、12月份的觀測值，按移動加權平均法預測2009年1月份A類產品的銷售額。

2009年1月份A類產品的銷售額＝Σ各期銷售量（額）×權數
＝14.4×0.2＋15.6×0.3＋15.4×0.5
＝15.26（萬元）

3. 指數平滑法

指數平滑法是指利用平滑系數（加權因子），對過去不同期間的實際銷售量或銷售額進行加權計算，作為計劃期的銷售預測值的方法。

令：D表示實際值，F表示預測值，小標t表示第t期，a表示平滑系數（0≤a≤1），有計算公式：

$F_t = aD_{t-1} + (1-a)F_{t-1}$

【例4-3】上例中，假設該公司12月份A類商品實際銷售額為15.4萬元，原來預測12月份的銷售額為14.8萬元；平滑系數為0.7。要求：按指數平滑法預測2009年1月份該類商品的銷售額。

2009年1月份的預測值＝$aD_{t-1} + (1-a)F_{t-1}$
＝0.7×15.4＋（1－0.7）×14.8
＝15.22（萬元）

用指數平滑法進行預測時，平滑系數值通常由預測者根據過去銷售實際數與預測值之間差異的大小來確定，故確定平滑系數帶有一定的主觀因素。平滑系數越大，則近期實際數對預測結果的影響越大；反之，平滑系數越小，則近期實際數對預測結果的影響越小。因此，為使預測值能反應觀測值的長期變動趨勢，可選用較小的平滑系數；若為使預測值能反應觀測值的近期變動趨勢，則應選用較大的平滑系數。這個方法的優點是：採用一個平滑系數，在確定其數值時，可以結合考慮某些可能出現的偶

然因素的影響,從而使預測值更加符合實際。在實際工作中,平滑系數也可以通過用若干不同數值計算預測值,以預測值與實際值差異最小的作為最佳數值。

(二) 因果預測分析法

因果預測分析法又稱為相關預測分析法,是指利用事物發展的因果關係來推測事物發展趨勢的方法。它是根據已掌握的歷史資料,找出預測對象的變量與其相關事物的變量之間的依存關係,建立相應的因果預測的數學模型,據以預測計劃期的銷售量或銷售額。

產品的銷售一般總會與社會經濟的某些因素相關,甚至有些因素對產品銷售起決定性作用。例如,推土機銷售量主要取決於基本建設的土方工作量;家具銷售量則要考慮新結婚的人數、可自由支配的個人收入、可供分配的房屋數等相關因素的影響。利用這些變量間的函數關係,選擇最恰當的相關因素建立起預測銷售量或銷售額的數學模型,往往會比採用趨勢預測分析法獲得更為理想的預測結果。需要注意的是,影響銷售的因素應盡量選擇官方公布的統計數字和預測數字的那些經濟指標,有時也需要一些其他的經濟因素。常用的經濟指標有國民生產總值、個人可支配收入、人口、相關工業的銷售量、價格及需求彈性等。

因果預測所採用的具體方法較多,最常用而且比較簡單的是最小平方法,亦即迴歸分析法。這種方法的優點是簡便易行,成本低廉。

例如,某些工業品的銷售在很大程度上取決於相關工業的銷售,如玻璃與建築、輪胎與汽車、紡織面料與服裝等,而且都是前者的銷售量取決於后者的銷售量。在這種情況下,可利用后者現成的銷售預測信息,採用最小平方法推算出前者的銷售預測值。其具體做法是,以 x 表示預測對象的相關因素變量,以 y 表示預測對象的銷售量或銷售額,建立模型如下:

$$y = a + bx$$
$$b = (n\sum xy - \sum x \sum y) \div (n\sum x^2 - \sum x \sum x)$$
$$a = (\sum y/n) - b(\sum x/n)$$

應用相關預測法,一般還應進行相關程度測定,即通過計算相關係數來檢驗預測變量與相關因素變量間的相關性,以判斷預測結果的可靠性。相關係數 R 的計算公式如下:

$$R = \frac{n\sum xy - \sum x \sum y}{(n\sum x^2 - \sum x \sum x)(n\sum y^2 - \sum y \sum y)^{1/2}}$$

相關係數 R 的取值範圍為:$-1 \leq R \leq 1$。R 的絕對值愈接近 1,相關關係越密切。一般可按如下標準加以判斷:

$0.7 \leq R \leq 1$,高度相關;

$0.3 \leq R \leq 0.7$,中等程度相關;

$0 \leq R \leq 0.3$,低度相關。

【例4-4】某汽車輪胎廠專門生產汽車輪胎,而決定汽車輪胎銷售量的主要因素是汽車銷量。假如中國汽車工業聯合會最近五年的實際銷售量統計及該企業五年的實際

銷售量資料如表 4－2 所示。

表 4－2　　　　　　　　汽車、輪胎銷售量統計資料

年　度	1996	1997	1998	1999	2000
汽車銷售量（萬輛）	10	12	15	18	20
輪胎銷售量（萬只）	64	78	80	106	120

假定計劃期 2001 年汽車銷售量根據汽車工業聯合會的預測為 25 萬輛，該輪胎生產企業的市場佔有率為 35%，要求採取最小平方法預測 2001 年輪胎的銷售量。

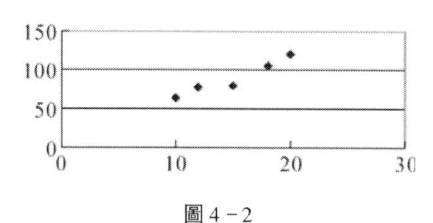

圖 4－2

（1）編製計算表（見表 4－3）。

表 4－3　　　　　　　　迴歸預測計算表

年　度	汽車銷售量 x（萬輛）	輪胎銷售量 y（萬只）	xy	x^2	y^2
1996	10	64	640	100	4,096
1997	12	78	936	144	6,084
1998	15	80	1,200	225	6,400
1999	18	106	1,908	324	11,236
2000	20	120	2,400	400	14,400
$n=5$	$\sum x = 75$	$\sum y = 448$	$\sum xy = 7,084$	$\sum x^2 = 1,193$	$\sum y^2 = 42,216$

（2）計算 a、b，並計算預測值。

$b = (n\sum xy - \sum x \sum y) \div (n\sum x^2 - \sum x \sum x)$

　　$= (5 \times 7,084 - 75 \times 448) \div (5 \times 1,193 - 75 \times 75)$

　　$= 5.35$

$a = (\sum y/n) - b(\sum x/n)$

　　$= 448 \div 5 - 5.35 \times (75 \div 5)$

　　$= 9.35$

$y = 9.35 + 5.35x$

2001 年輪胎的銷售量 $= 9.35 + 5.35 \times 25 = 143.1$（萬元）

2001 年該企業輪胎的銷售量 $= 143.1 \times 35\% = 50.085$（萬元）

表 4-4

家庭編號	1	2	3	4	5	6	7	8	9	10
消費支出	20	15	40	30	42	60	65	70	53	78
可支配收入	25	18	60	45	62	88	92	99	75	98

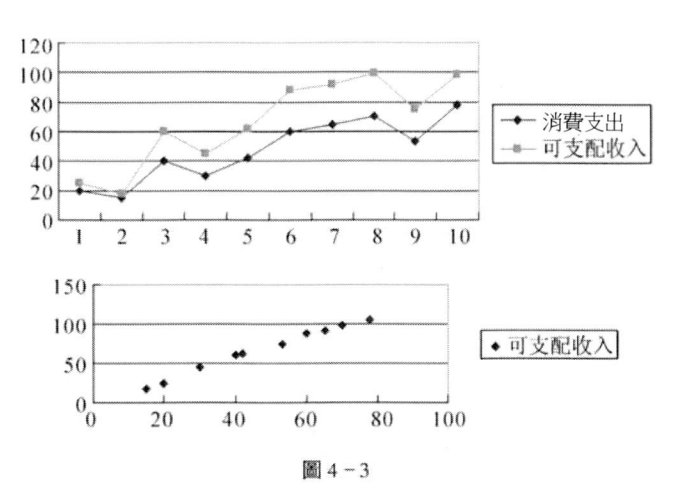

圖 4-3

(三) 顧客意向調查法

顧客意向調查法是指通過對有代表性顧客的消費意向的調查，來瞭解市場需求的變化趨向，進行銷售預測的一種方法。企業產品要由顧客來購買，顧客的消費意向當然是銷售預測中最有價值的信息。調查時，可重點調查顧客對企業產品的需求量、客戶的發展前景、財務狀況、產品的選擇標準等。

在調查時應當注意：首先，選擇的調查對象要具有普遍性和代表性，使社會或市場中不同階層或行業的需要、習慣、愛好等能通過調查對象反應出來；其次，調查的方法一定要簡便易行，使被調查者樂於接受。此外，對調查所取得的數據與資料一定要進行科學的分析，特別要注意去粗取精，去偽存真。只有這樣，所獲得的資料才具有真實性、代表性，才能作為預測的依據。

這種方法主要適用於工業銷售的預測，其準確性遠勝於對消費品的預測；而用於耐用消費品的預測，其可靠性又高於一般消費品。

(四) 專家會議法和德爾菲法

這兩種方法都屬於判斷分析法，常常用於銷售量的預測，由於后者較前者預測結果更接近實際，因此在西方德爾菲法更加流行。採用德爾菲法時，可以向應邀參加預測的專家提供有關社會未來經濟發展動態、本企業過去預測與實際銷售的比較記錄、本企業今后的市場規劃等資料，以供參考。德爾菲法一般要經過三四輪徵詢意見，每次專家都可以得到反饋的資料，並據此做出進一步的判斷和修正。在每次重複徵詢意見的過程中，都應注意把上次徵詢意見的結果進行加以整理，特別要注意不應忽略少

數人的意見，以便各專家在重複預測時都能做出較全面的分析和判斷。

例如，某企業聘請七位專家，採用德爾菲法對該企業某種商品 3 月份的銷售量進行預測，預測結果如表 4-5 所示。

表 4-5　　　　　　　　　　　　專家意見匯總表

專家編號	第一次判斷情況			第二次判斷情況			第三次判斷情況		
	最高	最可能	最低	最高	最可能	最低	最高	最可能	最低
1	650	620	570	650	620	580	670	630	560
2	680	610	580	700	610	590	660	610	580
3	700	630	600	690	630	600	720	640	600
4	620	590	560	620	590	570	620	600	570
5	630	610	560	630	600	550	640	610	560
6	660	620	590	660	620	580	650	620	580
7	710	640	600	690	640	600	700	640	600
平均值	664	617	580	663	616	581	666	621	579

該企業在此基礎上，按最后一次預測結果，假設最高、最可能和最低預測銷售量的概率分別為 0.2、0.6 和 0.2，則採用加權平均法確定最終的預測值 621 件。

第三節　成本預測

一、成本預測的意義

成本預測就是根據企業目前的經營狀況和發展目標，利用定量分析和定性分析的方法，對企業未來成本水平和變動趨勢進行的預測。

成本預測是成本管理的重要環節，是企業進行產品設計方案選擇、零件自製或外購、是否增加新設備等決策的基礎。通過成本預測，掌握未來的成本水平和變動趨勢，將有利於全面目標管理的實施，有利於加強成本控制，同時可以為編製成本計劃、進行成本控制、成本分析和成本考核提供依據，為提高企業生產經營的經濟效益提供有力的保證。

二、成本預測的步驟

成本預測是對未來的成本水平進行預測，因此，成本預測時要求掌握大量的有關信息，運用專門的方法，按照特定的程序加以進行。一般來說，成本預測的步驟有：

（一）根據企業的經營總目標，提出初選的目標成本方案

目標成本是指企業為實現經營目標所應達到的成本，也是企業未來期間成本管理

所應達到的目標。在實務中，企業比較常用的目標成本有：①以某一先進的成本水平作為初選的目標成本，該成本可以是本企業歷史上某一期最好的成本水平，也可以是國內外同類產品的先進成本水平，甚至可以是標準成本或計劃成本；②根據企業預期的目標利潤計算出來的目標成本。即根據下列公式計算出來的成本：

目標成本＝預計單價×預計銷售量－目標利潤

(二) 預測當前生產經營水平下可能達到的成本水平，並找出與目標成本水平的差距

採用各種專門方法，並建立相應的數學模式，初步預測在當前生產經營條件下成本可能達到的水平，並找出與初選目標成本的差距。

(三) 提出降低成本的方案

降低成本可以從以下三方面著手：
(1) 改進產品設計，努力節約原材料、燃料和人力等消耗。
(2) 改善生產經營管理，合理組織生產。
(3) 建立費用控制制度，嚴格控制費用開支，努力減少管理費用。

(四) 制定正式的目標成本

對降低成本的各種可行性方案進行技術經濟分析，從而選出最佳的既能滿足社會效益又能滿足企業經濟效益的降低成本的方案，據以修正初選目標成本，正確確定企業正式的目標成本。

三、成本預測的方法

(一) 可比產品成本的預測

可比產品是指以往年度正常生產過的產品，其過去的成本資料比較齊全和穩定。對可比產品的成本進行預測，通常都是根據本企業已經掌握的產品成本的有關歷史資料，按照成本習性的原理，建立總成本模型 $y = a + bx$，模型中的 a 表示固定成本，b 表示單位變動成本，然後利用銷售量的預測值，預測出未來總成本和單位成本水平。常用的方法有高低點法、直線迴歸分析法和因素分析法等。

1. 高低點法

在成本預測中運用高低點法，關鍵在於要有歷史成本數據、相關的業務量（通常是產量）數據，然後就可以利用最高點和最低點的數據聯立方程，進而求出產品的單位變動成本和固定成本，最後就可以求出預測期內產品的總成本。

2. 迴歸分析法舉例

當企業的歷史成本資料中的單位產品成本忽高忽低時，則不應採用高低點法，此時應採用迴歸分析法較為適宜。

3. 因素分析法

因素分析法是指通過對影響產品成本的各因素的具體分析進而預測計劃期成本水平的方法。

產品的生產成本包括料、工、費三個部分。因此，影響產品成本的因素有很多，

在測算各因素對成本的影響時，應該抓住影響成本的重點因素進行測算。一般來說，可以從節約原材料消耗、提高產品的生產率、合理利用設備、減少廢品損失等方面入手進行測算。

(1) 測算材料費用對產品成本的影響。原材料費用是構成產品成本的主要項目，在產品成本中一般占較大比重。在保證產品質量的前提下，合理使用原材料，降低原材料費用，是不斷降低產品成本的主要途徑。影響材料費用變動的因素有材料消耗定額和材料價格。材料消耗定額減少，將導致產品單位成本中的材料費用相應地降低，但由於材料只是構成產品的一個重要組成部分，因此，材料消耗定額的降低率，並不等於產品成本的降低率。材料消耗定額降低形成的節約，應按下列公式計算：

材料消耗定額降低影響的成本降低率 = 材料費用占成本的比重 × 材料消耗定額降低的百分比

如果在材料消耗定額發生變動的同時，價格也發生變動，則材料價格變動對成本的影響，可按下列公式計算：

材料價格變動影響成本降低率 = 材料費占成本的比重 × (1 − 材料消耗定額降低的百分比) × 材料價格降低的百分比

以上兩個公式可合併計算如下：

材料消耗定額與價格變動影響的成本降低率 = 材料費占成本的比重 × [1 − (1 − 材料消耗定額降低的百分比) × (1 − 材料價格定額降低的百分比)]

以上公式同樣適用於燃料和動力費的測算。

(2) 測算工資費用對產品成本的影響。產品單位成本中的工資費用，取決於生產工人的平均工資和生產工人勞動生產率的高低。勞動生產率的提高，說明單位時間內生產的產品增加，在其他因素不變的情況下，單位產品所承擔的工資費用就減少，因此，勞動生產率的變動，同單位產品中工資費用的變動成反比例關係；而平均工資的增長，同單位產品中工資費用的增長成正比例關係。所以，當工資增長幅度大於勞動生產率增長幅度時，產品成本就會上升；當工資增長幅度小於勞動生產率增長幅度時，產品成本就會下降。我們可以利用這些關係來具體測算勞動生產率與平均工資的變動對成本的影響程度。其計算公式如下：

勞動生產率和平均工資變動對成本的降低率 = 工資費用占成本的比重 × [1 − (1 + 平均工資增長率) ÷ (1 + 勞動生產率的增長率)]

(3) 測算產量和製造費用變動對產品成本的影響。在企業的製造費用中，大部分屬於相對固定的費用，如折舊費等，也有一部分屬於變動費用。相對固定的費用一般不隨產量的增長而發生變動。當產品生產量增加時，單位產品所分攤的固定費用就會減少。變動費用雖然隨產品生產量的增加而有所增長，但只要採用適當的節約措施，其增長速度一般應小於生產增長速度。因此，當生產量增加時，也會減少單位產品所分攤的變動費用，從而使產品單位成本降低。其計算公式如下：

固定性製造費用影響的成本降低率 ＝［1－1÷（1＋產量增長率）］×固定費用占成本的比重

變動性製造費用影響的成本降低率 ＝［1－（1＋變動費用增長率）÷（1＋產量增長率）］×變動費用占成本的比重

（4）測算產品廢品損失對產品成本的影響。生產中發生廢品，意味著人力、物力和財力的浪費。由於生產成本總額不變，發生廢品，勢必導致合格產品成本的增加。降低廢品率，則可減少廢品損失，從而降低產品成本。其計算公式如下：

廢品損失變動對成本的降低率 ＝ 廢品損失減少率 × 廢品損失占產品成本的比重

將上述各因素的影響數加以綜合，即可得到計劃期可比產品成本總的降低率。將總的降低率乘以按上年度平均單位成本計算的計劃年度的可比產品總成本，即可求得計劃期可比產品成本總降低額。

【例4-5】甲公司生產A產品，該產品上年平均單位成本為500元，各成本項目的構成以及比重如表4-6所示。A產品目標成本初步測算為降低8%，經充分論證，確定預測期影響成本的主要因素有：

可比產品生產增長	20%
材料消耗定額降低	10%
材料價格上升	2%
勞動生產率提高	20%
生產工人工資增加	5%
變動性製造費用增加	4%
廢品損失減少	10%

表4-6　　　　　　　甲公司A產品成本構成及比重情況表

成本項目	金額（元）	比重
材料	350	70%
工資	60	12%
變動性製造費用	40	8%
固定性製造費用	40	8%
廢品損失	10	2%
合　計	500	100%

（1）由於材料消耗定額降低及價格上升對成本的影響：

成本降低率 ＝［1－（1－10%）×（1＋2%）］×70% ＝ 5.74%

（2）由於勞動生產率提高對成本的影響：

成本降低率 ＝［1－（1＋5%）÷（1＋20%）］×12% ＝ 1.5%

（3）由於產量和製造費用變動對成本的影響：

固定性製造費用影響的成本降低率 ＝［1－1÷（1＋20%）］×8% ＝ 1.33%

變動性製造費用影響的成本降低率 ＝［1－（1＋4%）÷（1＋20%）］×8% ＝ 1.07%

（4）由於廢品損失減少而形成的節約：

廢品損失減少影響的成本降低率＝10%×2%＝0.2%

（5）總成本降低率：

5.74%＋1.5%＋1.33%＋1.07%＋0.2%＝9.84%

總成本降低額＝500×9.84%＝49.2（元）

綜合以上計算結果，預測期A產品成本總的降低率為9.84%，總降低額為49.2元。企業可以以此作為目標成本，並據以編製成本計劃。

(二) 不可比產品成本的預測

不可比產品是指企業過去沒有正式生產過的產品，其成本無法進行比較，所以不能採用像可比產品一樣的方法來控制成本支出。但是，隨著科學技術的發展，產品的更新換代頻率越來越快，不可比產品在企業中所占的比重也就越來越大，加強對不可比產品成本的預測，對於全面控制成本支出，加強成本管理的重要性也就越來越大。不可比產品成本預測的方法主要有：

1. 技術測定法

技術測定法是指在充分挖掘潛力的基礎上，根據產品設計結構、生產技術和工藝方法，對影響人力、物力消耗的各個因素逐個進行技術測試和分析計算，從而確定產品成本的一種方法。該方法比較科學，預測較準確，但由於需要逐項測試，故工作量較大，一般適用於品種少、技術資料比較齊全的產品。

2. 類比分析法

類比分析法是指以國內外同類產品為基礎，結合企業自身條件，進行對比分析，從而測定產品成本的一種方法。採用該方法預測時，特別應注意，在條件不可比或情況有變化時，必須對國內外同類產品成本做出調整或修正。該方法簡單易行，工作量小，但預測結果不太準確。

3. 目標成本法

目標成本法是指根據收入、成本和利潤三者之間的內在關係，先確定出目標成本，進而測定產品成本的一種方法。因為產品成本包括產品成本、銷售稅金和利潤三個部分，在企業實行目標管理過程中，可以先確定產品單位售價和單位利潤，就可算出單位產品的目標成本，即：

單位產品目標成本＝預測單位售價－單位產品銷售稅金－單位產品目標利潤

＝預測單位售價×（1－稅率）－單位產品目標利潤

採用該方法，關鍵在於通過市場調查，確定一個合適的銷售價格和目標利潤。該方法比較簡單易懂，但如果市場調查有偏差，那麼預測值就將受到很大影響。

第四節　利潤預測

一、利潤預測的意義

利潤是企業在一定會計期間進行經營活動的結果，是營業收入減去與之相應的費

用后的余额。利潤預測就是按照企業經營目標的要求，通過對影響利潤變化的各因素進行綜合分析，對未來一定時間內可達到的利潤水平和變化趨勢所進行的預計和推測。

利潤預測是企業進行科學管理的重要環節。通過利潤預測，可以明確目標，指導和調節人們的經營行為，促使企業採取切實有效的經營策略和措施，不斷尋求提高利潤的途徑，從而提高企業的經濟效益。

二、利潤預測的方法

對企業未來時期利潤水平的預測，一般可以根據銷售預測中預計的銷售量和有關銷售價格、成本等資料，運用本量利之間的相互關係，通過邊際貢獻、經營槓桿、安全邊際等概念來建立相應的數學模式。具體來說，可採用直接預測法和因素分析法兩種方法。

(一) 直接預測法

直接預測法是根據本期的有關數據，直接推算預測期利潤數額的方法。

【例4-6】甲公司生產 A、B、C 三種產品，本期有關銷售單價、單位變動成本、固定成本及下期預計銷售量的資料如表4-7所示。

表4-7

產品	單價（元）	單位變動成本（元）	固定成本（元）	預計產銷量（件）
A	100	80		5,000
B	150	120		1,000
C	90	75		8,000
			200,000	14,000

根據以上資料，預測下期的利潤。

A 產品的邊際貢獻 = 100 - 80 = 20（元）

B 產品的邊際貢獻 = 150 - 120 = 30（元）

C 產品的邊際貢獻 = 90 - 75 = 15（元）

預計下期的邊際貢獻總額 = 20×5,000 + 30×1,000 + 15×8,000 = 250,000（元）

預計下期的利潤 = 250,000 - 200,000 = 50,000（元）

(二) 因素分析法

因素分析法是在本期已經實現的利潤水平基礎上，充分估計預測期影響產品銷售利潤的各因素增減變動的可能，來預測企業下期利潤的數額。而我們知道，利潤是一個綜合性的指標，它不僅受銷售量的影響，同時還受銷售單價、產品成本等因素的影響。因此，在運用因素分析法的時候，應重點考察產品的銷售數量、產品的品種結構、產品的銷售成本、產品的價格以及產品的銷售稅金等因素。各因素對利潤的影響如下：

(1) 在其他因素不變的情況下，預測期產品的銷售數量增加，利潤也隨之增加；

75

預測期產品的銷售數量減少，利潤也隨之減少。

$$銷售變動對利潤的影響 = (預測期產品的銷售成本 - 本期產品的銷售成本) \times 本期的成本利潤率$$

因為要利用到本期的成本利潤率，所以在分析之前還要先對本期的成本利潤率進行計算。其計算公式為：

$$本期成本利潤率 = \frac{本期產品銷售利潤額}{本期產品銷售成本}$$

（2）在其他因素不變的情況下，產品成本降低，利潤隨之增加；反之，利潤隨之減少。

$$成本變動對利潤的影響 = 按本期成本計算的預測期成本額 \times 產品成本變動率$$

（3）在其他因素不變的情況下，如果預測期產品銷售價格上升，則銷售收入增加，利潤隨之增加；反之，如果價格降低，則會降低利潤。

$$銷售價格對利潤的影響 = 預測期產品銷售數量 \times 變動前單價 \times 價格變動率 \times (1 - 銷售稅率)$$

（4）產品的品種結構對利潤的影響。在其他因素不變的條件下，如果利潤率較高的產品銷售量下降，則其在產品組合中的比重下降，其結果會導致利潤下降；如果利潤率較低的產品銷售量下降，則意味著利潤率較高的產品銷售比重增加，其結果會導致利潤上升。

$$產品品種結構對利潤的影響 = 按本期成本計算的下期成本總額 \times (預測期平均利潤 - 本期平均利潤)$$

其中：預測期平均利潤 $= \sum ($各產品本期利潤率 $\times$ 該產品下期的銷售比重$)$

（5）銷售稅率對利潤的影響。在其他因素不變的條件下，如果銷售稅率提高，可以使利潤額下降；如果稅率下降，則利潤額增加。

$$產品銷售稅率對利潤的變動率 = 預測期產品銷售收入 \times (1 \pm 價格變動率) \times (原稅率 - 新稅率)$$

第五節 資金預測

一、資金需要量預測的意義

資金預測是企業生產經營預測中必不可少的組成部分。通過資金預測可以使企業保證資金供應，恰當的資本數量應既能滿足生產經營的需要，又不會導致資本閒置。

資金預測的前提是銷售預測。這裡主要介紹在企業已經完成銷售預測的基礎上對資金需要量進行的預測。

二、資金需要量預測的方法

資金需要量預測的方法很多，有銷售百分比法、線性迴歸法和判斷分析法等。線

性迴歸法和判斷分析法的原理在銷售預測中已經講述，這裡只介紹銷售百分比法。

所謂銷售百分比法，是指根據銷售收入總額與資產、負債各個項目之間的依存關係，並假定這些關係在未來時期保持不變的情況下，根據計劃期銷售額的增長幅度來預測需要相應追加多少資金的一種資金需要量的預測方法。

銷售百分比法一般可按以下幾個步驟來進行預測：

(1) 要將資產負債表上的各個項目按其與銷售收入之間的相關性分為敏感項目與非敏感項目。其中，敏感項目是指數額會隨銷售收入變化的項目。敏感性資產一般包括現金、應收帳款、存貨等。如果企業的生產能力沒有剩餘，那麼繼續增加銷售收入就要增加新的固定資產投資，在這種情況下，固定資產也會成為敏感性資產。敏感性負債項目一般有應付帳款、應交稅金等。例如，企業的存貨數量往往與銷售量成一定的比例，假定某公司銷售 10,000 元的貨物就會增加 4,000 元的存貨儲備，即存貨與銷售收入之間的百分比是 40%，預計出未來的銷售收入就可以確定存貨的資金需要量。非敏感項目是指數額不隨銷售收入的變化而變化的項目，一般包括長期借款項目、權益資本項目等。

(2) 將敏感的資產、負債以銷售百分比表示（有關資產和負債項目與銷售額之比），用資產的銷售百分比的合計數減去負債的銷售百分比合計數，就可以求出計劃期年度每增加 1 元的銷售額需要追加資金的百分比。

(3) 根據計劃期的銷售收入和銷售淨利率，結合計劃期支付股利的比率，確定計劃期內部留存收益的增加額。

(4) 根據銷售收入的增長額確定企業計劃期需要從外部籌集的資金需要量。

其計算公式為：

$$M = \frac{A_0}{S_0} \times (S_1 - S_0) - \frac{L_0}{S_0} \times (S_1 - S_0) - S_1 \times R \times (1 - D) + M_0$$

式中：

M──外部融資需求量；

D──股利支付率；

S_0──基期銷售額；

$\frac{A_0}{S_0}$──敏感資產占基期銷售額的百分比；

S_1──計劃銷售額；

$\frac{L_0}{S_0}$──敏感負債占基期銷售額的百分比；

R──銷售利潤率；

M_0──計劃期零星資金需求。

【例 4-7】某公司 2005 年 12 月 31 日的資產負債表如表 4-8 所示。已知該公司 2005 年的銷售收入為 800 萬元，現在還有剩餘的生產能力，另外一些資產、負債和權益項目將隨銷售收入的變化而成本比例變化，並計算出變化項目占銷售收入的百分比，獲得表 4-9，經預測 2006 年的銷售收入將增加到 1,000 萬元。假定銷售收入淨利率為

15%，留存收益為淨利潤的25%。

表 4-8   資產負債表
                                     2005 年 12 月 31 日   單位：萬元

資　　產	金　　額	負債與所有者權益	金　　額
現金	40	應付帳款	80
應收帳款	120	應付費用	40
存貨	240	短期借款	60
固定資產淨值	160	應付債券	60
實收資本	300		
留存收益	20		
合　　計	560	合　　計	560

表 4-9   銷售百分比表

資　　產	占銷售比重%	負債與所有者權益	占銷售比重%
現金	5	應付帳款	5
應收帳款	15	應付費用	10
存貨	30	短期借款	不變動
固定資產淨值	—	應付債券	不變動
實收資本	不變動		
留存收益	—		
合　　計	50	合　　計	15

（1）銷售收入增加額 = 1,000 - 800 = 200（萬元）

（2）隨銷售變化的資產增加額 = 50% × 200 = 100（萬元）

（3）隨銷售變化的負債的增加額 = 15% × 200 = 30（萬元）

（4）隨銷售增加的權益增加額 = 1,000 × 15% × 25% = 37.5（萬元）

（5）企業需要對外籌集的資金額 = 變動資產增加額 - 變動負債增加額 - 權益增加額
　　　　　　　　　　　　　= 100 - 30 - 37.5 = 32.5（萬元）

第五章　經營決策分析

案例與問題分析

　　某公司有一臺機器原生產甲產品，每件需要工時 12 分鐘，能提供邊際貢獻 20 元，現在銷售部門建議用該機器生產乙產品，因為它每件提供的邊際貢獻是甲產品的一倍，為 40 元（製造乙產品每件需要工時 30 分鐘）。面對這樣的問題應該如何決策呢？就單位邊際貢獻而言，顯然乙產品更大，但就單位時間創造得邊際貢獻（甲產品：20/12 = 1.67 元；乙產品：40/30 = 1.33 元）而言則甲產品更高。在判斷生產乙產品是否為最優方案時，應將停止生產甲產品而放棄的潛在利益作為生產乙產品的機會成本。因此，在決策時，需要掌握一些基本理論和方法。

　　西方管理學家通常認為管理的重心在經營，經營的重心在「決策」，決策的正確與否是關係到一個企業盛衰興亡的大事。本章擬就什麼是經營決策？決策分析需要考慮哪些成本概念？決策分析有哪些常用方法？怎樣對產品生產的典型案例進行決策分析等問題加以闡述。

第一節　經營決策分析概述

　　經營決策是在現有的生產經營能力基礎上，以取得最大經營成果為目的，而對現有生產經營能力如何最有效地運用所進行的謀劃。經營決策的前提是已經形成了特定的生產經營能力，而其內容則是如何最有效地運用現存的生產經營能力，其目的則是獲取最大的經營活動成果。

　　經營決策所考慮的是已經有的生產經營能力。生產經營能力通常的經典表現形式就是企業或者項目。而對生產經營能力的使用考慮，通常是按期來實施的，因此經營決策是一種基於持續經營的分期決策。其決策視野為一個會計期間，其決策行為的直接影響範圍為一個會計期間。這就決定了經營決策的特點是短期性。所以，經營決策也稱為短期決策。

　　經營決策通常將形成特定的行動方案。而且，為了某一特定的經營目標，往往能形成若干個行動方案。這時就需要對這些方案進行分析，以確定方案是否可行和是否最優。經營決策分析就是指對經營決策所形成的方案，按照其內含的數量關係以及表

現這些數量關係的財務指標，所進行的分析。而這裡的財務指標集中地表現為與方案有關的收入、費用、邊際貢獻、利潤以及資產。而所謂內含的數量關係，就是由這些指標表現出來的收支對比關係。而分析則是對這些指標的具體數量水平進行絕對數的規模大小比較和相對數的質量優劣比較。

第二節　經營決策需要考慮的成本概念

決策分析的最終目的是確定最優方案，這就決定了決策分析是必須完整地考慮經營決策的各備選方案經濟數量關係。體現經濟數量關係的財務指標這時表現出一個重要的特點，即與決策行為相關。相關成本就是指其發生與否、其數量水平變化與否，取決於決策行為對某一特定方案的具體取捨的經濟數量指標。當某一方案要實施時，某種經濟數量指標將產生或者其數量水平將發生增加或減少，那麼這一數量指標就是相關成本。相關成本的具體內容可以是收入，可以是傳統意義的成本，還可以是利潤或邊際貢獻。與相關成本相對應的是無關成本。同樣道理，無關成本就是其發生與否或數量變化與否，均與決策行為無關，是與某一方案的取捨無關的經濟數量指標。

由於經濟指標與決策行為和方案的相關性不同，這就決定了，相關成本是決策行為必須考慮的因素。相反，無關成本則是決策行為不應該考慮的因素。

相關成本和無關成本通常可以表現為如下具體形式。

一、機會成本

機會成本（Opportunity Cost）是指在決策分析過程中，因為選擇某一備選方案而必須放棄的另一方案的可能收益。在互斥決策中，決策者在選取某一方時也就意味著總要放棄另一個本也可以選取的方案。而被放棄的這一方案的收益，此時則成為所選方案的對比背景，從而成為減數亦即取得成本費用的地位。若選取的方案，其收益小於放棄方案，則說明收益小於成本費用，因此決策不可取。選擇方案時，將機會成本的影響考慮進去，有利於對所選方案的最終效益進行全面評價。

【例5-1】某公司現有一空間的車間，既可以用於甲產品的生產，也可以用於出租。如果用來生產甲產品，其收入為3,500元，成本費用為1,800元，可獲淨利1,700元；用於出租則可獲租金收入1,200元；在決策中，如果選擇用於生產甲產品，則出租方案必然放棄，其本來可能獲得的租金收入1,200元應作為生產A產品的機會成本由生產A產品負擔。這時，我們可以得出正確的判斷結論：生產A產品將比出租多獲淨利500元。

可見，機會成本產生於公司的某項資產的用途選擇。具體講，如果一項資產只能用來實現某一職能而不能用於實現其他職能時，不會產生機會成本。如公司購買的一次還本付息債券，只能在到期時獲得約定的收益，因而不會產生機會成本，如果一項資產可以同時用來實現若干職能時，則可能會產生機會成本。如公司購買的可轉讓債券，既可以到期獲得約定收益，又可以在未到期前中途轉讓以獲得轉讓收益，從而可能產生機會成本。

此外，應注意的是：由於機會成本僅僅只是被放棄方案的潛在利益，而非實際支出，因而不能據以登記入帳。但由於公司資源的有限性，而必須充分發揮資源效益，所以，機會成本在經營決策中應作為一個現實的重要因素予以考慮。

二、差量成本

差量成本（Differential Cost）通常有廣義和狹義之分。廣義的差量成本是指企業在進行經營決策時，根據不同備選方案計算出來的成本差異。

【例5－2】某公司今年需要12,000件A零件，可以外購，也可以自製。如果外購，單價為5元；如果自製，則單位變動成本為3元，固定成本500元。外購或自製決策的成本計算如表5－1所示。

表5－1

單位：元

項目＼方案	外購	自製	差量成本
採購成本	12,000×5＝60,000		
變動成本		12,000×3＝36,000	
固定成本		500	
總成本	60,000	36,500	23,500

由於外購總成本比自製總成本高23,500元（即差量成本為23,500元），在其他條件相同時，應選擇自製方案。

狹義差量成本是指由於生產能力利用程度的不同（增加產量或減少產量）而形成的成本差別。

【例5－3】某企業生產甲產品，最大生產能力為年產10,000件，正常利用率為最大生產能力的80％，甲產品單位變動成本為3元，年固定成本為6,000元。按生產能力正常利用率可達到的產量8,000件分攤，每件單位固定成本為0.75元。則以年產量8,000件為基礎，每增加1,000件產品的生產量而追加的差異成本計算如表5－2所示。

表5－2

單位：元

產量	總成本 固定成本	總成本 變動成本	產量增加1,000件的差異成本 固定成本	產量增加1,000件的差異成本 變動成本	單位成本 固定成本	單位成本 變動成本	產量增加1,000件的差別單位成本 固定成本	產量增加1,000件的差別單位成本 變動成本
8,000	6,000	24,000	—	—	0.75	3	—	—
9,000	6,000	27,000	0	＋3,000	0.67	3	－0.08	0
10,000	6,000	30,000	0	＋3,000	0.6	3	－0.07	0

從上表可以看出，在相關範圍內，即產量不超過其最大生產能力 10,000 件時。固定成本總額不隨產量的變動而變動，所以，每增加生產 1,000 件產品而追加的成本額為變動成本 3,000 元，這時差量成本總額與變動成本總額一致。單位固定成本則呈降低的趨勢。

三、邊際成本

從純粹數學的觀點來看，邊際成本是指產量（業務量）無限小變化時，成本的相應變動數額。然而從管理學角度來講，業務量不可能小於一個有經濟意義的單位，否則這種小就於經濟和管理學無意義。由此有經濟和管理學的邊際成本概念：邊際成本也就是業務量增加或減少 1 個單位所引起的成本變動數額。

【例 5-4】 某企業每增加 1 個單位產量的生產引起總成本的變化及追加成本的變化，如表 5-3 所示。

表 5-3

產量（件）	總成本（元）	邊際成本（元）
100	800	—
101	802	2
102	804	2
103	806	2
104	808	2
105	918	110
106	920	2
107	922	2

從表 5-3 資料可以看出，產量每增加 1 個單位，邊際成本並不總是一個固定的數值。當產量從 100 件至 104 件遞增時，每增加 1 個單位產量的邊際成本為 2 元；但從 104 件到 105 件時，增加 1 個單位產量的邊際成本就上升為 110 元；接著，總成本又以每增加 1 個單位產量邊際成本為 2 元的趨勢變化。這是因為，當產量從 100 件增加到 104 件時，是在相關範圍內，固定成本不隨產量變化，而只是變動成本隨產量發生變化；而當產量從 104 件增加到 105 件時，邊際成本上升為 110 元，這表明第 105 件產品已超出了原來的相關範圍。要到這個產量需增加固定成本。在這之後，邊際成本又以一個固定的數值（2 元），在新的相關範圍內，隨著單位產量的增加而增加。

由此看來，邊際成本和變動成本是有區別的，變動成本反應的是增加單位產量所追加成本的平均變動，而邊際成本是反應每增加 1 個單位產量所追加的成本的實際數額。所以，只有在相關範圍內，增加 1 個單位產量的單位變動成本才能和邊際成本相一致。

此外，如果把不同產量作為不同方案來理解，邊際成本實際就是不同方案形成的

差量成本。

四、沉沒成本

沉沒成本是指過去已經發生並無法由現在或將來的任何決策所改變的成本。可見，沉沒成本是對現在或將來的任何決策都無影響的成本。

【例5-5】企業有一臺舊設備要提前報廢，其原始成本為24,000元，已提折舊8,000元，淨值為16,000元，這16,000元的淨值就是沉沒成本。假設處理這臺舊設備有兩個方案可以考慮：一是將舊設備直接出售，可獲得變價收入500元；二是經修理後再出售，則需支出修理費用1,000元，但可得收入1,800元。在進行決策時，出售舊設備淨值16,000元屬於過去已經支出再無法收回的沉沒成本，所以不予考慮，只需將這兩個方案的收入加以比較，直接出售可得收入500元，而修理後出售可得淨收入800元（1,800－1,000）。顯然，採用第二方案比採用第一方案可多得300元（800－500）。所以，應將舊設備修理後再出售。

可見，沉沒成本是企業在以前經營活動中已經支付現金，而在現在或將來經營期間攤入成本費用的支出。因此，固定資產、無形資產、遞延資產等均屬於企業的沉沒成本。

五、付現成本

付現成本是指由現在或將來的任何決策所能夠改變其支出數額的成本。付現成本是決策必須考慮的重要影響因素。

【例5-6】企業計劃進行甲產品的生產。現有A設備一臺，原始價值5,000元，已提折舊3,500元，折余淨值1,500元。生產甲產品時，還需對甲設備進行技術改造，為此須追加支出1,000元。如果市場上有B設備出售，其性能與改造后的A設備相同，售價為2,000元。在是否改造舊設備的決策中，如果我們簡單地用舊設備的折余淨值及追加支出之和（即2,500元）與新設備買價（2,000元）進行比較、選擇，就會作出錯誤的抉擇：選擇新設備將比改造舊設備節約支出500元。因為舊設備的折余淨值屬於沉沒成本，不影響我們的決策。正確的決策應該是：將改造舊設備的付現成本1,000元與購買新設備的2,000元進行比較，從而作出正確的抉擇：選擇改造舊設備將比購買新設備節約支出1,000元。

六、專屬成本和共同成本

固定成本還可以按其所涉及範圍的大小，劃分為專屬成本和共同成本。

專屬成本是指可以明確歸屬於企業生產的某種產品，或為企業設置的某個部門而發生的固定成本。沒有這些產品或部門，就不會發生這些成本，所以專屬成本是與特定的產品或部門相聯繫的特定的成本。例如專門生產某種產品的專用設備折舊費、保險費等。

共同成本是指為多種產品的生產或為多個部門的設置而發生的，應由這些產品或

這些部門共同負擔的成本。如在企業生產過程中，幾種產品共同的設備折舊費、輔助車間成本等都是共同成本。

在進行方案選擇時，專屬成本是與決策有關的成本，必須予以考慮；而共同成本則是與決策無關的成本，可以不予考慮。

七、可避免成本與不可避免成本

固定成本按照是否能夠隨管理行為改變而改變，劃分為可避免成本和不可避免成本兩部分。

由企業管理者的決策來決定其是否發生的固定成本，稱為可避免成本，如廣告費、職工培訓費、管理人員獎金、研究開發費等。那些為進行企業經營而必須負擔的，不能改變的最低限度的固定成本，如廠房、設備等固定資產所提的折舊、不動產的稅金、保險費以及管理人員薪金等，稱為不可避免成本。

有些固定成本，是依決策者的主觀判斷將其劃分為可避免成本或不可避免成本的。一般說來，可避免成本是相關成本，不可避免成本是無關成本。

八、相關成本與無關成本

企業在進行經營決策時，可供選擇的多種方案中所涉及的各種成本，有些與方案的抉擇有關，而有些則無關。

相關成本是對決策有影響的各種形式的未來成本，如差量成本、機會成本、邊際成本、付現成本、專屬成本、可避免成本等。

那些對決策沒有影響的成本，稱為無關成本。這類成本過去已經發生，或對未來決策沒有影響，因而在決策時不予考慮，如沉沒成本、共同成本、不可避免成本等。

相關成本與無關成本的區分並不是絕對的。有些成本在某一決策方案中是相關成本，而在另一決策方案中則可能是無關成本。

第三節　經營決策的基本方法

經營決策分析所採用的專門方法，根本上是對體現經濟數量關係的指標進行大小比較。但是，依據這些指標在方案的經濟數量關係中的不同狀態，是確定的常量還是變量，如果是變量，還應該分清楚是線性變量還是非線性變量，以及是有約束的變量還是無約束的變量，就可以形成不同的分析方法。

一、差量分析法（Differential Analysis Method）

差量分析法就是通過對各備選方案的收益指標進行比較，從而以具有最大收益的方案為選擇的經營決策分析法。差量分析法適用於各備選方案的財務指標是常量的情況。當某個備選方案的財務指標是常量時，這個方案的損益總額也就因而確定。於是決策者就可以通過對備選方案的損益指標總額進行比較而確定最佳方案。

收益指標是差量分析法進行比較的經典對象。但是，在特定的情況下，比較指標可以有不同的具體形式。當備選方案不涉及收入時，可以僅僅比較備選方案的相關成本，於是形成差量成本法。甚至於在不涉及固定成本時，僅僅只比較備選方案的變動成本，或者不涉及變動成本而只比較固定成本。也可以在不涉及成本情況下只比較收入。還可以在備選方案有收入和變動成本的情況下，只比較備選方案的邊際貢獻。這種情況也被稱為差量毛益法。應該指出，這些具體的所謂方法，其實都是差量分析法的特例。

在運用差量分析法時，應首先強調幾個概念。差量，是指兩個備選方案同類指標之間的數量差異。具體地包括：差量收入，是指兩個備選方案預期收入之間的數量差異；差量成本，是指兩個備選方案預期成本之間的數量差異；差量利潤，是指差量收入與差量成本之間的數量差異。當差量收入大於差量成本時，其數量差異為差量收益；當差量收入小於差量成本時，其數量差異為差量損失。差量損益實際上是兩個備選方案收益的數量差異。

當差量損益確定后，我們就可以進行方案的選擇：如果差量損益為正（即為差量收益），說明比較方案更優；如果差量損益為負（即為差量損失），說明被比較方案更優。

差量分析法的決策過程可如表 5-4 所示。

表 5-4　　　　　　　　差量分析法的決策過程

甲方案	乙方案	差量
預期收入	預期收入	差量收入
預期成本	預期成本	差量成本
預期損益	預期損益	差量損益

當差量損益 >0 時（即為差量收益），甲方案可取；
當差量損益 <0 時（即為差量損失），乙方案可取。

二、平衡點分析法

平衡點分析法就是在各備選方案的經濟數量關係是函數關係前提下，以確定各備選方案函數關係之圖像交點作為決策依據的方法。平衡點分析法適用於備選方案的業務量是變量，且由此可構建出完整的函數關係式的情況。從純粹的技術理論而言，這裡的業務量可以是線性變量，也可以是非線性變量。在平衡點計算程序上，兩者基本一致。基於當前實務的考慮，本教材僅對線性變量情況進行討論。

如果，備選方案的經濟數量關係是完整內容的損益關係，那麼具體的平衡點分析稱為利潤平衡點分析；如果備選方案的經濟數量關係內容僅僅只包含相關成本，則稱此種分析為成本平衡點分析。

在經濟指標按照性態被表述的基礎上，對備選方案的以方案利潤為內容的函數表述模式通常是：

$EBIT = (P-b)X - a$

而對僅僅只涉及成本內容的備選方案的函數表述模式則是：

$Ytc = bx + a$

基於上述分析，通過解析聯立方程的方式，可以分別確定利潤平衡點和成本平衡點計算公式如下：

利潤平衡點計算公式：

$X_0 = |a_1 - a_2| / |(P_1 - b_1) - (P_2 - b_2)|$

成本平衡點計算公式：

$X_0 = (a_1 - a_2) / (b_2 - b_1)$

平衡點確定之後，整個業務量被分割為 $0 \sim X_0$ 及 X_0 以上兩個區域，在這兩個區域中，選擇結論正好相反。

如果備選方案是利潤決策型問題，則選擇結論就是：若預期業務量水平在平衡點以下，則應該選擇固定成本值大（絕對值小）、單位邊際貢獻小的方案；若預期業務量水平在平衡點以上，則應該選擇固定成本值小（絕對值大）、單位邊際貢獻大的方案。

如果備選方案是成本決策型問題，則選擇結論就是：若預期業務量水平在平衡點以下，則應該選擇固定成本值小、單位變動成本大的方案；若預期業務量水平在平衡點以上，則應該選擇固定成本值大、單位變動成本小的方案。

三、邊際分析法

邊際分析法是將數學的極值計算原理用於經營決策之中，以確定備選方案之最佳值從而據以決策的決策分析方法。邊際分析法適用於備選方案的經濟數量關係表現出完整的非線性函數的情況。在現實的經濟管理實踐中，具有非線性數量關係的決策方案，其數量關係多為二次函數，故本教材僅以二次函數類型決策方案為討論對象。

邊際分析法的基本步驟如下：

首先將備選方案數量關係概括成相應的函數模型；然後計算該具體函數模型的極值。若是收益型模型，則應該選取具有極大值的方案；若是成本型模型，則應該選取具有極小值的方案。

除此之外，管理決策實踐中，還經常直接借用數學分析中的線性規劃方法和動態規劃方法。因為在數學中是可以直接借用的現成完整方法，故不在此贅述。

第四節　經營決策案例分析

一、產品功能成本決策

在保證產品質量的前提下，改進產品設計結構，可以大大降低產品成本。據國內外有關資料顯示，通過改進產品設計結構所降低的成本數額，占事前成本決策取得成本降低額的 70% ~ 80%。可見，大力推廣功能成本決策，不僅可以保證產品必要的功

能及質量，而且可以確定努力實現的目標成本，從而降低產品成本。

產品功能成本決策是將產品的功能（產品所擔負的職能或所起的作用）與成本（為獲得產品一定的功能必須支出的費用）對比，尋找降低產品途徑的管理活動。其目的在於以最低的成本實現產品適當的、必要的功能，提高企業的經濟效益。

產品功能與成本之間的關係，可用下面公式表示：

$$價值（V）= \frac{功能（F）}{成本（C）}$$

從上式可以看出，功能與價值成正比，功能越高。價值越大，反之則越小；成本與價值成反比。成本越高，價值越小，反之則越大。因此，提高產品價值的途徑可概括如下：

（1）在產品成本不變的情況下，功能提高，將會提高產品的價值。
（2）在產品功能不變的情況下，成本降低，將會提高產品的價值。
（3）在產品功能提高的情況下，成本降低，將會提高產品的價值。
（4）在產品成本提高的情況下，功能提高的幅度大於成本提高的幅度，將會提高產品的價值。
（5）在產品功能降低的情況下，成本降低的幅度大於功能降低的幅度，將會提高產品的價值。

企業可以根據實際情況，從上述途徑著手，運用功能成本決策方法確定目標成本。功能成本決策大致分為以下幾個步驟。

(一) 選擇分析對象

由於企業的產品（或零件、部件）很多，實際工作中不可能都進行功能成本分析，應有所選擇。選擇的一般原則是：

（1）從產量大的產品中選，可以有效地累積每一產品的成本降低額。
（2）從結構複雜、零部件多的產品中選，可以簡化結構，減少零部件的種類或數量。
（3）從體積大或重量大的產品中選，可以縮小體積，減輕重量。
（4）從投產期長的老產品中選，可以改進產品設計，盡量採用新技術、新工藝、新方法加工。
（5）從暢銷產品中選，不僅可以降低成本，而且能使該產品處於更有利的競爭地位。
（6）從原設計問題比較多的產品中選，可以充分挖掘、改進設計的潛力。
（7）從工藝複雜、工序繁多的產品中選，可以簡化工藝，減少工序。
（8）從成本高的產品中選，可以較大幅度地降低成本。
（9）從零部件消耗大的產品中選，可以大幅度降低成本，優化結構。
（10）從廢品率高、退貨多、用戶意見大的產品中選，可以提高功能成本分析的效率。

(二) 圍繞分析對象收集各種資料

分析對象確定后，應深入進行市場調查，收集各種資料作為分析研究的依據。所

需資料大致包括以下幾個方面：

(1) 產品的需求狀況。如用戶對產品性能及成本的要求、銷售結構及數量的預期值、價格水平等。

(2) 產品的競爭狀況。如競爭對手的數量、分佈、能力，以及競爭對手在產品設計上的特點及推銷渠道等。

(3) 產品設計、工藝加工狀況。結合市場需求及競爭對手的優勢，在產品設計、工藝加工技術方面本企業存在的不足等。

(4) 經濟分析資料。如產品成本構成、成本水平、消耗定額、生產指標等。

(5) 國內外同類型產品的其他有關資料。

對於收集到的各種資料，應進行詳細分析，去粗取精，去偽存真，增加分析資料的可靠性。

(三) 功能評價

功能評價的基本步驟包括：以功能評價系數為基準，將功能評價系數與按目前成本計算的成本系數相比，確定價值系數；將目標成本按價值系數進行分配，並確定目標成本分配額與目前成本的差異值；選擇價值系數低、降低成本潛力大的作為重點分析對象。

功能評價的方法很多，現介紹兩種常用的方法——評分法和強制確定法。

1. 評分法

該方法按產品或零部件的功能重要程度打分，通過確定不同方案的價值系數來選擇最優方案。

【例5-7】為改進某型時鐘有3個方案可供選擇。現從走時、夜光、防水、防震、外觀等五個方面採用5分制評分，評分結果如表5-10所示。

表5-5　　　　　　　　　　功能比較表

項目	走時	夜光	防水	防震	外觀	總分	選擇
方案1	3	4	5	4	5	21	√
方案2	5	5	3	5	4	22	√
方案3	5	4	4	3	4	20	×

上述3個方案中，方案3的總分最低，初選淘汰。對於方案1和方案2應結合成本資料進行第二輪比較，有關成本資料如表5-11所示。

表5-6　　　　　　　　　方案估計成本比較表

項目	預計銷售量（件）	直接材料、人工等	製造費用	製造成本
方案1	5,000	280	80,000	296
方案2	5,000	270	50,000	280

然后，進行價值分析。如果方案 1 的成本系數為 100，則方案 2 的成本系數為：

$$\frac{280}{296} \times 100 = 94.59$$

方案 1 和方案 2 的價值系數分別為：

$$V_1 = \frac{21}{100} = 0.21$$

$$V_2 = \frac{22}{94.59} = 0.23$$

通過對比可知，方案 2 不僅成本較低，而且功能成本比值（價值系數）高，因而應該選擇方案 2。

2. 強制確定法

這種方法也稱為一對一比較法或「0」「1」評分法，就是把組成產品的零件排列起來，一對一地對比，凡功能相對重要的零件得 1 分，功能相對不重要的零件得 0 分。然后，將各零件得分總計數被全部零件得分總數除，即可求得零件的功能評價系數。假設甲產品由 A、B、C、D、E、F、G 七個零件組成，按強制確定法計算功能評價系數如表 5-7 所示：

表 5-7　　　　　　　　　　　　功能比較表

零件名稱	一對一比較結果							得分合計	功能評價系數
	A	B	C	D	E	F	G		
A	×	1	1	0	1	1	1	5	5 ÷ 21 = 0.238
B	0	×	0	1	1	0	0	2	2 ÷ 21 = 0.095
C	0	1	×	0	0	1	1	3	3 ÷ 21 = 0.143
D	1	0	1	×	1	1	0	4	4 ÷ 21 = 0.191
E	0	0	1	0	×	1	1	3	3 ÷ 21 = 0.143
F	0	1	0	0	0	×	1	2	2 ÷ 21 = 0.095
G	0	1	0	1	0	0	×	2	2 ÷ 21 = 0.095
合計								21	1.000

表 5-7 中 A、D 兩個零件的功能評價系數較大，說明其功能較為重要，而 B、F、G 三個零件的功能評價系數最小，說明其功能較不重要。

在功能評價系數確定后，應計算各零件的成本系數和價值系數：

各零件的成本系數 = $\frac{某零件的目前成本}{所有零件目前成本合計}$

各零件的價值系數 = $\frac{某零件的功能評價系數}{該零件的成本系數}$

【例 5-8】以表 5-7 中甲產品的七個零件為例，說明價值系數的計算（如表 5-8 所示）。

89

表 5-8 零件價值系數計算表

單位：元

項目\零件名稱	功能評價系數	目前成本	成本系數	價值系數
A	0.238	300	0.250	0.952
B	0.095	500	0.417	0.228
C	0.143	48	0.040	3.575
D	0.191	46	0.038	5.026
E	0.143	100	0.083	1.723
F	0.095	80	0.067	1.418
G	0.095	126	0.105	0.905
合計	1.000	1,200	1.000	—

價值系數表示功能與成本之比，如果價值系數等於 1 或接近於 1（如 A、G 零件），則說明零件的功能與成本基本相當，因而也就不是降低成本的主要目標；如果價值系數大於 1（如 C、D、E、F 零件），則說明零件的功能過剩或成本偏低，在該零件功能得到滿足的情況下，已無必要進一步降低成本或減少過剩功能；如果價值系數小於 1（如 B 零件），則說明與功能相比成本偏高了，應作為降低成本的主要目標，進一步尋找提高功能、降低成本的潛力。

那麼 B 零件的成本應降低到什麼程度，才能與功能相匹配呢？在產品目標成本已定的情況下，可將產品目標成本按功能評價系數分配給各零件，然後與各零件的目前成本比較，即可確定各零件成本降低的數額。假定甲產品的目標成本為 1,000 元，則各零件預計成本及成本降低額的計算如表 5-9 所示。

表 5-9 零件預計成本表

單位：元

項目\零件名稱	功能評價系數	按功能評價系數分配目標成本	目前成本	成本降低額
A	0.238	238	300	62
B	0.095	95	500	405
C	0.143	143	48	-95
D	0.191	191	46	-145
E	0.143	143	100	-43
F	0.095	95	80	-15
G	0.095	95	126	31
合計	1.000	1,000	1,200	200

從表5-9可以看出，目標成本比目前成本應降低200元。其中A、B、G零件成本與其功能相比偏高，故應作為降低成本的對象，尤其是B零件更應作為重點對象；至於C、D、E、F零件（特別是D零件），只有在功能過剩的情況下才考慮減少過剩功能以降低成本，否則應維持原狀。

(四) 試驗與提案

在功能評價的基礎上，即可對過剩功能和不必要成本進行調整，從而提出新的、可供試驗的方案。然後，按新方案進行試驗生產，在徵求各方面意見的同時，對新方案的不足予以改進。新方案經進一步調整即可作為正式方案提交有關部門審批，批准後即可組織實施。

二、品種決策

品種決策旨在解決生產什麼產品的問題，例如，生產何種新產品、虧損產品是否停產、零部件是自製還是外購、半成品（或聯產品）是否需要進一步加工等。在品種決策中，經常以成本作為判斷方案優劣的標準，有時也以邊際貢獻額作為判斷標準。

(一) 生產何種新產品

如果企業有剩餘的生產能力可供使用，或者利用過時老產品騰出來的生產力，在有幾種新產品可供選擇而每種新產品都不需要增加專屬固定成本時，應選擇提供邊際貢獻總額最多的方案。

【例5-9】某企業原來生產甲、乙兩種產品，現有丙、丁兩種新產品可以投入生產，但剩餘生產能力有限，只能將其中一種新產品投入生產。企業的固定成本為1,800元，並不因為新產品投產而增加。各種產品的資料如表5-10所示。

表5-10

單位：元

產品名稱 項目	甲	乙	丙	丁
產品數量（件）	300	200	180	240
售價	10	8	6	9
單位變動成本	4	5	3	5

這時，只要分別計算丙、丁產品能夠提供的邊際貢獻額（如表5-11），加以對比，便可作出決策。

表 5-11

單位：元

項目＼產品名稱	丙	丁
預計銷售數量（件）	180	240
售價	6	9
單位變動成本	3	5
單位邊際貢獻	3	4
邊際貢獻總額	540	960

以上計算表明，丁產品的邊際貢獻額大於丙產品的邊際貢獻額 420 元（960－540）。可見，生產丁產品優於丙產品。

如果新產品投產將發生不同的專屬固定成本，在決策時就應以各種產品的剩余邊際貢獻額作為判斷方案優劣的標準。剩余邊際貢獻額等於邊際貢獻額減專屬固定成本。剩余邊際貢獻額越大，該方案就越可行。

【例 5-10】如果例 5-9 中丙產品有專屬固定成本（如專門設置設備的折舊）180 元，丁產品有專屬固定成本 650 元，則有關分析如表 5-12 所示。

表 5-12

單位：元

項目＼產品名稱	丙	丁
邊際貢獻總額	540	960
專屬固定成本	180	650
剩余邊際貢獻總額	360	310

在這種情況下，丁產品的剩余邊際貢獻額比丙產品的少 50 元（360－310），所以生產丙產品優於丁產品。

(二) 虧損產品的決策

在企業生產經營中，某種產品發生虧損是經常遇到的問題。對於虧損產品，絕不能簡單地予以停產，而必須綜合考慮企業各種產品的經營狀況、生產能力的利用及有關因素的影響，採用變動成本法進行分析後，做出停產、繼續生產、轉產或出租等最優選擇。

【例 5-11】光華公司生產甲、乙、丙三種產品，其中甲產品是虧損產品。有關盈虧按全部成本法計算如表 5-13 所示。

表 5-13　　　　　　　　　　　　　盈虧計算表

單位：元

項目＼產品名稱	甲	乙	丙	合計
銷售收入	1,800	2,900	7,300	12,000
銷貨成本	2,100	2,400	4,900	9,400
營業利潤	-300	500	2,400	2,600

如果僅僅根據表 5-13 的資料來看，停止甲產品的生產是有利的（利潤將上升到 2,900元）。但是否真正有利，還應參考其他資料才能確定。假設按變動成本法分解成本如表 5-14 所示。

表 5-14　　　　　　　　　　　　　成本分解表

單位：元

項目＼產品名稱	甲	乙	丙
製造成本	1,200	800	2,900
製造費用	200	400	700
管理費用	192	340	360
財務費用	220	380	420
銷售費用	288	480	520

從表 5-14 可以看出，在按全部成本法計算的甲產品成本總額 2,100 元中，有期間費用分攤額共計 700 元（192＋220＋288），而在變動成本法下，這部分費用均應在本期全數扣除，因此，在甲產品尚能提供邊際貢獻額 400 元（1,800－1,200－200）的情況下，停止甲產品生產不但不會增加 300 元利潤，反而會減少 400 元利潤（利潤將降至 2,200 元）。表 5-15 可以證明這一點。

表 5-15　　　　　　　　　　　　　差量分析表

單位：元

項目	繼續生產甲產品	停止生產甲產品	差量
銷售收入	12,000	10,200	1,800
成本：			
製造成本	4,900	3,700	1,200
製造費用	1,300	1,100	200
費用：			
管理費用	892	892	0
財務費用	1,020	1,020	0
銷售費用	1,288	1,288	0
利潤	2,600	2,200	400

虧損產品的決策是一個複雜的多因素綜合考慮過程，一般應注意以下幾點：

（1）如果虧損產品能夠提供邊際貢獻額，彌補一部分固定成本，除特殊情況外（如存在更加有利可圖的機會），一般不應停產。但如果虧損產品不能提供邊際貢獻額，通常應考慮停產。

（2）虧損產品能夠提供邊際貢獻額，並不意味該虧損產品一定要繼續生產，如果存在更加有利可圖的機會（如轉產其他產品或將停止虧損產品生產而騰出的固定資產出租），使企業獲得更多的邊際貢獻額，那麼該虧損產品應停產。

【例 5-12】依例 5-11，假定光華公司在停止甲產品生產後可將生產能力轉產丁產品，丁產品銷售單價為 150 元，單位變動成本（單位製造成本與單位製造費用之和）為 110 元，通過市場銷售預測，丁產品一年可產銷 500 件。轉產丁產品需追加機器投資 12,000 元。問是否停止甲產品生產而轉產丁產品？

在轉產決策中，只要轉產的丁產品提供的邊際貢獻總額（在有專屬固定成本時應計算剩餘邊際貢獻總額）大於虧損的甲產品提供的邊際貢獻總額，就應作出轉產的決策。丁產品剩餘邊際貢獻總額的計算如下：

丁產品銷售收入 = 500 × 150 = 75,000（元）

丁產品變動成本 = 500 × 110 = 55,000（元）

丁產品邊際貢獻額 = 20,000（元）

丁產品專屬固定成本 = 12,000（元）

丁產品剩餘邊際貢獻額 = 8,000（元）

從上述計算可以看出，丁產品提供的剩餘邊際貢獻額大於甲產品提供的邊際貢獻額 7,600 元（8,000 - 400），說明轉產丁產品比繼續生產甲產品更加有利可圖，此時企業利潤總額將增至 10,200 元，增加利潤 7,600 元（如表 5-16 所示）。

表 5-16　　　　　　　　　差量分析表

單位：元

項目	生產甲產品	生產丁產品	差量
銷售收入總額	12,000	85,200	(73,200)
變動成本總額	6,200	59,800	(53,600)
邊際貢獻總額	5,800	25,400	(19,600)
固定成本總額	3,200	15,200	(12,000)
（其中：專屬固定成本）		(12,000)	
利潤總額	2,600	10,200	(7,600)

在虧損產品停產後，閒置的廠房、設備等固定資產可以出租時，只要出租淨收入（指租金收入扣除合同規定的應由出租者負擔的某些費用後的余額）大於虧損產品所提供的邊際貢獻，這時也應考慮停止虧損產品生產而採用出租的方案。

綜上所述，在不改變生產能力的短期決策中，固定成本一般不變，因而可以把固

定成本排除在決策考慮因素外（但專屬固定成本必須考慮），只需要比較各方案的邊際貢獻額即可選擇最優方案。

（3）在生產、銷售條件允許的情況下，大力發展能夠提供邊際貢獻額的虧損產品，也會扭虧為盈，並使企業的利潤大大增加。

【例5-13】依例5-11，假定光華公司將甲產品的銷售收入由1,800元提高到3,600元（假設固定成本分攤額不變），則企業將盈利3,000元（其中甲產品將盈利100元），有關計算如表5-17所示。

表5-17　　　　　　　　　　　　　　盈虧計算表

單位：元

項目＼產品	甲	乙	丙	合計
銷售收入	3,600	2,900	7,300	13,800
減：變動成本	2,800	1,200	3,600	7,600
邊際貢獻總額	800	1,700	3,700	6,200
減：固定成本	700	1,200	1,300	3,200
利潤	100	500	2,400	3,000

總之，虧損產品的決策涉及的因素很多，需要從不同角度設計方案並採用恰當的方法優選方案。

(三) 零部件自製還是外購的決策

對於那些具有機械加工能力的企業而言，其常常面臨所需零部件是自製還是外購的決策問題。由於自製方案或外購方案的預期收入都是相同的，因而這類決策通常只需要考慮自製方案和外購方案的成本高低，在相同質量並保證及時供貨的情況下，就低不就高。

影響自製或外購的因素很多，因而所採用的決策分析方法也不盡相同，但一般都採用增量成本（實行某方案而增加的成本）分析法。

1. 外購不減少固定成本的決策

如果企業可以從市場上買到現在由企業自己生產的某種零部件，而且質量相當、供貨及時、價格低廉，這時一般都會考慮是否停產外購。在由自製轉為外購，且其剩餘生產能力不能挪作他用（固定成本並不因停產外購而減少）的情況下，正確的分析方法是：將外購的單位增量成本，即購買零部件的價格（包括買價、單位零部件應負擔的訂購、運輸、裝卸、檢驗等費用），與自製時的單位增量成本相對比，單位增量成本低的即為最優方案。由於固定成本不因停產外購而減少，這樣，自製時的單位變動成本就是自製方案的單位增量成本。所以，自製單位變動成本＞購買價格時，應該外購；自製單位變動成本＜購買價格時，應該自製。

【例5-14】某公司生產甲產品每年需要甲零件5,800件，由車間自製時每件成本

為 78 元，其中單位變動成本為 60 元，單位固定成本為 18 元。現市場上銷售的 A 零件價格為每件 65 元，且質量更好，保證按時送貨上門。這時企業應該自製還是外購？

由於：自製單位變動成本 60 元＜外購單位價格 65 元

所以，應選擇自製。這時每件甲零配件的成本將降低 5 元，總共降低 29,000 元。但如果停產外購，則自製時所負擔的一部分固定成本（外購價格與自製單位成本的差額）將由其他產品負擔，此時企業將減少利潤：

(5,800×18) － (78－65) ×5,800＝29,000（元）

2. 自製增加固定成本的決策

在企業所需零部件由外購轉為自製時需要增加一定的專屬固定成本（如購置專用設備而增加的固定成本），或由自製轉為外購時可以減少一定的專屬固定成本的情況下，自製方案的單位增量成本不僅包括單位變動成本，而且還應包括單位專屬固定成本。由於單位專屬固定成本隨產量的增加而減少，因此自製方案單位增量成本與外購方案單位增量成本的對比將在某個產量點產生優劣互換的現象，即產量超過某一限度時自製有利，產量低於該限度時外購有利。這時，就必須首先確定該產量限度點（利用成本分界點的分析方法），並將產量劃分為不同的區域，然后確定在何種區域內哪個方案最優。

【例 5－15】某公司每年需用乙零件 860 件，以前一直外購，購買價格每件 8.40 元。現該公司有無法移作他用的多余生產能力可以用來生產 B 零件，但每年將增加專屬固定成本 1,200 元，自製時單位變動成本 6 元。

為了便於瞭解兩種方案的產量取捨範圍，可將上述資料繪入直角坐標系內，如圖 5－1 所示。

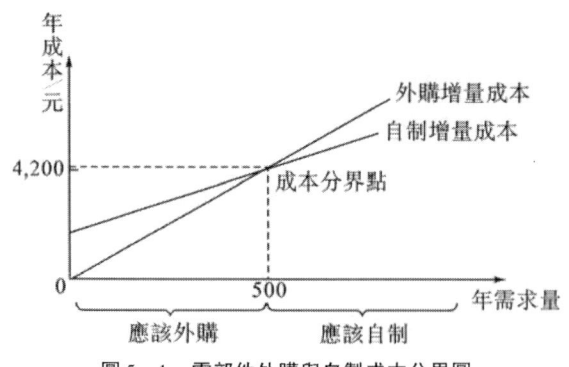

圖 5－1　零部件外購與自製成本分界圖

從圖 5－1 可以看出，乙零件需求量在 500 件以內時，應該外購；而當需求量超過 500 件時，則自製有利。由於該公司 B 零件的需求量為 860 件，因而自製有利。

圖 5－1 中的成本分界點也可以按下列公式計算：

設 x 為 B 零件年需求量，則：

外購增量成本 $y_1 = 8.4x$

自製增量成本 $y_2 = 1,200 + 6x$

外購增量成本與自製增量成本相等時的年需求量為：

$8.4x = 1,200 + 6x$

$x = \dfrac{1,200}{8.4 - 6} = 500$（件）

所以，成本分界點的公式為：

$$成本分界點 = \dfrac{自製增加的專屬固定成本}{購買價格 - 自製單位變動成本}$$

利用公式法確定成本分界點只是將整個需求量劃分為 500 件以內和 500 件以上兩個區域，要確定這兩個區域中哪個方案有利還需將某一設定值代入 y_1 或 y_2 進行試算：

假定產量為 100 件，則：

$y_1 = 8.4 \times 100 = 840$（元）

$y_2 = 1,200 + 6 \times 100 = 1,800$（元）

可見，在 500 件以內時外購有利，500 件以上則自製有利。

為了促進產品銷售，供應商常常採用一些促銷方法，如折扣或折讓。在這種情況下，外購方案就應考慮購買價格的變動，以作出正確的決策。

【例 5-16】某公司生產需要一種零件，若自製，單位變動成本為 1 元，並需購置一臺年折舊額為 2,200 元的設備；若外購，供應商規定，凡一次購買量在 3,000 件以下時，單位售價 2 元，超過 3,000 件時，單位售價 1.55 元。根據以上資料，可繪製圖 5-2。

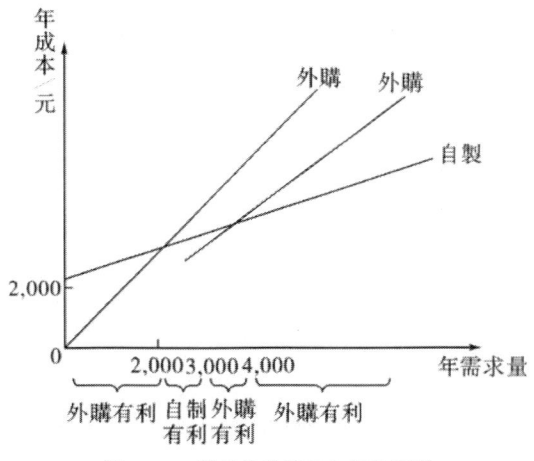

圖 5-2　零部件外購與自製決策圖

圖 5-2 形象地說明，當零件需要量低於 2,200 件或為 3,000~4,000 件時，外購成本低，外購比較有利；零件需要量為 2,200~3,000 件或在 4,000 件以上時，自製成本低，自製比較有利。

此決策也可採用公式法來求解。

設自製方案的成本與一次購買量在3,000件以下的成本分界點產量為x_1,則:

$2,200 + 1 \times x_1 = 2x_1$

$x_1 = \dfrac{2,200}{2-1} = 2,200$（件）

設自製方案的成本與一次購買量在3,000件以上的成本分界點產量為x_2,則:

$2,200 + 1 \times x_2 = 1.55 x_2$

$x_2 = \dfrac{2,200}{1.55-1} = 4,000$（件）

於是,整個需求量被劃分為四個區域: 2,200件以下、2,200~3,000件、3,000~4,000件、4,000件以上。至於各個區域自製有利還是外購有利,可設置代入自製方案成本公式及外購方案成本公式進行計算確定。

3. 外購時有租金收入的決策

在零配件外購、騰出的剩餘生產能力可以轉移的情況下（如出租、轉產其他產品）,由於出租剩餘生產能力能獲得租金收入,轉產其他產品能提供邊際貢獻額,因此將自製方案與外購方案對比時,就必須把租金收入或轉產產品的邊際貢獻額作為自製方案的一項機會成本,並構成自製方案增量成本的一部分。這時,將自製方案的變動成本與租金收入（或轉產產品的邊際貢獻額）之和,與外購成本相比,擇其低者。

【例5-17】某公司每年需要A零件50,000件,若要自製,則自製單位變動成本為10元;若要外購,則外購單位價格為12元。如果外購A零件,則騰出來的生產能力可以出租,每年租金收入為32,000元。

在計算、比較外購和自製這兩個方案的增量成本時,應將租金收入3,200元作為自製方案的機會成本,如表5-18所示。

表5-18　　　　　　　　　　　增量成本對比表

單位:元

項目	自製增量成本	外購增量成本
外購成本 自製變動成本 外購時租金收入	$10 \times 50,000 = 500,000$ 32,000	$12 \times 50,000 = 600,000$
合計	532,000	600,000
自製利益	$600,000 - 532,000 = 68,000$	

計算結果表明,選擇自製方案是有利的,比外購方案減少成本68,000元。

4. 不分配訂購費用、準備費用的決策

在前面的決策中,訂購費用、準備費用、儲存費用等,或忽略不計,或分配計入單位變動成本。但是,訂購費用、準備費用通常更接近於固定成本,因此也可以將此類費用單獨予以考慮。

分析時,應先計算自製方案和外購方案的總成本,然後再加以比較,擇其低者。

在計算自製方案和外購方案總成本時，既要計算基本費用（如自製中的生產成本、外購中的購買價格），又要計算附屬費用（如自製中的生產準備費用、保管費用等，外購中的訂購費用和保管費用）。

【例5－18】某公司生產需要某種零件7,200件，每日需要20件。該零件可以自製，也可以外購。若外購，每件購買價格8元，訂購費用每次180元，單位零件年存儲費用0.6元；若自製，每件單位變動成本7元，生產準備費用每次為300元，每件年儲存費用為0.6元，日產量為40件。

1. 計算自製總成本
（1）變動成本
7,200×7＝50,400（元）
（2）附屬成本（年準備費用與年存儲費用之和）

$$T = \sqrt{2ASC\left(1-\frac{y}{x}\right)}$$

$$= \sqrt{2 \times 7,200 \times 300 \times 0.6 \times \left(1-\frac{20}{40}\right)}$$

$$= 1,138.42 （元）$$

（3）自製總成本
50,400＋1,138.42＝51,538.42（元）

2. 計算外購總成本
（1）外購價款
7,200×8＝57,600（元）
（2）附屬成本（年訂購費用與年存儲費用之和）

$$T = \sqrt{2APC}$$

$$= \sqrt{2 \times 7,200 \times 180 \times 0.6} = 1,247.08 （元）$$

（3）外購總成本
57,600＋1,247.08＝58,847.08（元）

從上面計算可以看出，外購總成本58,847.08元大於自製總成本51,538.24，因而應該選擇自製方案。

(四) 半成品（或聯產品）是否進一步加工的決策

當半成品可以對外銷售時，存在一個將產品加工到什麼程度（賣半成品還是產成品）的問題。對這類問題，決策時只需考慮進一步加工後增加的收入是否超過增加的成本，如果前者大於後者，則應進一步加工為產成品出售；反之，則應作為半成品銷售。在此，進一步加工前的收入和成本都與決策無關，不必予以考慮。

1. 半成品是否進一步加工的決策分析

產品作為半成品出售，其售價和成本都低於進一步加工後作為產成品出售的售價和成本。是否進一步加工，可按下列公式計算、確定。

(1) 應進一步加工的條件

(進一步加工后的銷售收入－半成品的銷售收入) > (進一步加工后的成本－半成品的成本)

(2) 應出售半成品的條件

(進一步加工后的銷售收入－半成品的銷售收入) < (進一步加工后的成本－半成品的成本)

在上列公式中，左邊是差異收入，右邊是差異成本。另外，進一步加工后的成本包括追加的變動成本和專屬固定成本。

【例5-19】某企業每年生產、銷售甲產品3,800件，每件變動成本為16元，每件固定成本為1元，售價為24元。如果把甲產品進一步加工成乙產品，售價可提高到30元，但單位變動成本需增至20元，另外尚需發生專屬固定成本800元。

差異收入 = (30-24)×3,800 = 22,800 (元)

差異成本 = (20-16)×3,800+800 = 16,000 (元)

由於差異收入大於差異成本6,800元 (22,800-16,000)，因而進一步加工是有利的。應注意的是，單位固定成本1元在計算中未予考慮，因為這一部分固定成本加工前、加工后均存在，屬於與決策無關的沉沒成本。

2. 聯產品是否進一步加工

在同一生產過程中生產出來的若干種經濟價值較大的產品，稱為聯產品。有些聯產品可在分離后就出售，有的則可以在分離后繼續加工出售。分離前的成本屬於聯合成本，要按售價等標準分配給各種聯產品。聯產品在分離后繼續加工的追加變動成本和專屬固定成本，稱為可分成本。聯合成本是沉沒成本，決策時不予考慮；可分成本是與決策相關的成本，決策時應予以考慮。聯產品是否進一步加工，可按下列公式計算、確定：

(1) 應進一步加工

(進一步加工后的銷售收入－分離后的銷售收入) > 可分成本

(2) 分離后即出售

(進一步加工后的銷售收入－分離后的銷售收入) < 可分成本

【例5-20】某企業生產的甲產品在繼續加工過程中，可分離出A、B兩種聯產品。甲產品售價200元，單位變動成本140元。A產品分離后即予銷售，單位售價160元；B產品單位售價240元，可進一步加工成子產品銷售，子產品售價360元，需追加單位變動成本62元。

(1) 分離前的聯合成本按A、B兩種產品的售價分配。

A產品分離后的單位變動成本 = 140/(160+240)×160 = 56 (元)

B產品分離后的單位變動成本 = 140/(160+240)×240 = 84 (元)

(2) 由於A產品分離后的售價大於分離后的單位變動成本104元 (160-56)，故分離后銷售是有利的。

(3) B產品進一步加工成子產品的可分成本為62元，進一步加工后的銷售收入為

360 元，而分離后 B 產品的銷售收入為 240 元，則：

　　差異收入 = 360 - 240 = 120（元）

　　差異收入大於可分成本 58 元（120 - 62），可見，B 產品進一步加工成子產品再出售是有利的。

三、產品組合優化決策

產品組合優化決策適用於多品種產品生產的企業。在多品種產品的生產過程中，各種產品的生產都離不開一些必要的條件或因素，如機器設備、人工、原材料等，而其中有些因素可以用於不同產品的生產，如果各種產品共用一種或幾種因素，而這些因素又是有限的，就應使各種產品的生產組合達到最優化的結構，以便有效、合理地使用這些限制因素。產品組合優化決策就是通過計算、分析進而作出各種產品應生產多少才能使各個生產因素得到合理、充分地利用，並能獲得最大效益的決策。

進行產品組合優化決策的方法，主要介紹以下兩種。

(一) 逐次測算法

逐次測算法是根據企業有限的各項生產條件和各種產品的情況及各項限制因素等數據資料，分別計算單位限制因素所提供的邊際貢獻並加以比較，在此基礎上，經過逐步測試，使各種產品達到最優組合。

【例 5 - 21】某企業生產甲、乙兩種產品，兩種產品共用設備工時總數為 18,000 小時，共用人工工時總數為 24,000 小時，甲產品單位產品所需設備工時 3 小時，人工工時 5 小時，單位邊際貢獻額為 42 元；乙產品單位產品所需設備工時 5 小時，人工工時 6 小時，單位邊際貢獻額為 60 元，預測市場銷售量：甲產品為 3,000 件，乙產品為 2,000 件。

計算並比較兩種產品單位限制因素所提供的邊際貢獻額，如表 5 - 19 所示。

表 5 - 19

項目	甲產品	乙產品	限制因素（小時）
單位設備工時邊際貢獻（元）	14	12	18,000
單位人工工時邊際貢獻（元）	8.4	10	24,000

比較兩種產品單位限制因素所提供的邊際貢獻額可知，甲產品每單位設備工時的邊際貢獻額多於乙產品，而乙產品每單位人工工時邊際貢獻額多於甲產品。

進行第一次測試。試優化安排甲產品生產，剩餘因素再安排乙產品的生產，根據約束條件，甲產品銷售量預測為 3,000 件，則安排最大生產量為 3,000 件。其安排結果如表 5 - 20 所示。

表 5－20

項目	產量 (件)	所有設備工時 (小時)		所用人工工時 (小時)		邊際貢獻額 (元)	
		總產量	單位產量	總產量	單位產量	總產量	單位產量
甲產品		9,000		15,000		126,000	
乙產品	3,000	7,500	3	9,000	5	90,000	42
合計	1,500	16,500	5	24,000	6	216,000	60
限制因素		18,000		24,000			
剩餘因素		1,500		0			

以上測試結果表明，按照這種組合方式所確定的兩種產品的生產量來進行生產，可獲得邊際貢獻總額為 216,000 元，機器設備工時剩餘 1,500 小時，考慮到生產單位乙產品所用設備工時多於生產單位甲產品所用設備工時，為充分利用各項因素，可再測試將乙產品的生產安排先於甲產品。由於乙產品的市場銷售量為 2,000 件，所以，所安排的最大生產量也應為 2,000 件。其安排結果如表 5－21 所示。

表 5－21

項目	產量 (件)	所用設備工時 (小時)		所用人工工時 (小時)		邊際貢獻額 (元)	
		總產量	單位產量	總產量	單位產量	總產量	單位產量
乙產品		10,000		12,000		120,000	
甲產品	2,000	7,200	5	12,000	6	100,800	60
合計	2,400	17,200	3	24,000	5	220,800	42
限制因素		18,000		24,000			
剩餘因素		800		0			

將兩次測試的結果進行分析比較，從其結果可以看出，採用第二次測試的產品組合方式比採用第一次測試的產品組合方式多獲得邊際貢獻 4,800 元 (220,800－216,000)，同時又提高了設備利用率，即減少了剩餘設備工時，使之由原來的剩餘設備工時 1,500 小時減少到剩餘設備工時 800 小時。所以，第二次測試的產品組合，即生產 A 產品 2,400 件、B 產品 2,000 件，是最優產品組合。

(二) 圖解法

採用圖解法來進行產品組合優化決策，比較直觀，容易理解。

【例 5－22】仍用前例數據資料，設 x 為甲產品產量，y 為乙產品產量，設 S 為可獲得的邊際貢獻。則生產兩種產品所用人工小時為 $5x+6y$；生產兩種產品所用設備工時為 $3x+5y$；生產兩種產品可獲邊際貢獻為 $42x+60y$。根據約束條件可建立線性規劃模型如下：

約束條件：$\begin{cases} 5x+6y \leq 24,000 & (L_1) \\ 3x+5y \leq 18,000 & (L_2) \\ x \leq 3,000 & (L_3) \\ y \leq 2,000 & (L_4) \\ x, y \geq 0 \end{cases}$

目標函數：$S = 42x + 60y$

(1) 用圖解法求解以上線性規劃模型，即在滿足以上約束條件的前提下，求 S（邊際貢獻額）的最大值。

在平面直角坐標系中根據約束方程畫出幾何圖形，如圖 5－3 所示。

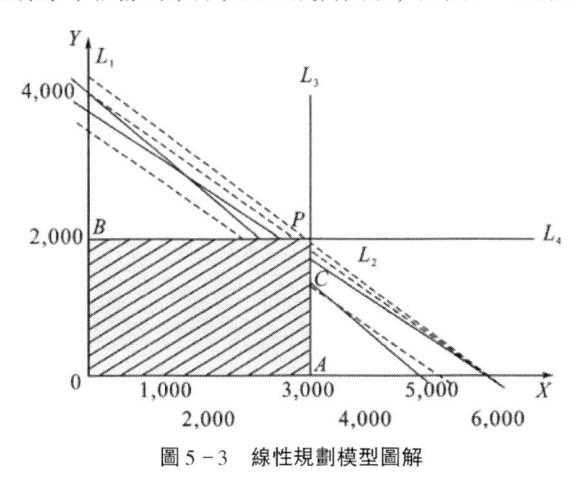

圖 5－3　線性規劃模型圖解

圖 5－3 中代表 L_1、L_2、L_3、L_4 四組方程的直線圍成一個可行解區域，滿足約束條件的方程解必定位於陰影區域，即可行解區域內。

(2) 根據目標函數 $S = 42x + 60y$ 繪出等利潤線。

從目標函數 $S = 42x + 60y$ 可以看出，$x = 60$ 時的邊際貢獻額等於 $y = 42$ 時的邊際貢獻額，因此聯結 x 軸上 60 件的點與 y 軸上 42 件的點所得到的直線就稱為等利潤線。等利潤線有無限條，即凡在可行解範圍內與這條等利潤線平行的無限條直線，都稱為等利潤線。

以虛線表示的這簇等利潤線 $y = -\dfrac{7}{10}x$ 的斜率為 $-7/10$，截距為 $S/60$，等利潤線的縱截距越大，所能提供的邊際貢獻也就越多，從圖 5－3 中可以直觀地看出，通過 L_1 和 L_4 的交點處 P 的那條等利潤線距原點的距離最大，所獲得的利潤也最大。

將可行區域中的外突點 A、B、C、P 所代表的產品組合代入目標函數 $S = 42x + 60y$ 進行試算，求出目標函數最大值。其組合即為最優產品組合，如表 5－22 所示。

表 5-22　　　　　　　　　各品種組合的目標函數試算

單位：元

外突點	品種組合 X	Y	目標函數 S = 42X + 60Y	邊際貢獻額 S
A	3,000	0	42×3,000 + 60×0	126,000
B	0	2,000	42×0 + 60×2,000	120,000
C	3,000	1,500	42×3,000 + 60×1,500	216,000
P	2,400	2,000	42×2,400 + 60×2,000	220,800

比較試算結果，當 $x=2,400$，$y=2,000$ 時，獲得的目標函數 S 值最大，是產品組合決策的最優解，這個結果與逐次測算法所得到的結果是相同的。

四、生產組織決策

(一) 最優生產批量的決策

就產品生產而言，並不是生產批量越大越好。在全年產量已定的情況下，生產批量與生產批次成反比，生產批量越大，則生產批次越少；生產批量越小，則生產批次越多。生產批量、生產批次與生產準備成本、儲存成本相關，最優的生產批量應該是生產準備成本與儲存成本總和最低時的生產批量。

生產準備成本是指每批產品投產前因進行準備工作（如調整機器、準備工卡模具、布置生產線、清理現場、領取原材料等）而發生的成本。在正常情況下，每次變更產品生產所發生的生產準備成本基本上是相等的，因此，年準備成本總額與生產批次成正比，與生產批量成反比。生產批次越多，年準備成本就越高；反之，就越低，具有固定成本性質。

儲存成本是指為儲存零部件及產品而發生的倉庫及其設備的折舊費、保險費、保管人員工資、維修費、利息支出、損壞、腐爛和盜竊損失等費用的總和。儲存成本與生產批量成正比，而與生產批次成反比，具有變動成本性質。

從上述生產準備成本、儲存成本的特點可以看出：若要降低年準備成本，就應減少生產批次，但減少批次必然要增加批量，從而提高與批量成正比的年儲存成本；若要降低年儲存成本，就應減少生產批量，但減少生產批量必然要增加批次，從而提高與批次成正比的年準備成本。因此，如何確定生產批量和生產批次，才能使年準備成本與年儲存成本之和最低，就成為最優生產批量決策需要解決的問題。

1. 一種零配件分批生產的經濟批量決策

最優生產批量通常採用公式法計算確定。為了舉例需要，設定以下幾個符號：

A——全年產量；

Q——生產批量；

A/Q——生產批次；

S——每批准備成本；

X——每日產量；

Y——每日耗用量（或銷售量）；

C——每單位零配件或產品的年儲存成本；

T——年儲存成本和年準備成本之和（簡稱年成本合計）。

根據以上符號，年成本合計可計算如下：

每批生產終了時的最高存儲量 = 生產批量 - 每批生產日數 × 每日耗用量或銷售量

$$= Q - \frac{Q}{X} \cdot Y$$

$$= Q\left(1 - \frac{Y}{X}\right)$$

平均儲存量 $= \frac{1}{2}Q\left(1 - \frac{Y}{X}\right)$

年儲存成本 $= \frac{1}{2}Q\left(1 - \frac{Y}{X}\right)C$

年準備成本 $= \frac{A}{Q} \cdot S$

年成本合計 $T = \frac{1}{2}Q\left(1 - \frac{Y}{X}\right)C + \frac{AS}{Q}$

【例 5-23】某公司生產 A 產品每年需用甲零件 7,200 只，專門生產甲零件的設備每日能生產 80 只，每日因組裝 A 產品耗用甲零件 20 只，每批生產準備成本為 600 元，每件甲零件年儲存成本為 8 元。經濟批量的計算見表 5-23 所示。

表 5-23

生產批次	8	7	6	5	4	3
批量（件）	900	1,028	1,200	1,440	1,800	4,200
平均存儲量（件）	337.5	385.5	450	540	675	1,575
年準備成本（元）	4,800	4,200	3,600	3,000	2,400	1,800
年存儲成本（元）	2,700	3,084	3,600	4,320	5,400	12,600
年成本合計（元）	7,500	7,284	7,200	7,320	7,800	14,400

可見，經濟批量為 1,200 只，最優批次為 6 次，此時年成本合計最低（7,200 元）。根據以上計算結果可繪圖如同 5-4 所示。

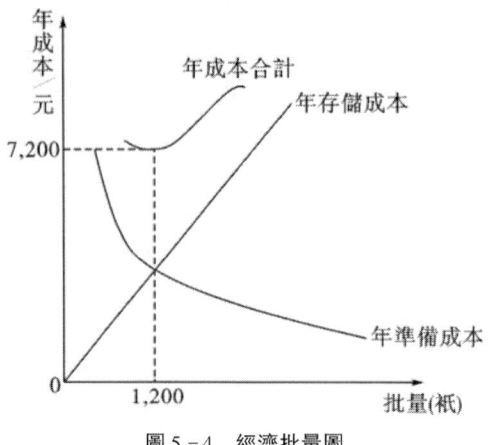

圖 5-4 經濟批量圖

從圖 5-4 可以看出：

（1）年成本合計表現為一條凹形曲線，當其變動率（一階導數）為零時達到最低值。從該點向下引申一條虛線相交於橫軸，交點即為最優生產批量（經濟批量）；向左引申一條虛線相交於縱軸，其交點即為最低年成本合計數。

（2）年準備成本線與年儲存成本線相交的點（此時年準備成本等於年儲存成本）在向下引申的虛線上，並由此確定了經濟批量和最低年成本合計。

經濟批量的確定，也可以利用數學模型直接計算求得，即利用年成本合計 T 與批量 Q 的函數關係，用微分法求 T 為極小值時的 Q 值，有

$$Q^* = \sqrt{\frac{2AS}{C\left(1-\frac{Y}{X}\right)}}$$

最優生產批次可以根據年產量 A 及經濟批量 Q^* 計算，有

$$最優批次 = \frac{A}{Q^*} = \sqrt{\frac{AC\left(1-\frac{Y}{X}\right)}{2S}}$$

將（2）式代入（1）式，可以得到最低年成本合計 T^* 的計算公式，為

$$最低年成本合計\ T^* = \frac{1}{2}\sqrt{\frac{2AS}{C\left(1-\frac{Y}{X}\right)}} \times \left(1-\frac{Y}{X}\right)C + \frac{AS}{\sqrt{\frac{2AS}{C\left(1-\frac{Y}{X}\right)}}}$$

$$= \sqrt{2ASC\left(1-\frac{Y}{X}\right)} \qquad (4)$$

利用式（2）、式（3）、式（4），可以更簡捷地確定經濟批量、最優批次、最低年成本合計：

$$經濟批量 = \sqrt{\frac{2 \times 7,200 \times 600}{8 \times \left(1-\frac{20}{80}\right)}} = 1,200\ （只）$$

最優批次 $= \dfrac{A}{Q'} = \dfrac{7,200}{1,200} = 6$（批）

最低年成本合計 $T'' = \sqrt{2 \times 7,200 \times 600 \times 8 \times \left(1 - \dfrac{20}{80}\right)} = 7,200$（元）

最后需要強調的是，保險儲存量部分的儲存成本不包括在上述公式計算範圍內，因為保險儲存量對任何批量的方案都是一樣的，決策時可不予以考慮。

2. 幾種零部件輪換分批生產的經濟批量決策

上面介紹的是分批生產一種零部件或產品時經濟批量的確定方法。但如果用同一臺設備輪換生產幾種零部件或產品時，就不能簡單地採用前述方法計算，而應首先根據各種零部件或產品的年準備成本之和與年儲備成本之和相等時年成本合計最低的原理，確定各種零部件或產品共同的最優生產批次；然後再據以分別計算各種零部件或產品各自的經濟生產批量；計算共同最優生產批次的計算公式。

推導如下：

設：N 為共同生產批次。

$$N = \dfrac{A}{Q} \tag{5}$$

$$Q = \dfrac{A}{N} \tag{6}$$

將式（6）代入年儲存成本公式 $\dfrac{1}{2}Q\left(1 - \dfrac{Y}{X}\right)C$：

$$\text{一種零部件年儲存成本} = \dfrac{1}{2} \cdot \dfrac{A}{N} \cdot C\left(1 - \dfrac{Y}{X}\right)$$

$$= \dfrac{1}{2N} \cdot AC\left(1 - \dfrac{Y}{X}\right) \tag{7}$$

將（5）代入年準備成本公式：$\dfrac{A}{Q} \cdot S$

$$\text{一種零部件年調整成本} = NS \tag{8}$$

在這裡，調整成本是指一臺設備由生產一種零部件或產品轉為生產另一種零部件或產品而發生的費用，如撤換工卡模具、調整設備狀態、領退原材料、重新布置發生產線等的費用。在經濟批量分析中，調整成本相當於準備成本，每次的調整成本也用 S 來表示。

由式（7）、式（8）可得：

$$\text{各種零部件的年儲存成本} = \dfrac{1}{2N}\sum_{i=1}^{n} A_i C_i\left(1 - \dfrac{Y_i}{X_i}\right)$$

$$\text{各種零部件的年調整成本} = N\sum_{i=1}^{n} S$$

$$\text{各種零部件年成本合計} = \dfrac{1}{2N}\sum_{i=1}^{n} A_i C_i\left(1 - \dfrac{Y_i}{X_i}\right) + N\sum_{i=1}^{n} S_i$$

上述公式中的 n，表示在一臺設備上分批輪換生產的各種零部件的種數。

由於各種零部件的年儲存成本等於年調整成本時的年成本合計最低，因此：

$$N\sum_{i=1}^{n}S_i = \frac{1}{2N_i}\sum_{i=1}^{n}A_iC_i\left(1-\frac{Y_i}{X_i}\right)$$

上式移項變換后可得：

$$N^2 = \frac{\sum_{i=1}^{n}A_iC_i\left(1-\frac{Y_i}{X_i}\right)}{2\sum_{i=1}^{n}S_i}$$

於是：

最優共同生產批次 $N^* = \sqrt{\dfrac{\sum_{i=1}^{n}A_iC_i\left(1-\frac{Y_i}{X_i}\right)}{2\sum_{i=1}^{n}S_i}}$

而某種零部件的最優生產批量（經濟批量）則可以按下列公式計算：

$$某種零部件的經濟批量 = \frac{該零件全年產量}{最優共同生產批次} = \frac{A_i}{N^*}$$

【例5-24】某公司用一臺設備輪番分批生產 A、B 兩種零件，有關資料如表 5-24 所示。

表 5-24

項目＼零件	A	B
全年產量（件）	5,400	16,200
每次調整成本（元）	400	600
每件零件年存儲成本（元）	6	9
每日產量（件）	20	45
每日耗用量（件）	50	180

（1）計算 A、B 兩種零部件的共同最優生產批次。

$$共同最優生產批次 = \sqrt{\frac{5,400\times6\times\left(1-\frac{20}{50}\right)+16,200\times9\times\left(1-\frac{45}{180}\right)}{2\times(400+600)}} = 8（批）$$

（2）根據共同最優生產批次分別計算甲、乙兩種零件的經濟批量。

A 零件的經濟批量 = 5,400/8 = 675（件）

B 零件的經濟批量 = 16,200/8 = 2,025（件）

此外，如果在一條生產線上分批輪番生產幾種產品，而且銷售合同規定各種產品應每日均衡發貨，這時也可以運用上述方法計算各種產品的共同的最優生產批次並進而確定各種產品的經濟生產批量。

（二）生產工藝決策

生產工藝是指加工製造產品或零件所使用的機器、設備及加工方法的總稱。同一

種產品或零件，往往可以按不同的生產工藝進行加工。當採用某一生產工藝時，可能固定成本較高，但單位變動成本卻較低；而採用另一生產工藝時，則可能固定成本較低，但單位變動成本卻較高。於是，採用何種工藝能使該產品或零件的總成本最低，就成為實際工作中必須解決的問題。

一般而言，生產工藝越先進，其固定成本就越高，單位變動成本越低；而生產工藝落後時，其固定成本較低，但單位變動成本卻較高。在固定成本和單位變動成中的消長變動組合中（體現為單位成本），產量成為最佳的判斷標準。這時，只要確定不同生產工藝的成本分界點（不同生產工藝總成本相等時的產量點），就可以根據產量確定選擇何種生產工藝最為有利。

【例 5-25】某公司計劃生產乙產品，共有 A、B、C 三個不同的工藝方案，其成本資料如表 5-25 所示。

表 5-25

單位：元

工藝方案＼項目	專屬固定成本	單位變動成本
A	700	5
B	600	6
C	800	2

根據上述的資料，可以繪成圖，如圖 5-5 所示。

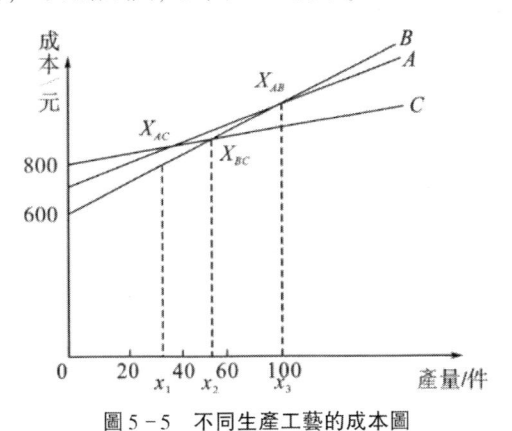

圖 5-5　不同生產工藝的成本圖

由圖 5-5 可知，X_{AC} 點為 A、C 兩方案的成本分界點，X_{BC} 點為 B、C 兩方案的成本分界點，X_{AB} 點為 A、B 兩方案的成本分界點。設 X_{AC}、X_{BC}、X_{AB} 三個成本分界點的產量分別為 X_1、X_2、X_3，則三個成本分界點的產量可計算如下：

$$\begin{cases} 700 + 5x_1 = 800 + 2x_1 \\ 600 + 6x_2 = 800 + 2x_2 \\ 700 + 5x_3 = 600 + 6x_3 \end{cases}$$

解得：$\begin{cases} x_1 = \dfrac{100}{3} = 33.3 \text{（件）} \\ x_2 = \dfrac{200}{4} = 50 \text{（件）} \\ x_3 = 100 \text{（件）} \end{cases}$

於是，整個產量區域被劃分為 0~33 件、33~50 件、50~100 件、100 件以上 4 個區域。從圖 5-5 可以看出，在 0~50 件的區域內（含 0~33 件、33~50 件兩個區域），B 方案成本最低，為最優方案；在 50 件以上的區域內（含 50~100 件、100 件以上兩個區域），C 方案成本最低，為最優方案。

(三) 根據成本分配生產任務的決策

當一種零部件或產品可以由多種設備加工，或由多個車間生產時，就存在由哪種設備或哪個車間加工最有利的問題。在面臨多種選擇的情況下，根據相對成本或單位變動成本分配生產任務，往往可以降低生產費用。

1. 根據相對成本分配生產任務

實際工作中，有些零部件可以在不同類型、不同精密度的設備上生產。於是，在更換品種、生產計劃變更的情況下，常常會用比較先進、比較大型或比較精密的設備去加工技術要求較低或較小的零部件，從而使相同的零部件在不同車間或設備上有著不同的單位成本。為了保證企業在完成任務的同時降低成本，可以運用相對成本分析方法將各種零部件的生產任務分配給各個車間或各種設備，從而降低各種零部件的總成本。

所謂相對成本，是指在一種設備上可以加工幾種零部件時，以某一種零部件的單位成本為基數（一般為 1），將其他各種零部件的單位成本逐一與之相比而得到的系數（倍數）。這樣，同一種零部件對於不同的設備就會有不同的相對成本，一般而言，零部件應該交由相對成本較低的設備去加工。

【例 5-26】設某公司有甲、乙、丙三種零件，本來全部由 A 小組生產，成本較低。現由於市場需求擴張而使這三種零件的需求量大增，因而必須將一部分生產任務交給 B 小組生產。A 小組的生產能力為 2,400 工時，B 小組為 1,500 工時。其他資料如表 5-26 所示。

表 5-26

零件種類	單位成本（元） A 小組	單位成本（元） B 小組	計劃產量（件）	所需工時 單位零件工時	所需工時 總計
甲	56	60	240	3	720
乙	86	88	480	4	1,920
丙	45	52	560	2	1,120
合計					3,760

分析時，首先應根據上述資料計算相對成本，如表 5-27 所示。

表 5-27

相對成本 零件種類 \ 生產部門	以甲零件的單位成本為基數 A 小組 ①	以甲零件的單位成本為基數 B 小組 ②	以乙零件的單位成本為基數 A 小組 ③	以乙零件的單位成本為基數 B 小組 ④	以丙零件的單位成本為基數 A 小組 ⑤	以丙零件的單位成本為基數 B 小組 ⑥	適宜的生產部門
甲	1	1	0.675	0.682	1.244	1.154	A、B 小組
乙	1.536	1.467	1	1	1.844	1.692	B 小組
丙	0.804	0.867	0.542	0.591	1	1	A 小組

相對成本的計算方法，可以用表 5-32 中第①、④欄為例說明如下：

①欄中相對成本的計算：

56/56 = 1　86/56 = 1.536　45/56 = 0.804

④欄中相對成本的計算：

60/88 = 0.682　88/88 = 1　52/88 = 0.591

就第①欄的相對成本而言，表示在 A 組：1 件乙零件的成本相當於 1.482 件甲零件的成本；而 1 件丙零件的成本相當於 0.804 件甲零件的成本。

下面在相對成本表上逐行觀察比較，以確定各種零件的生產任務分配給哪個小組最好。

（1）在第一行甲零件的相對成本中，A 小組 0.675 < B 小組的 0.682，A 小組的 1.244 > B 小組的 1.154，可見，甲零件交給 A、B 小組均可以。但 A 小組的絕對成本低於 B 小組，所以應首先交給 A 小組生產。

（2）在第二行乙零件的相對成本中，A 小組的 1.482 > B 小組的 1.467，A 小組的 1.844 > B 小組的 1.692，可見，乙零件應交給 B 小組生產。但是由於 A 小組的絕對成本低於 B 小組，因此如果 A 小組有剩餘工時，應盡量用完。

（3）在第三行丙零件的相對成本中，A 小組的 0.804 < B 小組的 0.867，A 小組的 0.542 < B 小組的 0.591，可見，丙零件應交給 A 小組生產。

根據上述分析，可將生產任務具體分配，如表 5-28 所示。在生產任務分配表基

礎上編製的成本計算表如表 5-29 所示。

表 5-28　　　　　　　　　　　生產任務分配表

零件種類	A 小組			B 小組			合計		
	產量（件）	單位工時	需用工時	產量（件）	單位工時	需用工時	產量（件）	單位工時	需用工時
甲	240	3	720				240	3	720
乙	140	4	560	340	4	1,360	480	4	1,920
丙	560	2	1,120				560	2	1,120
合計			2,400	合計		1,360	合計		3,760
生產能力		2,400	生產能力		1,500	生產能力		3,900
剩餘生產能力			剩餘生產能力		140	剩餘生產能力		140

表 5-29　　　　　　　　　　　成本計算表

單位：元

零件種類	A 小組			B 小組			合計
	產量（件）	單位成本	總成本	產量（件）	單位成本	總成本	
甲	240	56	13,440				13,440
乙	140	83	11,620	340	88	29,920	41,540
丙	560	45	25,200				25,200
合計	—	—	50,260			29,920	80,180

　　成本計算表中的 80,180 元是生產甲、乙、丙三種零件在分配生產任務的各種方案中可能達到的最低總成本。

　　本例只有兩個生產部門和三種零件，是一種比較簡單的情況，不通過相對成本的比較，一般也能作出最優的生產任務分配決策。但在生產部門較多，尤其是零件種類較多時，採用相對成本分析能夠更簡捷地制定出最優生產任務分配方案。

　　2. 根據單位變動成本分配增產任務

　　在實際工作中，生產同一種產品的各個車間（或分廠）的成本水平是有差異的，當生產任務增加而各車間的生產能力又有剩餘時，就存在著如何將增產任務在各車間分配的問題。為了達到使總成本最低的目的，應以單位變動成本作為判斷標準，將增產任務分配給單位變動成本最低的車間。

　　需要強調的是，不應以單位成本作為判斷標準，將增產任務分配給單位成本最低的車間。因為按全部成本法計算的單位成本中包括各車間的固定成本，作為與決策無關的成本不應予以考慮，否則可能導致錯誤的決策。

　　【例 5-27】設某公司的 A、B 兩個車間生產同一種產品，去年各生產了 1,800 件。今年計劃增產 600 件，A、B 兩個車間均有能力承擔增產任務。A、B 兩個車間的其他

資料如表 5-30 所示。

表 5-30

單位：元

項目	A 車間	B 車間	全公司
產量（件）	1,800	1,800	3,600
單位變動成本	4	5	—
變動成本	7,200	9,000	16,200
固定成本	8,200	6,000	14,200
總成本	15,400	15,000	30,400
單位成本	8.56	8.33	8.44

從表 5-30 可以看出，如果按單位成本低為標準分配增產任務，則 B 車間應該承擔增產任務的生產（B 車間單位成本 8.33 元＜A 車間單位成本 8.56 元）。增產 600 件產品前后的成本資料如表 5-31 所示。

表 5-31　　　　　　　　　　B 車間

單位：元

項目	增產前	增產后	差額
產量（件）	1,800	2,400	600
單位變動成本	5	5	—
變動成本	9,000	12,000	3,000
固定成本	6,000	6,000	—
總成本	15,000	18,000	3,000

而如果按單位變動成本作為標準分配增產任務，則 A 車間應承擔增產任務的生產（A 車間的單位變動成本 4 元＜B 車間的單位變動成本 5 元）。增產 600 件產品前后的成本資料如表 5-32 所示。

表 5-32　　　　　　　　　　A 車間

單位：元

項目	增產前	增產后	差額
產量（件）	1,800	2,400	600
單位變動成本	4	4	—
變動成本	7,200	9,600	2,400
固定成本	8,200	8,200	—
總成本	15,400	17,800	2,400

從 A、B 兩個車間增產 600 件產品前后成本資料的對比可以看出：B 車間增產 600 件產品需要增加總成本 3,000 元，而 A 車間只需增加總成本 2,400 元，A 車間與 B 車間相比減少總成本 600 元。所以，應以單位變動成本的高低作為分配增產任務的標準，而不應以單位成本的高低作為標準，因為單位成本中的固定成本分攤額從總額來講是固定不變的，屬無關成本。

第六章　長期投資決策

案例與問題分析

　　日前，輝利橡膠化工公司正在召開會議，為下一年的資本預算做計劃。近年來，市場對該公司的大部分產品的需求特別多，整個行業正經歷著生產能力不足的情況。在過去的兩年裡，生產穩步上升，由於需求量較大，價格已有所回升。

　　會議的參加者有公司董事長林欣、財務總監李立以及四個部門的負責人等。大家從財務的角度和市場的角度來對資本支出的需要進行考慮。

　　會議上各部門負責人根據自己的情況提出了自己的見解。化學部認為本部門的產品供不應求，但是本部門的生產能力不夠，因此提出生產設施擴建項目A；輪胎部門認為，輪胎的銷售量將在明年會有較大的提高，提出應該增加一條生產線，因此提出項目B；公司的管理部門認為，隨著公司的不斷發展，目前的信息系統已經不能滿足需要，因此提出項目C，即對公司的計算機系統進行更新。以下是這四個項目的一些預計情況：

　　A項目投資500萬元，投資期限為10年，每年實現稅前淨利潤130萬元；

　　B項目投資400萬元，投資期限為10年，每年實現稅前淨利潤100萬元；

　　C項目投資100萬元，投資期限為5年，每年實現稅前淨利潤分別為30萬元、40萬元、70萬元、50萬元、30萬元。

　　各部門的負責人均認為各自提出的項目對公司最有利，因此在會議上一直為爭取公司的優先投資發生了激烈的爭執。

　　董事長讓財務總監李立主要從財務的角度對這三個項目進行分析。

　　李立感到每一個項目對公司的發展而言都是有益的。化學部由於生產設施不足正面臨著失去銷售額的狀況。輪胎產品越來越受歡迎，公司正試圖保持公司的市場份額。計算機系統的更新能夠提高效率，降低人力成本。但是，要比較項目的優劣，還是應該用長期投資決策的方法，從項目現金流量的視角來比較分析。這就是本章所要分析的問題。

第一節　長期投資決策概述

一、長期投資的涵義

（一）投資

「投資」一詞泛指企業投入財力，以期在未來一定期間內獲得報酬或更多收益的活動。按其投資對象不同，可以分為對外投資和對內投資。

對外投資是指企業向企業外部有關單位使用的財產項目投入資金或實物，並以利息、使用費、股利或租金收入等形式獲取收益，使得資金增值的行為。如購買其他企業的股票、債券等有價證券投資，購買用於對外租賃的設備等實物投資。

對內投資是指為提高企業自身的生產經營能力而對企業內部進行的投資。如投資興辦新企業或擴大原有企業，包括廠房設備的擴建、改建、更新或購置。

管理會計中涉及的是對內投資。

（二）長期投資

長期投資是指企業為了特定的生產經營目的而進行的資金支出，其獲取報酬或收益的持續時間超過一年以上，能在較長時間內影響企業經營獲利能力的投資行為。

二、長期投資決策的特徵

（一）長期投資決策

（1）當存在幾個投資項目可供選擇時，對不同項目進行比較，從中選出經濟效益較佳的項目；

（2）對所選項目的各種實施方案進行比較，從中選出經濟效益最佳的投資方案。

（二）長期投資決策的特徵

（1）從內容上看，長期投資決策主要是對企業固定資產方面進行的投資決策。

（2）長期投資決策的效用是長期的。一項成功的長期投資，對企業若干年的生產經營的收支產生影響，可以使企業在未來若干年內獲得效用。

（3）長期投資決策的投入資金數額大，需要設立專門的部門進行籌資投資和投資活動。

（4）長期投資決策具有不可逆轉性。

（5）長期投資由於涉及時間長、金額大等原因，在使用各種評價方法時，一般要考慮資金時間價值的影響、風險的大小和現金流量的高低。

三、長期投資決策需要考慮的重要因素

長期投資決策對企業今後的財務狀況和經濟效益影響深遠。為了能夠正確地分析

評價各個被選方案，首先要樹立兩個價值觀念，即貨幣時間價值和投資的風險價值。在此基礎上必須考慮項目或方案的現金流量、資金成本和效用期間等因素。

(一) 資金時間價值

1. 資金時間價值的概念

從經濟學角度看，即使不考慮通貨膨脹和風險因素，同一貨幣量在不同時點上的價值也是不等的。貨幣時間價值就是由於時間因素所引起的同一貨幣量在不同時間裡的價值量的差額。它所揭示的是作為資本的貨幣在使用過程中會隨著時間的推移而產生的增值。

資金具有時間價值是有條件的：

(1) 貨幣的所有權與使用權兩權分離。

(2) 資金轉化為資本。

資金時間價值的大小由多種因素決定：

(1) 資金讓渡的時間長度。

(2) 資金時間價值率水平。

長期投資決策涉及不同時點上的貨幣收支，只有在考慮貨幣時間價值的基礎上，將不同時點上的貨幣量換算成某一共同時點上的貨幣量，這些貨幣量才具有可比性。

2. 資金時間價值的計算

資金時間價值的計算方法有單利和複利兩種。單利是指只按最初的本金計息，所產生的利息不能加入本金再計利息。複利是指每經過一個計息期，要將所產生的利息加入到本金去再計算利息，即「利滾利」。

終值是指現在一定數量的貨幣資金在未來某一時點的價值。在商業數學中，終值就是指本利和。

現值是指未來一定數量的貨幣資金在現在某一時點的價值。在商業數學中，現值就是指本金。

(1) 複利終值的計算

已知本金（現值）P，年利率（資金時間價值率）為 i，每年複利一次，年數為 n，求複利計息下第 n 年末的本利和，即複利終值 F。

$$F = P \times (1+i)^n = P \times FVIF_{i,n}$$

式中，$FVIF_{i,n} = (1+i)^n$ 稱為複利終值系數，可通過查表取得其值。

【例6-1】某人現有100萬元資金，準備投資於一項目，該項目上的投資及報酬只能在五年後項目終結時一次性收回，假設該投資者的期望報酬率為10%，則五年後至少應收回多少資金該投資者才願意投資？

解：$F = P \times (1+i)^n$

　　　$= 100 \times (1+10\%)^5$

　　　$= 100 \times 1.610,5$

　　　$= 161.05$（萬元）

即：五年後必須回收資金161.05萬元以上，該投資者才願意投資。

已知本金（現值）P，年利率（資金時間價值率）為 i，每年複利 m 次，年數為 n，求複利計息下第 n 年末的本利和，即複利終值 F。

$$F = P \times (1 + \frac{i}{m})^{mn}$$

（2）複利現值的計算

已知終值（本利和）F，年數為 n，年利率（資金時間價值率）為 i，每年複利一次，求現值（本金）P。

$$P = F \times (1+i)^{-n} = F \times PVIF_{i,n}$$

式中，$PVIF_{i,n} = (1+i)^{-n}$ 稱為複利現值系數，它是複利終值系數的倒數，可通過查表（附表 2）取得其值。

【例 6-2】有一投資項目，五年后將一次產生資金回報 100 萬元，某個投資者期望投資報酬率為 15%，則他最多願意在該項目上投入的資金是多少？

解：$P = F \times (1+i)^{-n}$
$= 100 \times (1+15\%)^{-5}$
$= 100 \times 0.497\,2$
$= 49.72$（萬元）

即：該投資者最多願意在該項目上投資 49.72 萬元。

已知終值（本利和）F，年數為 n，年利率（資金時間價值率）為 i，每年複利 m 次，求現值（本金）P。

$$P = F \times (1 + \frac{i}{m})^{mn}$$

（3）年金的計算

年金是指等額、等時間間隔的系列收支。年金主要有后付年金、先付年金、遞延年金和永續年金。后付年金又稱為普通年金，是指每期期末收付的年金。先付年金又稱為預付年金或即付年金，是指每期期初收付的年金。遞延年金是指第一次支付發生在第二期或第二期以后的年金。永續年金是指無限期的定額收付的年金，是后付年金的一種特例，即 $n \to \infty$。

① 后付年金終值計算

已知年金 A，期數 n，利率 i，求第 n 期末的終值之和 V_n。

```
0   1   2   3  ···  (n-1)   n
    A   A   A         A     A
                            └─ A(1+i)
                         ·····
                      └─────── A(1+i)^{n-2}
                  └─────────── A(1+i)^{n-1}
```

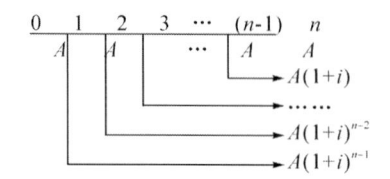

n 期年金的終值可以分解為 n 個複利終值之和，即：

$$V_n = A(1+i)^{n-1} + A(1+i)^{n-2} + \cdots + A(1+i) + A \qquad 式（6-1）$$

式（6-1）兩邊同時乘以（1+i），得：

$V_n (1+i) = A(1+i)^n + A(1+i)^{n-1} + \cdots + A(1+i)$ 式（2）

式（6-2）減去式（6-1），得：

$V_n(1+i) - V_n = A(1+i)^n - A$

$V_n = A \cdot \dfrac{(1+i)^n - 1}{i} = A \cdot FVIFA_{i,n}$

式中，$FVIFA_{i,n} = \dfrac{(1+i)^n - 1}{i}$ 稱為后付年金終值系數，可通過查表取得。

【例6-3】有甲、乙兩種付款方式，一種是現在起5年內每年末支付100萬元，另一種是第3年末支付200萬元，第5年末再支付360萬元，假設存款利率為10%，應選擇哪種付款方式？

解：甲付款方式：

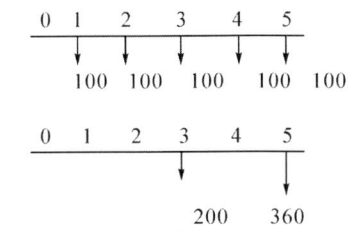

```
0   1   2   3   4   5
    ↓   ↓   ↓   ↓   ↓
   100 100 100 100 100
```

乙付款方式：

```
0   1   2   3   4   5
            ↓       ↓
           200     360
```

如果選擇在第5年末進行比較，分別計算兩種支付方式第5年末的終值：

$V_{甲} = A \cdot \dfrac{(1+i)^n - 1}{i}$

$\quad = A \cdot FVIFA_{i,n}$

$\quad = 100 \times FVIFA_{10\%,5}$

$\quad = 100 \times 6.105\,1$

$\quad = 610.51$（萬元）

$V_{乙} = P \times (1+i)^n + 360$

$\quad = 200 \times (1+10\%)^2 + 360$

$\quad = 602$（萬元）

顯然，乙付款方式的總支付額較低。因而，應選擇乙付款方式。

②后付年金現值計算

已知年金A，利率i，期數n，求現值V_0。

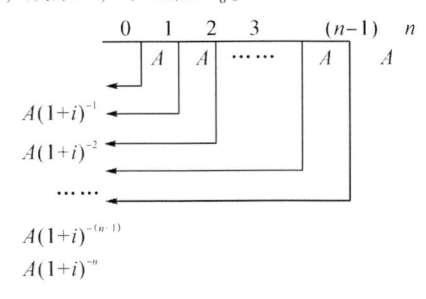

```
        0   1   2   3      (n-1)   n
            A   A  ……   A         A
      A(1+i)^{-1}
      A(1+i)^{-2}
           ……
      A(1+i)^{-(n-1)}
      A(1+i)^{-n}
```

n 期年金的現值可以分解為 n 個複利現值之和,即:

$$V_0 = A(1+i)^{-1} + A(1+i)^{-2} + \cdots + A(1+i)^{-n} \qquad \text{式 (6-3)}$$

式 (6-3) 兩邊同時乘以 $(1+i)$,得:

$$V_0(1+i) = A(1+i)^0 + A(1+i)^{-1} + \cdots + A(1+i)^{-n+1} \qquad \text{式 (6-4)}$$

式 (6-4) 減去式 (6-3),得:

$$V_0(1+i) - V_0 = A - A(1+i)^{-n}$$

$$V_0 = A \cdot \frac{1-(1+i)^{-n}}{i} = A \cdot PVIFA_{i,n}$$

式中,$PVIFA_{i,n} = \frac{1-(1+i)^{-n}}{i}$ 稱為后付年金現值系數,可通過查表取得。

③先付年金終值計算

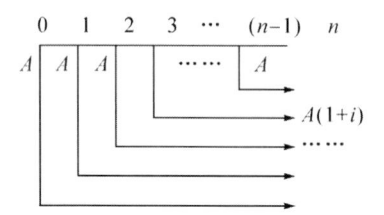

上圖表示的是一個 n 期的先付年金,第一次支付在第一年初(第 0 年末),第 n 次支付在第 n 年初(第 $n-1$ 年末)。

先付年金終值的計算有三種方法:

方法一:

將其分解為 n 個複利終值的計算,即:

$$V_n = A(1+i)^n + A(1+i)^{n-1} + \cdots + A(1+i) \qquad \text{式 (6-5)}$$

式 (6-5) 兩邊同時乘以 $(1+i)$,得:

$$V_n(1+i) = A(1+i)^{n+1} + A(1+i)^n + \cdots + A(1+i)^2 \qquad \text{式 (6-6)}$$

式 (6-6) 減去式 (6-5),得:

$$V_n(1+i) - V_n = A(1+i)^{n+1} - A(1+i)$$

$$V_n = A \cdot \left[\frac{(1+i)^{n+1}-1}{i} - 1\right] = A \cdot (FVIFA_{i,n+1} - 1)$$

式中,$(FVIFA_{i,n+1} - 1)$ 為先付年金終值系數,它是 $(n+1)$ 期的后付年金終值系數再減去 1,即「期數加 1,系數值減 1」。

方法二:

第一步:將該 n 期年金作為后付年金,計算其終點第 $(n-1)$ 期末的終值。根據后付年金終值的計算公式,則有第 $(n-1)$ 期末的終值為:

$$V = A \cdot \frac{(1+i)^n - 1}{i}$$

第二步:根據複利終值的計算方法將 $(n-1)$ 期末的終值換算為第 n 期末的終值,則先付年金在第 n 期末的終值為:

$$V_n = A \cdot \frac{(1+i)^n - 1}{i} \cdot (1+i) = A \cdot FVIFA_{i,n} \cdot (1+i)$$

方法三：

第一步：假設第 n 期末也支付了 A 元，則先付年金就變成了 $(n+1)$ 期的后付年金，根據后付年金終值的計算公式可以求出 $(n+1)$ 期后付年金的終值。

$$V = A \cdot \frac{(1+i)^{n+1} - 1}{i}$$
$$= A \cdot FVIFA_{i,n+1}$$

第二步：由於第 n 期末並沒有實際支付 A 元，因此要從 $(n+1)$ 期的后付年金終值中再減去 A 元，則先付年金在第 n 期末的終值為：

$$V_n = A \cdot \frac{(1+i)^{n+1} - 1}{i} - A$$
$$= A \cdot \left[\frac{(1+i)^{n+1} - 1}{i} - 1 \right]$$
$$= A \cdot (FVIFA_{i,n+1} - 1)$$

④先付年金現值計算

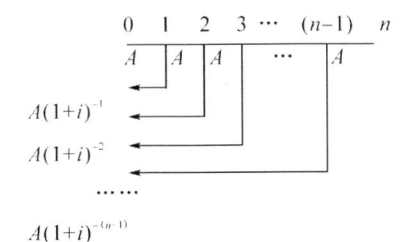

先付年金現值的計算可以有以下三種方法：

方法一：

將其分解為 n 個複利現值的計算，即：

$$V_0 = A + A(1+i)^{-1} + \cdots + A(1+i)^{-(n-1)} \qquad 式（6-7）$$

式（6-7）兩邊同時乘以 $(1+i)$，得：

$$V_0(1+i) = A(1+i) + A + \cdots + A(1+i)^{-(n-2)} \qquad 式（6-8）$$

式（6-8）減去式（6-7），得：

$$V_0(1+i) - V_0 = A(1+i) - A(1+i)^{-(n-1)}$$
$$V_0 = A \cdot \left[\frac{1 - (1+i)^{-(n-1)}}{i} + 1 \right]$$
$$= A \cdot [PVIFA_{i,n-1} + 1]$$

式中，$(PVIFA_{i,n-1} + 1)$ 稱為先付年金現值系數，它是 $(n-1)$ 期的后付年金現值系數再加上1，即「期數減1，系數值加1」。

方法二：

第一步：將該 n 期年金作為后付年金，計算（-1）期末的現值。

$$V = A \cdot \frac{1-(1+i)^{-n}}{i}$$

$$= A \cdot PVIFA_{i,n}$$

第二步：根據複利終值的計算方法將（-1）期末的現值換算為第 0 期末的值，則先付年金在第 0 期末的現值為：

$$V_0 = A \cdot \frac{1-(1+i)^{-n}}{i} \cdot (1+i)$$

$$= A \cdot PVIFA_{i,n} \cdot (1+i)$$

方法三：

第一步：假設第一期的期初沒有支付 A 元，則先付年金就變成了（n-1）期的后付年金，根據后付年金現值的計算公式可以求出（n-1）期后付年金的現值。

$$V = A \cdot \frac{1-(1+i)^{-(n-1)}}{i}$$

$$= A \cdot PVIFA_{i,n-1}$$

第二步：由於第一期的期初實際支付了 A 元，因此要在（n-1）期的后付年金現值中再加上 A 元，則先付年金在第 0 期初的現值為：

$$V_0 = A \cdot \frac{1-(1+i)^{-(n-1)}}{i} + A$$

$$= A \cdot \left[\frac{1-(1+i)^{-(n-1)}}{i} + 1 \right]$$

$$= A \cdot [PVIFA_{i,n-1} + 1]$$

⑤遞延年金終值計算

遞延年金終值的計算比較簡單，只需按實際發生的收付次數作為后付年金的期數，按后付年金終值的計算公式計算即可。

```
0   1   2  ···  m  m+1  m+2  m+3 ···  m+n
                   A    A    A    ···  A
```

上圖中，年金遞延了 m 期后才發生，第一次收付發生在第（m+1）期末，第 n 次發生在第（m+n）期末，此時只需看成一個 n 期的后付年金求終值即可。因此，該遞延年金的終值是：

$$V_n = A \cdot \frac{(1+i)^n - 1}{i}$$

$$= A \cdot FVIFA_{i,n}$$

⑥遞延年金現值計算

遞延年金現值的計算有以下兩種方法：

方法一：

第一步：將遞延年金看成為零點是 m 期末，終點是（m+n）期末的 n 期后付年金，利用后付年金現值的公式計算這 n 期收付額在第 m 期末的現值 V_m。

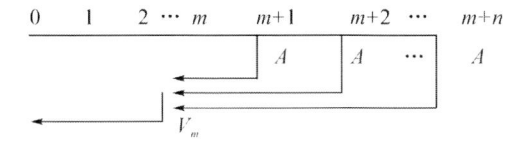

```
  0    1    2  ···  m   m+1   m+2  ···  m+n
                          A     A          A
                    ←——————
                    ←————————————
                    ←——————————————————————
  ←————————————————
                          $V_m$
```

第二步：利用複利現值的計算公式，將第 m 期末的值換算到第 0 期末的價值。

$$V_0 = A \cdot \frac{1-(1+i)^{-n}}{i} \cdot (1+i)^{-m}$$

$$= A \cdot PVIFA_{i,n} \cdot PVIF_{i,m}$$

方法二：

第一步：分別計算 m 期與 (m+n) 期的后付年金的現值。

$$V_0 = A \cdot \frac{1-(1+i)^{-m}}{i}$$

$$= A \cdot PVIFA_{i,m} V_0$$

$$= A \cdot \frac{1-(1+i)^{-(m+n)}}{i}$$

$$= A \cdot PVIFA_{i,m+n}$$

第二步：將兩個后付年金的現值相減，即為遞延年金的現值。

$$V_0 = A \cdot PVIFA_{i,m+n} - A \cdot PVIFA_{i,m}$$

【例 6-4】有三種付款方式，第一種付款方式是現在起 15 年內每年末支付 10 萬元，第二種付款方式是現在起 15 年內每年初支付 9.5 萬元，第三種付款方式是前 5 年不支付，第 6 年起到第 15 年每年末支付 18 萬元，假設存款利率為 10%，哪一種付款方式最有利？

解：從題意分析可知：第一種付款方式屬於后付年金，第二種付款方式屬於先付年金，第三種付款方式屬於遞延年金。

方法一：

如果選擇比較的基準是第 15 年末，則計算各種付款方式第 15 年末的終值如下：

第一種付款方式：

$$V_{15} = A \cdot FVIFA_{i,n}$$

$$= 10 \times FVIFA_{10\%,15}$$

$$= 10 \times 31.772$$

$$= 317.72 \text{（萬元）}$$

第二種付款方式：

$$V_{15} = A \cdot FVIFA_{i,n} \cdot (1+i)$$

$$= 9.5 \times FVIFA_{10\%,15} \times (1+10\%)$$

$$= 9.5 \times 31.772 \times (1+10\%)$$

$$= 332.02 \text{（萬元）}$$

第三種付款方式：

$V_{15} = A \cdot FVIFA_{i, n}$

$\quad = 18 \times FVIFA_{10\%, 10}$

$\quad = 18 \times 15.937$

$\quad = 286.866$（萬元）

即第三種方式支付額的終值最低，故應選擇第三種方式。

方法二：

如果選擇比較的基準是現在，即第1年初，則計算各種付款方式的現值如下：

第一種付款方式：

$V_0 = A \cdot PVIFA_{i, n}$

$\quad = 10 \times PVIFA_{10\%, 15}$

$\quad = 10 \times 7.606$

$\quad = 76.06$（萬元）

第二種付款方式：

$V_0 = A \cdot PVIFA_{i, n} \cdot (1 + i)$

$\quad = 9.5 \times PVIFA_{10\%, 15} \times (1 + 10\%)$

$\quad = 9.5 \times 7.606 \times (1 + 10\%)$

$\quad = 79.48$（萬元）

第三種付款方式：

$V_0 = A \cdot PVIFA_{i, n} \cdot PVIF_{i, m}$

$\quad = 18 \times PVIFA_{10\%, 10} \times PVIF_{10\%, 5}$

$\quad = 18 \times 6.145 \times 0.621$

$\quad = 68.69$（萬元）

即第三種方式支付額的現值最低，故應選擇第三種方式。

【例6-5】某物業管理公司需租用某一設備，甲公司的條件為每年初支付租金7,500元，共支付5次；乙公司的條件是每年末支付租金8,000元，共支付5次。問：物業管理公司應選擇向哪一家公司租用設備？（年利率為10%，$PVIF_{10\%, 5} = 0.620,9$，$PVIFA_{10\%, 4} = 3.169,9$，$PVIFA_{10\%, 5} = 3.790,8$，$PVIFA_{10\%, 6} = 4.355,3$，$FVIFA_{10\%, 4} = 4.641,0$，$FVIFA_{10\%, 5} = 6.105,1$，$FVIFA_{10\%, 6} = 7.715,6$）

解：若向甲公司租用設備，需支付租金的現值為：

$V_0 = A \times (1 + i) \times PVIFA_{10\%, 5}$

$\quad = 7,500 \times (1 + 10\%) \times 3.790,8$

$\quad = 31,274.1$（元）

若向乙公司租用設備，需支付租金的現值為：

$V_0 = A \times PVIFA_{10\%, 5}$

$\quad = 8,000 \times 3.790,8$

$\quad = 30,326.4$（元）

$\triangle V_0 = 31,274.1 - 30,326.4 = 947.7$（元）

即若向甲公司租用設備，需多支付租金 947.7 元。因此，該物業管理公司應向乙公司租用設備。

⑦永續年金現值計算

由於永續年金沒有終止的時間，永續年金沒有終值計算的問題。永續年金的現值計算如下：

```
0   1   2   3        n   n+1…n→∞
├───┼───┼───┼───┼───┼───┼───
    A   A   …    A   A   …
```

根據后付年金的現值計算公式：

$$V_0 = A \cdot \frac{1-(1+i)^{-n}}{i}$$

當 $n \to \infty$ 時，$(1+i)^{-n} \to 0$，則 $V_0 = A \div i$。

即永續年金的現值等於年金額 A 與利率 i 之商。

從以上幾種年金的計算可以看出，后付年金的計算是最基本的，其他幾種年金都可以轉化為后付年金來計算。

【例6-6】某企業持有 A 公司的優先股 6,000 股，每年可獲得優先股股利 1,200 元，若利息率為 8%，則該優先股歷年股利的現值是多少？

解：$V_0 = A \times (1 \div i)$
　　　　$= 1,200 \times (1 \div 8\%)$
　　　　$= 15,000$（元）

即該優先股歷年股利的現值是 15,000 元。

(二) 現金流量

1. 現金流量的意義

現金流量是指一項長期投資方案所引起的企業在一定期間內的現金流入和現金流出的數量。它以收付實現制為基礎，以反應廣義的現金運動為內容。

管理會計長期投資決策所涉及的現金流量與財務會計現金流量表所涉及的現金流量相比，無論在計算口徑還是計量方法上，都有很大區別。

現金流量是評價長期投資方案優劣的重要因素。因為：

(1) 現金流量所揭示的未來期間投資項目現實貨幣資金收支運動，可以序時動態地反應投資的流向與回收的投入產出關係，使決策者處於投資主體的立場上，便於完整、全面地評價投資的效益。

(2) 科學的投資決策分析必須考慮資金的時間價值。由於不同時點的現金具有不同的價值，現金流量信息與項目計算期的各個時點密切結合，這就要求確定每一筆預期收入款項和付出款項的具體時間。因此，在投資決策中應該根據項目壽命週期內不同時點實際收入和實際付出的現金數量，應用資金時間價值形式，對投資方案進行動態經濟效益的綜合評價，才能判斷方案的優劣。

(3) 利用現金流量指標代替利潤指標進行投資效益的評價，可以避免權責發生制以及財務會計面臨的問題。如利潤的多少容易受存貨計價方法、費用分攤、折舊計提方法的影響。因此，利潤的預計比現金流量的預計有較大的主觀隨意性，以利潤作為評價依據會影響評價結果的準確性。

2. 現金流量按照流入和流出的分類

(1) 現金流出量

①建設投資。建設投資是指在建設期內按一定生產經營規模和建設內容進行的固定資產、無形資產和開辦費等項投資的總和，含基建投資和更新改造資金。

②墊支流動資金。墊支流動資金是指項目投產前後分次或一次投放於流動資產項目的投資增加額。

③經營成本。經營成本又稱為付現的營運成本。它是生產經營過程中最主要的現金流出項目。營運成本等於當年的總成本費用扣除該年折舊費、無形資產攤銷費等項目後的差額。

④各項稅款。各項稅款是指項目投產後依法繳納的、單獨列示的各項稅款。它包括營業稅、消費稅、所得稅等。

如果已將增值稅的銷項稅額列入其他現金流入，可將增值稅的進項稅額和應交增值稅額合併列入本項。

⑤其他現金流出。如營業外淨支出。

(2) 現金流入量

①營業收入。營業收入是指項目投產後每年實現的全部銷售收入或業務收入。

在按總價法核算現金折扣和銷售折讓的情況下，營業收入是指不包含折扣和折讓的淨額。

一般納稅人企業在確定營業收入時，應當按照不含增值稅的淨價計算。

假定正常經營年度內每期發生的賒銷額與回收的應收帳款大體相等。

②回收的固定資產餘值。回收的固定資產餘值是指投資項目的固定資產在終結點報廢清理或中途變價轉讓處理時所回收的價值。

在更新改造項目中，舊設備的餘值是在建設起點回收的，新設備的餘值是在終結點回收的。

③回收流動資金。回收流動資金是指項目計算期完全終止時，收回的原墊支的流動資金。

④其他現金流入。如增值稅的銷項稅額。

3. 現金流量按發生的階段不同的分類

(1) 初始現金流量

初始現金流量是指開始投資時所發生的現金流量。它包括：固定資產投資（-）、流動資產投資（-）、投產前費用（-）、固定資產更新時原有固定資產的變價收入（+）。

（2）營業現金流量

營業現金流量是指項目投產后，在其壽命週期內正常的生產經營活動所引起的現金流量。它包括營業現金收入和營業現金流出。

營業現金流量＝稅后淨利＋折舊
　　　　　　＝營業現金收入－營業現金流出
　　　　　　＝營業收入－付現成本－所得稅

（3）終結現金流量

終結現金流量指項目終結時發生的現金流量。它包括：固定資產變價收入（＋）、固定資產殘值收入（＋）、墊支流動資金回收（＋）。

4. 現金流量的計算

方法一：全額計算法

全額計算法是指完整地計算投資項目壽命週期內所有的現金流出量和現金流入量的方法。

【例6－7】乙公司準備投資一新項目，經測算，有關數據如下：

（1）該項目需要固定資產投資總額157萬元，第一年初和第二年初各投資80萬元，兩年建成投產。投產后1年達到正常生產經營能力。

（2）投產前需要墊支流動資金20萬元。

（3）固定資產可使用6年，按直線法計提折舊，期末殘值7萬元，年折舊為25萬元。

（4）根據市場調查和預測，投產后第1年的產品銷售收入為30萬元，以后5年每年175萬元，（假設於當年收回現金）。第1年的付現成本為20萬元，以后各年為60萬元。

（5）假設該公司適用的所得稅稅率為30%。

表6－1

項　目	年份 0	1	2	3	4～7	8
初始投資：						
固定資產投資	－80	－80				
墊支流動資金			－20			
營業現金流量：						
營業現金收入				30	175	175
付現成本				20	60	60
折舊				25	25	25
稅前淨利				－15	90	90
所得稅				0	27	27
稅後淨利				－15	63	63

表6-1(續)

項　目	年　份					
	0	1	2	3	4~7	8
營業現金淨流量				10	88	88
終結現金流量：						
墊支流動資金收回						20
殘值收入						7
現金淨流量	-80	-80	-20	10	88	115

方法二：差額計算法

【例6-8】甲公司準備購買一臺新設備替換目前正在使用的舊設備。有關資料如下：

(1) 舊設備原值為8.2萬元，已提折舊2萬元，可以再使用3年，年折舊額2萬元。3年后的殘值為2,000元，如果現在出售該設備可得價款5萬元。

(2) 新設備買價7.6萬元，運費和安裝費1.6萬元，該設備可使用3年，3年后的殘值為1,000元，年折舊額為2.5萬元。

(3) 使用新設備可使年付現成本由原來的6萬元降到4萬元。兩種設備的年產量和設備維修費相同。

(4) 假設該企業適用的所得稅稅率為30%。

解：

(1) 計算新、舊方案初始投資的差額：

新設備初始投資 = -(76,000 + 16,000) = -92,000（元）

舊設備帳面價值 = 82,000 - 20,000 = 62,000（元）

舊設備初始投資 = -50,000 -（62,000 - 50,000）× 30% = -53,600（元）

△初始投資 = -92,000 -（-53,600）= -38,400（元）

(2) 計算新、舊方案營業現金流量的差額：

表6-2　　　　　　　　被訪企業擁有各類倉儲設施的比例

單位：元

序　號	項　目	餘　額
(1)	△付現成本	-20,000
(2)	△折舊額	+5,000
(3) = 0 -(1) -(2)	△稅前淨利	0 -(-20,000 + 5,000) = +15,000
(4) = (3) × 30%	△所得稅	15,000 × 30% = +4,500
(5) = (3) -(4)	△稅後淨利	+10,500
(6) = (4) + (2)	△營業現金流量	10,500 + 5,000 = 15,500

表6-2(續)

序　號	項　目	餘　額
(7)	△稅後付現成本	$-20,000 \times (1-30\%)$
(8)	△稅後折舊額	$5,000 \times 30\%$
(9) = (7) + (8)	△營業現金流量	15,500

(3) 計算終結現金流量的差額：

新設備終結現金流量 = 1,000 元

舊設備終結現金流量 = 2,000 元

△終結現金流量 = 1,000 - 2,000 = -1,000（元）

(4) 編出現金流量表，見表6-3。

表6-3

項　目	年份			
	0	1	2	3
△初始投資	-38,400			
△營業現金流量		+15,500	+15,500	+15,500
△終結收回				-1,000
△現金淨流量	-38,400	+15,500	+15,500	+14,500

第二節　長期投資決策分析評價的基本方法

一、靜態分析方法

靜態分析法也稱為非貼現的現金流量法，是指直接按投資項目形成的現金流量來計算，借以分析、評價投資方案經濟效益的各種方法的總稱。它主要包括投資回收期法和投資報酬率法。

(一) 投資回收期法

1. 投資回收期的概念

投資回收期是指以投資項目經營現金淨流量抵償原始投資額所需要的全部時間，一般以年為單位，或者說是收回全部投資額所需要的時間。投資回收期越短，其投資價值越大，投資效益越好。一般來說，當投資方案的投資回收期為效用期的一半時，方案可行。

2. 投資回收期的優缺點

(1) 投資回收期的優點是：①能夠直觀地反應反應原始投資的返本期限，簡便易

行；②由於投資回收期的長短，能反應方案在未來時期所冒風險程度的大小，因而應用比較廣泛；③投資回收期的計算考慮了淨現金流量，事實上已在較低程度上考慮了資金時間價值。

（2）投資回收期的缺點是：①沒有考慮資金時間價值；②它考慮的淨現金流量只是小於或者等於原始投資額的部分，沒有考慮其大於原始投資額部分的現金流量的變化。

（二）投資報酬率法（Rate of Return on Investment）（ROI法）

1. 投資報酬率的概念

投資報酬率是指投資方案的年平均淨收益與年平均投資額的比值。其計算公式為：

$$投資報酬率 = \frac{年平均淨收益}{年平均投資額} \times 100\%$$

當投資報酬率大於期望的投資報酬率時，投資方案可行；投資報酬率越大，投資方案越好。

2. 投資報酬率的優缺點

（1）投資報酬率的優點是：①可以直接利用現金淨流量信息，簡單明瞭；②通過計算投資報酬率，將有關方案的總收益同其資源的使用（投資）緊密地聯繫起來，可以較好地衡量各有關方案的投資經濟效果。

（2）投資報酬率缺點是：①沒有考慮資金時間價值；②只考慮淨收益的作用，沒有考慮淨現金流量的影響，不能全面、正確地評價投資方案的經濟效果。

二、動態分析方法

動態分析法也稱為貼現的現金流量法，是指考慮到投資回收期的時間對有關方案現金流量的影響，對其經濟效果進行分析評價的各種方法的總稱。動態分析法的特點是綜合考慮了現金流量和貨幣時間價值兩個因素的影響。常用的動態分析法有動態投資回收期法、淨現值法、現值指數法、內部報酬率法、外部報酬率法等。

（一）動態回收期法

動態回收期是以折現的現金流量為基礎而計算的投資回收期。回收期越短，方案越好。

動態回收期法考慮了貨幣時間價值，因此該指標能反應前後各期淨現金流量高低不同的影響，有助於促使企業壓縮建設期，提前收回投資。該指標明顯優於靜態回收期法。

動態回收期的計算不能應用簡化公式，比較複雜；它仍然保留著無法揭示回收期以後繼續發生的現金流量變動情況的缺點，有一定的片面性。

（二）淨現值法（Net Present Value）（NPV法）

1. 淨現值法的概念

淨現值是指一個投資項目營運期現金淨流量的現值與建設期現金淨流量的現值之

間的差額。淨現值的計算公式為：

$$NPV = \sum_{t=0}^{n} \frac{NCF_t}{(1+k)^t}$$

淨現值原則是指投資者要接受淨現值大於零的項目，也就是：

（1）各投資項目為獨立型項目時，若 $NPV \geq 0$，說明在考慮資金時間價值後，投資項目的現金流入量超過其現金流出量，因而，投資項目具有經濟上的可行性；反之，$NPV < 0$，則說明投資項目不具備經濟上的可行性。

（2）各投資項目為互斥型項目時，選擇 $NPV \geq 0$ 且 NPV 較大的投資項目。淨現值最大化是判斷公司財務管理決策正確與否的基本依據。

2. 淨現值法的優缺點

（1）淨現值法的優點

淨現值法充分考慮了資金時間價值對未來不同時期現金淨流量的影響，使方案的現金流入與現金流出具有可比性。

（2）淨現值法的缺點

①淨現值法只考慮了方案在未來不同時期淨現金流量在價值上的差別，沒有考慮不同方案原始投資在量上的差別。它只側重淨現值這個絕對數的大小來評價方案的優劣，當各個方案的原始投資額不同時，不同方案的淨現值是不可比的。

②淨現值法不能反應投資方案本身的投資報酬率。

【例6-9】明鏡物業管理公司某投資項目1998年初投資1,000萬元，1999年初追加投資1,000萬元，兩年建成。該項目建成後，預計第一年至第四年每年初的現金淨流量分別是800萬元、1,000萬元、850萬元、900萬元。貼現率為10%。要求：用淨現值法對該投資項目進行決策。

解：該項目的現金流動圖為：

```
年末 1997    1998    1999    2000    2001    2002
     -1000  -1000    800    1000     850     900
```

$$NPV = \sum_{t=0}^{n} \frac{NCF_t}{(1+k)^t}$$

$$= (-1,000) + \left[\frac{-1,000}{(1+10\%)^1}\right] + \frac{800}{(1+10\%)^2}$$

$$+ \frac{1,000}{(1+10\%)^3} + \frac{850}{(1+10\%)^4} + \frac{900}{(1+10\%)^5}$$

$$= 642.77 \text{（萬元）}$$

因為，$NPV > 0$

所以，這個方案可以接受。

（三）現值指數法（Present Value Index）（PVI 法）

1. 現值指數的概念

現值指數又稱為獲利指數，是指項目投產以後各期現金淨流量的現值之和與原始投資額的現值之和的比值。它反應單位投資額在未來可獲得的現時的淨收益。

當現值指數大於 1 時，方案可行；現值指數越大，說明方案越好。

2. 現值指數法的優缺點

（1）現值指數法的優點

①現值指數法體現資金時間價值的作用；②現值指數法是以相對數為決策依據，能反應各投資方案單位投資額所獲未來淨現金流量的大小，便於不同投資方案的比較。

（2）現值指數法的缺點

現值指數法不能反應投資方案本身的投資報酬率。

（四）內部報酬率法（Internal Rate of Return）（IRR 法）

1. 內部報酬率的概念

內部報酬率是指投資方案未來各期現金流入量的現值等於現金流出量的現值，即淨現值等於零的投資報酬率。它反應投資方案本身所能達到的投資報酬率。

令：$NPV = \sum_{t=0}^{n} \frac{NCF_t}{(1+k)^t} = 0$

則：k 即為內部報酬率。

當內部報酬率大於期望的報酬率時，方案可行；內部報酬率越大，方案越好。

2. 內部報酬率的優缺點

（1）內部報酬率的優點

內部報酬率可以確定投資方案本身的投資報酬率，使長期投資決策分析方法更加精確。

（2）內部報酬率的缺點

①內部報酬率的計算複雜；②假設各個項目在其全部過程中，都是按照各自的內部報酬率進行再投資而形成增值的，這一假設缺乏客觀性依據；③對於非常規方案，可以計算多個內部報酬率，為該指標的應用帶來困難。

常規方案是指在建設和生產經營年限內各年的淨現金流量在開始年份出現負值、以後各年出現正值，正、負符號只改變一次的投資方案。非常規方案是指在建設和生產經營年限內各年的淨現金流量在開始年份出現負值，以後各年有時出現正值，有時出現負值，正、負符號改變超過一次以上的投資方案。

例：某投資方案的現金流量的資料如表 6-4 所示。

表 6-4

$t=0$	$t=1$	$t=2$
-1,600	10,000	-10,000

對於這個投資方案，由於現金流量的符號改動了兩次，屬於非常規方案。這個投資方案可以計算出兩個內部報酬率，一是25%，二是400%，這使人無法判別方案的優劣。

第三節　長期投資決策的擴展

一、投資決策的敏感性分析

在長期投資決策中，敏感性分析是用來研究當投資方案的淨現金流量或固定資產的使用年限發生變化時，對該投資方案的淨現值和內部收益率所產生的影響程度。如果上述變量的較小變化將對目標值產生較大的影響，即表明該因素的敏感性很強；反之，則表明該因素的敏感性弱。

在實際分析中，一般將長期投資的敏感性分析分為以現金流量為基礎的敏感性分析和以內涵報酬率為基礎的敏感性分析。現金流入量的現值的計算公式為：

$$現金流入量的現值 = \frac{\sum 第\ t\ 年現金淨流量}{(1+折現率)^t}$$

在採用淨現值指標評價投資方案的可行性時，其基本要求是淨現值應該不能小於零。這樣，就規定了每年現金淨流量、投資項目使用年限這兩個基本因素的變動範圍。也就是說，如果這兩個因素偏離原預測目標而發生變動，其變動範圍的極限至少不能讓淨現值小於零。

當然，年現金淨流量和項目期間都可以影響方案的現值，但它們的影響程度卻無法通過上述方法計算得到。能夠反應影響程度的指標是敏感系數，可以通過敏感系數分析方法來進行內涵報酬率敏感分析。

通過對因素的敏感性分析，可以為決策者提供有關因素允許的變動幅度的資料，從而有助於幫助決策者在實施方案之前，對方案有一個比較全面的瞭解，進而做出最優的決策。

現通過舉例來說明敏感性分析。

【例6-10】某公司準備投資一個項目，該項目需要一次性投入200,000元，預計5年的項目期，每年可以產生70,000元的現金淨流量。公司預計的投資報酬率為20%。要求：對該項目進行敏感性分析。

（一）用淨現值指標進行敏感性分析

（1）該項目的淨現值 = 70,000 × (P/A, 20%, 5) - 200,000 = 9,370 元。

淨現值大於0，則方案可行。

（2）確定每年現金流入量的變動幅度，即每年的現金流入量至少應為多少，才能使方案的淨現值為零，從而使方案可行。即：

$$年淨現金流入量 = \frac{200,000}{P/A,\ 20\%,\ 5} = 66,867\ （元）$$

該結果表明，在投資額、項目年限和最低報酬率一定的情況下，每年的現金淨流量的下限是 66,867 元。如果小於 66,867 元，則方案不可行。

（3）確定使用年限的變動幅度，即投資項目年限至少應為多少，才能使方案可行。

即：$0 = 70,000 \times (P/A, 20\%, t) - 200,000$

$(P/A, 20\%, t) = \dfrac{200,000}{70,000} = 2.857$

利用插值法，可以求出 $t = 4.67$ 年

該結果表明，在投資額、每年現金淨流量和最低報酬率一定的情況下，投資方案至少應該為 4.67 年時，方案才可行。

（二）用內涵報酬率指標進行敏感性分析

（1）計算方案的內涵報酬率。

$0 = 70,000 \times (P/A, i, 5) - 200,000$

利用插值法，可以求出 $i = 22.18\%$

（2）計算敏感系數。

根據敏感系數的計算公式：

$$敏感系數 = \dfrac{目標值的變動百分比}{變量值的變動百分比}$$

計算出的敏感系數為：

$$年淨現金流量對內涵報酬率的敏感系數 = \dfrac{22.18\% - 20\%}{22.18\%} \div \dfrac{70,000 - 66,867}{70,000}$$

$$= 2.20$$

$$項目期間對內涵報酬率的敏感系數 = \dfrac{22.18\% - 20\%}{22.18\%} \div \dfrac{5 - 4.67}{5}$$

$$= 1.49$$

上述兩個敏感系數的涵義是當內涵報酬率降低 2.18%（22.18% - 20%）時，會使年現金淨流量減少 3,133 元（70,000 - 66,867），而項目有效期間會減少 0.33 年。相對來說，年現金流量的敏感系數要大些，說明年現金淨流量對內涵報酬率的影響要更大些，即內涵報酬率的變化率是以 2.21 倍的速率隨現金淨流量變化，而以 1.49 倍的速率隨項目的期間變化。

二、通貨膨脹對長期投資決策的影響

通貨膨脹是一種世界性的現象。在現實經濟生活中，按通用貨幣表現的一切貨幣收支自然而然地包含了通貨膨脹的影響。不獨立計量它的影響，就會使計算出來的各項經濟指標的數值，不能真實反應各個投資方案可能取得的真實的投資效益，並可能由此而產生判斷和決策上的失誤。只有在剔除了通貨膨脹這一因素對投資方案的各主要經濟指標的影響，才能正確、客觀地評價各投資方案。

投資決策一般所涉及的年限都較長，所以受通貨膨脹的影響也就較大，因而正確

地獨立計量通貨膨脹這一因素的影響，是客觀評價投資方案的一個必要條件。

(一) 通貨膨脹與貨幣時間價值

通貨膨脹與貨幣時間價值都隨著時間的推移而顯示出各自的影響，其中貨幣時間價值隨著時間的推移使貨幣增值，而通貨膨脹則隨著時間的推移使貨幣貶值，一般用物價指數的增長百分比來計量。假設用物價指數的增長百分比來表現通貨膨脹率，假設物價指數每年增長 10%，則 5 年內物價水平變動及其相對應的幣值變動如表 6－5 所示。

表 6－5　　　　　　　　　物價水平與幣值對應變動表

年份	0	1	2	3	4	5
物價水平	1	$(1+0.1)$	$(1+0.1)^2$	$(1+0.1)^3$	$(1+0.1)^4$	$(1+0.1)^5$
幣值	1	$\dfrac{1}{1+0.1}$	$\dfrac{1}{(1+0.1)^2}$	$\dfrac{1}{(1+0.1)^3}$	$\dfrac{1}{(1+0.1)^4}$	$\dfrac{1}{(1+0.1)^5}$

在表 6－5 中，物價水平每年增長 10%，與其相對應的貨幣則會不斷貶值，可用貨幣時間價值小的現值形式來表現，這種形式的幣值是消除了通貨膨脹因素影響后貨幣的真正的實際價值（相當於 0 時的價值或實際購買力）。由於物價指數每年增長 10%，第一年末的 1 元僅相當於第一年初（即 0 時）的 $\dfrac{1}{1+0.1}=0.909$ 元的購買力或實際價值。同理，第五年末的 1 元僅相當於第一年初的 $\dfrac{1}{(1+0.1)^5}=0.621$ 元的購買力或實際價值。因此，我們完全可以依據通貨膨脹率，借用貨幣時間價值的現值計算方法，來確定不同期間貨幣的實際價值，以剔除通貨膨脹的影響。

(二) 內部收益率 (貼現率) 與通貨膨脹率的關係

在通貨膨脹情況下，沒有剔除通貨膨脹因素計算出來的投資方案的內部收益率是名義內部收益率。名義內部收益率包含通貨膨脹率和實際的內部收益率兩個部分，它們之間的關係是：

$1+i = (1+f) \times (1+r)$

式中：i 為名義內部收益率；f 為通貨膨脹率；r 為實際內部收益率。

顯然，我們也可以將 i 理解為包含通貨膨脹率的貼現率，f 仍為通貨膨脹率，r 為剔除通貨膨脹率的貼現率或反應貨幣時間價值的貼現率。

在沒有通貨膨脹的情況下，我們只要將各年現金淨流量乘上反應貨幣時間價值的現值系數 $\dfrac{1}{(1+r)^n}$，在可比的基礎上計算投資方案的各種主要經濟指標。在有通貨膨脹的情況下，我們首先要剔除通貨膨脹因素，將各年現金淨流量乘上 $\dfrac{1}{(1+f)^n}$，在此基礎上再乘

上反應貨幣時間價值的現值系數 $\frac{1}{(1+r)^n}$，然后再計算投資方案的各種主要經濟指標。

所以，在通貨膨脹情況下我們就有了下面等式：

$$\frac{1}{(1+i)^n} = \frac{1}{(1+f)^n} \times \frac{1}{(1+r)^n}$$

當 $f=0$ 時，則 $i=r$，這說明當通貨膨脹率為零時內部收益率就等於實際內部收益率，或者只有反應貨幣時間價值的貼現率。

【例6-11】某投資方案投資額為20,000元，有效使用年限為3年，各年的現金淨流量分別為10,400元、11,120元、13,200元，該3年中通貨膨脹率均為10%，企業最低投資收益率為10%。要求：計算名義內部收益率。

解：根據已知條件，我們計算現值。

當不考慮通貨膨脹因素，在折現率為10%時，其淨現值為，

$NPV = 10,400 \times (1+10\%)^{-1} + 11,120 \times (1+10\%)^{-2} + 13,200 \times (1+10\%)^{-3}$
　　　$- 20,000$

　　$= 8,561.98$（元）

如果考慮通貨膨脹的影響因素，按照 $1+i = (1+f) \times (1+r)$，可得：

$1+i = (1+0.1) \times (1+10\%)$

則，$i = 0.21\%$

$$NPV = \frac{10,400}{1+0.21} + \frac{11,120}{(1+0.21) \times 2} + \frac{13,200}{(1+0.21) \times 3} - 20,000$$

　　$= 3,641.21$（元）

可見，由於通貨膨脹的影響，使這個方案淨現值虛增了4,920.77元。虛增數超過了原計算數的50%，在決策中須給予充分重視和必要的考慮。

可以換一個角度看待本題，我們可以計算得到該投資方案的名義內部收益率為32%。按照 $1+i = (1+f) \times (1+r)$，可得：

$1 + 32\% = (1+0.1) \times (1+r)$

則，$i = 20\%$

即在沒有剔除通貨膨脹因素的時候，該項目的內涵報酬率為32%；在剔除通貨膨脹因素的時候，該項目的實際報酬率只有20%。如果預期報酬為25%，則在通貨膨脹為10%的情況下，該方案不可行。

以上我們對通貨膨脹所做的論述和舉例都是假定每年的通貨膨脹率為一個定值。在實際生活中，通貨膨脹很可能是一個持續的經濟現象，但一般說來各年的通貨膨脹率又不會相等，時高時低。在這種情況下，我們計算實際內部收益率時就不能簡單使用 $(1+i) = (1+f) \times (1+r)$ 的公式，而需要分別計算各年通貨膨脹系數，然后根據各年的通貨膨脹系數，剔除該年現金淨流量中的通貨膨脹因素，再按照通貨膨脹情況計算投資方案的各種主要經濟指標。

【例6-12】仍以上例資料為例，將3年的通貨膨脹率均為10%，改為第一年、第

二年、第三年的通貨膨脹率分別為10%、12%、14%，其他條件、資料均不變，重新計算該投資方案的實際內部收益率和淨現值。

解：計算各年的通貨膨脹系數：

第一年的通貨膨脹系數為：$\dfrac{1}{1+0.1} = 0.909,1$

第二年的通貨膨脹系數為：$\dfrac{1}{(1+0.1)(1+0.12)} = 0.811,7$

第三年的通貨膨脹系數為：$\dfrac{1}{(1+0.1)(1+0.12)(1+0.14)} = 0.712,0$

根據我們知道該投資方案在各年的通貨膨脹率分別為10%、12%、14%的情況下，各年剔除通貨膨脹因素的現金流量分別是：

第一年：$10,400 \times 0.909,1 = 9,454.64$

第二年：$11,120 \times 0.811,7 = 9,026.1$

第三年：$13,200 \times 0.712 = 9,398.4$

計算其淨現值：

$NPV = \dfrac{9,454.64}{1+0.1} + \dfrac{9,026.10}{(1+0.1)^2} + \dfrac{9,398.4}{(1+0.1)^3} - 20,000$

$= 3,115.87$（元）

此時的淨現金流量比上例（3,641.21元和8,561.98元）還要少。

同理，通過下式：

$\dfrac{9,454.64}{(1+i)} + \dfrac{9,026.10}{(1+i)^2} + \dfrac{9,398.4}{(1+i)^3} - 20,000 = 0$

計算出剔除通貨膨脹的內涵報酬率約為18%。

通過以上計算分析，我們可以看到由於通貨膨脹率逐年遞增，通貨膨脹這一因素對經濟評價指標的影響程度也隨之加劇，在消除了這一因素的影響以後，實際內部收益率僅為18%，淨現值為3,115.87元，無論淨現值還是內部收益率，都比每年通貨膨脹率均為10%時的實際內部收益率為20%、淨現值3,641.21元分別降低了兩個百分點和525.34元。

由此可見，通貨膨脹率越高，這一因素對投資評價的影響越大。

第七章 全面預算管理

案例與問題分析

　　杭州鋼鐵集團是一家以鋼鐵為主業，涉足貿易、機械製造、建築安裝、房地產、電子信息、旅遊餐飲等產業的大型企業。該企業自1996年起，向「邯鋼經驗」學習，提出了「以全面預算為龍頭，經濟責任制為手段，班組經濟核算為基礎」的預算管理指導方針，改變以往以經濟責任制為主體的單一管理模式，從市場需求出發，圍繞提高企業綜合經濟效益為核心，把戰略、質量、技術、成本、資金、環境等一併納入預算管理，對企業生產經營活動實行全方位控制，使企業的資源得到更好的配置，集團內各子公司的協作更加順利，提高了企業的核心競爭力，取得了顯著的進步。到2001年，雖然規模在全國冶金行業中處於第二十八位，但該企業取得了利潤連續四年名列前10位，每噸鋼利潤名列第二位的成績。

　　在企業中實施全面預算，有助於經營管理觀念的創新，提升企業的整體管理水平，促使資金管理向縱深層次發展，有利於貫徹經濟責任制，加強成本的規劃和控制。

第一節　全面預算概述

　　在發達國家中，企業實施全面預算管理已相當普遍。預算的編製和管理是降低成本的一個最重要的成本管理技術。全面預算無論是對大公司還是對小企業的成本管理都會產生積極的影響。

一、預算的概念

　　管理者的職能就是運用其權限範圍內的資源組織其他人來完成要做的工作，從而達到預期的目的。計劃是管理者合理利用稀缺資源，協調和組織各方面力量以實現目標的重要手段。計劃工作要在所有其他管理職能之前進行。

　　預算是對計劃的數量說明，是把有關企業經濟活動的計劃用數字和表格形式反應出來，並以此作為控制未來行動和評價其結果的依據。

　　為正確理解預算的內涵，我們需要理清幾個相關概念。

(一) 預算不等於財務計劃

　　預算從其本質上看屬於計劃的範疇，但不等於財務計劃，不管從內容上、形式上或其他方面來看，預算與財務計劃都有著顯著的區別。

　　(1) 從內容上看，預算是企業全方位的計劃，而財務計劃只是其中的一部分。西方全面預算的概念存在於企業生產經營活動始終，包括生產預算、銷售預算、財務預算等各種職能預算，沒有銷售預算就沒有生產預算（包括採購預算、成本費用預算等），進而也就不可能產生財務預算（包括預計資產負債表、預計利潤表和預計現金流量表等）。可見，財務計劃只是企業預算的一部分。

　　(2) 從形式上看，預算可以價值形式表示，也可以實物等多種數量形式表示；而財務計劃則是以價值形式所表現的計劃，只有貨幣形式。

　　(3) 從組織者及執行過程控制的範圍看，預算是由企業各不同部門、組織的當事人或參與者共同組織執行的，它是一個綜合性的管理系統，具有極強的內部協調功能，而且執行過程、反饋與考評過程都是基於不同組織和不同部門進行的，預算管理的範圍遠遠超出了企業財務管理的範圍和財務部門與人員的權限，是整個企業管理的重要組成部分；而財務計劃則主要是由企業財務部門組織編製並執行和控制的，財務部門在其中起著決定性作用。

(二) 預算不同於預測

　　預測是指用科學的方法預計、推斷事物發展的必然性或可能性的行為，即根據過去和現在推斷未來的過程。預測是預算的前提，預算應當是以預測為基礎、根據預測結果提出對策性方案與規劃，以求實現較好的結果，力避風險。

　　企業所面臨的風險主要來自於市場風險，及由此引起的經營風險和財務風險等，通過預測並進行有效地預算是防範風險的一項非常重要的措施，也正是基於此，市場經濟越發達，市場風險越高，也就越離不開預算以及預算管理。

　　由於預測具有風險性，且其風險大小取決於據以預測的基礎（如環境或變量因素）和方法是否科學、可靠。因此，預測方式的科學性與結果的準確性對於預算的編製至關重要，它直接影響到預算編製基礎和編製導向的正確性，甚至決定了預算水平及預算質量的高低。

二、預算的分類

　　預算按其適用時間的長短，可以分為長期預算和短期預算。

　　長期預算是指一年以上的預算，如購置大型設備或擴建、改建、新建廠房等的長期投資預算，按年度劃分的長期資金收支預算，長期科研經費預算等。長期預算是一種規劃性質的預算，雖然數字計算可以粗一點，但它編製的好壞，將會影響到一個企業能否如期實現其長期戰略目標，影響到企業今後幾年的經濟效益，影響到短期預算編製的好壞。

　　短期預算是指一年以內或一個營業週期的預算。本章所介紹的全面預算也是關於企業在一定時期內（一般不超過一年或一個營業週期）經營、財務等方面的總體預算。

它實質上是一套預計的財務報表和有關附表，反應企業在未來一定期間預計的財務狀況和經營成果。並且，全面預算也是一種執行預算，數據要求盡可能具體化，以便於控制和執行。

企業通過長期決策和短期決策，分別提出了自己的長期發展目標和短期經營目標。為了實現既定的目標，保證決策所確定的最優方案在實際工作中得到貫徹執行，就需要編製預算，將決策的目標具體地、系統地反應出來。概括地說，預算就是決策目標的具體化。

三、全面預算的作用

全面預算的作用主要表現在以下四個方面：

(1) 明確目標。全面預算是企業對未來特定時期內的各項業務活動所做的全面安排，是決策目標的具體化和數量化，它不僅能幫助人們更好地明確企業的整體目標，而且能夠使人們更清楚地瞭解自己部門的任務，明確在業務量（生產量、銷售量）、利潤和成本各個方面自己的工作應達到的水平和努力的方向，促使每個職工都能想方設法從各自的角度去努力完成企業的戰略目標。

(2) 內部協調，綜合平衡。在現代化企業中，任何一個職能部門都必須從企業整體最優的角度來考慮問題，安排工作，不能片面追求局部的突出。通過編製全面預算，可以促使各部門負責人及全體職工都能清楚地瞭解本部門在整個企業中所處的地位和作用，以及與其他部門之間的相互關係，為各部門之間的協調配合提供了可能。編製全面預算還有助於發現企業未來時期生產經營過程中可能出現的薄弱環節，從而為加強薄弱環節，克服消極因素的影響，充分挖掘企業內部的潛力，為最終實現企業的經營目標創造出更好的條件。

全面預算使企業各部門的工作形成了一個有機整體，加強了內部各部門、各單位之間的緊密聯繫、協調配合，以避免管理工作、經營資金的顧此失彼和生產過程中相互脫節。

(3) 日常控制。在預算的執行過程中，各部門通過計量、對比，及時揭露實際脫離預算的差異並分析其原因，以便採取必要的措施，保證預算目標的實現。

(4) 業績評價，完善制度。在生產經營完成一階段後，把實際與預算加以比較，揭示出來的差異，一方面可以考核各部門或有關人員的工作成績，另一方面也用來檢查預算編製的質量。有些實際脫離預算的差異，並不表示實際工作的好壞，而是全面預算的本身問題，預算脫離了實際。掌握這些情況，有利於改進下期全面預算的編製工作。

(5) 激勵。在全面預算的編製過程中，企業各部門人員的參與，可以發揮每個人的積極性，從而確保預算的執行。

四、全面預算編製的原則

企業在編製全面預算時一般需遵循以下原則：
(1) 以明確的經營目標為前提。全面預算是為了實現企業目標而將企業的總目標

分解為各職能部門的分目標。因此，預算編製的起點必須是企業的整體經營目標，然後再確定成本目標，以此控制企業各方面的費用開支。

（2）以銷售預算為中心。企業首先確定各種產品的銷售量，編製銷售預算，由此確定生產量、採購量等，這樣可以使企業的供、產、銷有機結合起來，達到協調平衡。

（3）編製預算時要做到全面、完整，有關預算指標之間要相互銜接，勾稽關係要明確，確保整個預算的綜合平衡。

（4）全面預算要留有餘地。留有餘地是指為了應付未來可能變化的環境，預算必須具有一定的靈活性，以免在意外發生時，造成被動。為此，企業應採用彈性預算等科學的編製方法。

五、全面預算的編製程序

企業預算的編製，涉及到經營管理的各個部門，只有執行人參與預算的編製，才能使預算成為他們自願努力完成的目標，而不是外界強加於他們的枷鎖。企業預算的編製程序如下：

（1）成立預算委員會。為了做好預算編製工作，大中型企業應當獨立設置一個預算委員會，具體負責預算的編製和執行。預算委員會通常由企業總經理，分管銷售、生產、財務等部門的副總經理和總會計師等高級管理人員組成。他們依據預算年度工作要求，結合企業發展戰略及其要求，提出公司預算年度的預算總目標，並報最高決策機構批准。

預算管理委員會依據已批准的預算總目標和既定的目標分解方案，計算、確定各部門的分目標，並下達規劃指標。

（2）各基層成本控制人員自行草編預算，尋求實現目標的具體途徑使預算能較為可靠、較為符合實際。

（3）各部門匯總部門預算，依據分目標的要求及對預算年度相關業務進行預測，並初步協調本部門預算，編出銷售、生產、財務等業務預算，形成預算草案並報預算管理委員會。

（4）預算委員會審查、平衡業務預算，匯總出公司的總預算，或者駁回修改預算。

（5）主要預算指標報告給董事會，討論通過或者駁回修改。

（6）批准後的預算下達給各級部門執行。

預算的編製程序，通常有自上而下、自下而上、上下結合三種。預算編製程序的選擇要適當，大量的實踐證明，由於本位主義的不可避免，單純的自下而上的預算編製程序會使預算變成僅以自我為中心來考慮的、留有很大餘地的局部性規劃，從而嚴重妨礙企業整體利益最大化的實現。對於高度集權的小規模企業，採用單純的自上而下的預算編製程序較多，雖然能提高預算編製效率，然而隨著企業管理環境的變化和人們精神需求層次的提高，這種做法也會遭到越來越多的抵觸。在實踐中，上下結合式的預算編製程序顯然是一種理性的選擇。

第二節　全面預算體系的構成和編製方法

一、全面預算體系的構成

全面預算是由一系列按其經濟內容及相互關係有序排列的預算組成的有機體，預算的編製方法隨企業的性質和規模的不同而不盡相同，但一個完整的全面預算應包括業務預算、財務預算及專門決策預算三類。

業務預算是圍繞企業供應、生產和銷售活動展開的，是企業全面預算的核心；財務預算是反應企業有關財務成本和財務狀況的，是反應企業經營事項的短期預算；專門決策預算不經常發生，而一旦發生，一般需要動用大量資金，並需較長時期（一年以上），對企業有持續影響，屬長期預算。其具體內容分列如下：

（1）業務預算。業務預算包括銷售預算、直接材料預算、直接人工預算、製造費用預算、產品成本預算、銷售及管理費用預算。

（2）財務預算。財務預算包括現金預算、預計損益表、預計資產負債表。

（3）專門決策預算。專門決策預算包括資本支出預算和一次性專門業務預算。

編製全面預算必須根據企業目標從銷售預算開始，然后根據銷售預算和企業存貨政策編製生產預算，再根據生產預算編製直接材料採購預算、直接人工預算、製造費用預算、生產成本預算及銷售及管理費用預算、資本支出預算、一次性專門決策預算，最后編製財務預算。現金預算實際上是其他預算有關現金收支部分的匯總，它的編製要以其他各項預算為基礎，或者說其他預算在編製時要為現金預算做好準備。

所有這些預算項目之間的關係如圖 7-1 所示。

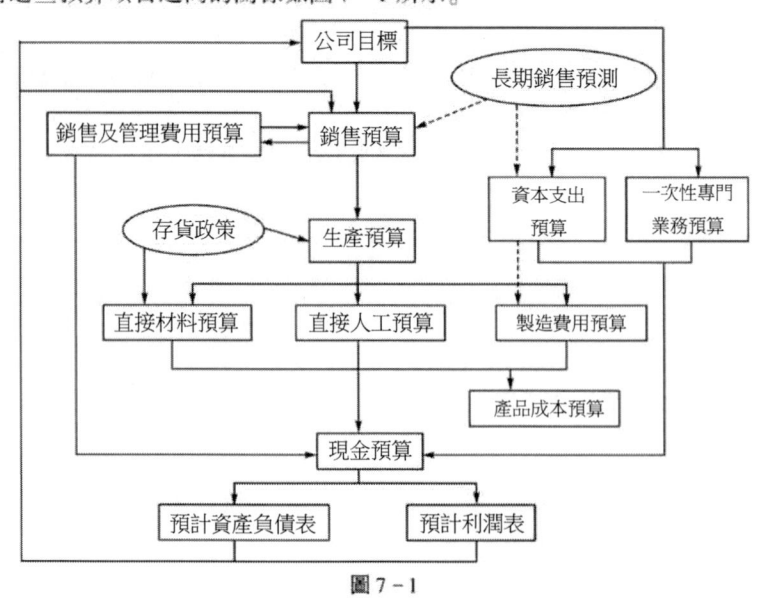

圖 7-1

二、全面預算的編製

下面以 BW 公司 200×年度預算編製案例來說明編製年度全面預算的具體方法。

(一) 業務預算的編製

1. 銷售預算的編製

銷售(營業)預算是預算期內預算執行單位銷售各種產品或者提供各種勞務可能實現的銷售量或者業務量及其收入的預算,主要依據年度目標利潤、預測的市場銷量或勞務需求及提供的產品結構和市場價格編製。

在銷售預算中,還應包括預計現金收入預算,其目的是為編製現金預算提供必要的資料。現金收入包括前期應收帳款的收回和本期銷售款的收入。企業的銷售活動是企業現金收入的主要來源。此外,還包括對外提供勞務的收入、對外投資的利息或股利收入、出租企業的固定資產而獲得的租金收入等。這部分現金流入量一般較少,但對現金預算也有一定影響,所以在實踐中不容忽視。本例假設這部分現金流入量為零。

【例 7-1】BM 公司經營多種產品,預計 201×年各季度各種產品銷售量及有關售價的部分資料如表 7-1 所示。每季度的商品銷售在當季度收到 80%,其餘的在下季度收訖,第一季度回收應收銷貨款係按上年末應收帳款餘額確定。表 7-2 的下半部分反應與銷售業務有關的現金收支。

表 7-1　　　　　　　　　　BW 公司 201×年銷售預算

項　目	第一季度	第二季度	第三季度	第四季度	本年合計
銷售量(預計) A 產品(件) B 產品(個) …	1,920 ——	2,400 ——	2,880 ——	2,400 ——	9,600 ——
銷售單價 A 產品(元/件) B 產品(元/個) …	100 ——	100 ——	100 ——	100 ——	100 ——
銷售收入合計	468,000	696,000	900,000	528,000	2,592,000

表 7-2　　　　　　　BW 公司 201×年銷售預計現金收入計算表

單位:元

項　目	第一季度	第二季度	第三季度	第四季度	本年合計
銷售收入合計	468,000	696,000	900,000	528,000	2,592,000
銷售稅金及附加現金支出	46,800	69,600	90,000	52,800	259,200
現銷收入回收前期應收貨款	374,400 96,000	556,800 93,600	720,000 139,200	422,400 180,000	2,073,600 508,800
現金收入小計	470,400	650,400	859,200	602,400	2,582,400

2. 生產預算的編製

生產預算是從事工業生產的預算執行單位在預算期內所要達到的生產規模及其產品結構的預算。主要是在銷售預算的基礎上，依據各種產品的生產能力、各項材料和人工的消耗定額及其物價水平和期末存貨狀況編製。為了實現有效管理，還應當在生產預算的基礎上進一步編製直接人工預算和直接材料預算。

期末存貨水平通常按下期銷售數量的一定百分比確定。年初存貨是編製預算時預計的，年末存貨根據長期銷售趨勢來確定。在編製生產預算時，還應該考慮企業的生產能力和倉庫容量等因素的限制。

生產預算應該按產品品種編製，預計生產量的計算公式如下：

預計生產量 = 預計銷售量 + 預計期末存貨量 - 預計期初存貨量

【例7-2】BW公司按照10%安排期末存貨，表7-3反應了其編製的生產預算。

表7-3　　　　　　　　　　BW公司201×年生產預算

產品名稱：A產品　　　　　　　　　　　　　　　　　　　　　　　　　　單位：件

項　目	第一季度	第二季度	第三季度	第四季度	本年合計
本期銷售量	1,920	2,400	2,880	2,400	9,600
加：期末存貨量	240	288	240	288	288
減：期初存貨量	192	240	288	240	240,192
本期生產量	1,968	2,448	2,832	2,448	9,696

3. 直接材料採購預算的編製

採購預算是預算執行單位在預算期內為保證生產或者經營的需要而從外部購買各類商品、各項材料、低值易耗品等存貨的預算。它主要根據銷售或營業預算、生產預算、期初存貨情況和期末存貨經濟存量編製。

直接材料預算是指為規劃直接材料採購活動和消耗情況而編製的，用於反應預算期材料消耗量、採購數量、材料消耗成本、採購成本等信息的一種業務預算。

編製直接材料預算的主要依據是生產預算、材料單耗等資料。

由於企業預算期的生產耗用量和採購量往往存在不一致的現象，所以，要求企業必須保持一定數量的材料庫存，於是在預計材料採購量時則要考慮期初、期末材料庫存水平。預計材料採購量可按下列公式計算：

預計材料採購量 = 預計材料耗用量 + 預計期末存料量 - 預計期初存料量

其中：預計材料耗用量 = 預計生產量 × 單位產品消耗定額

同編製生產預算一樣，編製材料採購預算也要注意材料的採購量、耗用量和庫存量保持一定的比例關係，以避免材料的供應不足或超儲積壓。

在直接材料採購過程中必然要發生現金支出，為了便於財務預算的編製，通常在編製直接材料預算的同時編製與直接材料採購有關的現金支出計算表，表中每個季度的現金支出應考慮由前期應付帳款和本期採購的付款條件決定的實際支付情況。

某種材料的預計採購量乘以該材料的預計單價就得到該材料的預計採購成本，所有材料的預計採購成本加總就得到預算期內材料採購總成本。

【例7-3】BW公司201×年直接材料耗用及採購預算，如表7-4所示。假定該公司每季度材料採購總額的60%用現金支付，其餘的40%在下季度付訖，第一季度償付前期材料款為上年末應付帳款余額。

表7-4　　　　　　BW公司201×年直接材料耗用及採購預算

材料種類：甲材料　　　　　　　　　　　　　　　　　　　　　　　　單位：元

項　目		第一季度	第二季度	第三季度	第四季度	全年合計
A產品耗用	預計生產量（件）	1,968	2,448	2,832	2,448	9,696
	消耗量定額	2	2	2	2	—
	預計消耗數量（件）	3,936	4,896	5,664	4,896	19,392
B產品耗用		…	…	…	…	…
甲材料耗用總量（件）		18,240	19,296	19,776	20,160	77,472
加：期末材料存量（件） 減：期初材料存量（件） 本期採購量（件）		3,655 3,391 18,504	3,943 3,823 19,416	3,678 3,582 19,872	3,510 3,630 20,040	— — 77,832
甲材料單價		5	5	5	5	—
甲材料採購成本		92,520	97,080	99,360	100,200	389,160

表7-5　　　　　BW公司201×年直接材料採購預計現金支出計算表

單位：元

項　目	第一季度	第二季度	第三季度	第四季度	全年合計
各種材料採購成本總額	338,640	350,400	356,160	364,560	1,409,760
當期現購材料款	203,184	210,240	213,696	218,736	845,856
償付前期所欠材料款	124,800	135,456	140,160	142,464	542,880
當期現金支出小計	327,984	345,696	353,856	361,200	1,388,736

4. 直接人工預算的編製

直接人工預算，是反應預算期內人工工時的消耗水平和人工成本水平的一種業務預算。以生產預算為基礎進行編製。

編製直接人工預算的主要依據是生產預算中的預計生產量、標準單位直接人工工時和標準工資率等資料。其基本計算公式為：

預計直接人工成本 = 小時工資率 × 預計直接人工總工時

其中：預計直接人工總工時 = 單位產品直接人工的工時定額 × 預計生產量

在編製預算時，應考慮到直接生產工人的級別不同，其標準工資率也不一樣，所以，必須按不同級別分別計算生產工人總工時和工資率，然后匯總求得預計直接人工成本。

由於直接人工成本大多採用現金支付方式，不必單獨編製與支付直接人工成本有關的現金支出計算表，直接人工預算可以直接參加現金預算的匯總。

【例7-4】根據BW公司生產預算，編製其直接人工預算如表7-6所示。

表7-6　　　　　　　　BW公司201×年直接人工預算

單位：元

產品種類	項目	第一季度	第二季度	第三季度	第四季度	本年合計
A產品	預計生產量（件）	1,968	2,448	2,832	2,448	9,696
	工時定額（小時/件）	6	6	6	6	6
	直接人工總工時（小時）	11,808	14,688	16,992	14,688	58,176
B產品	…	…	…	…	…	…
各種產品直接人工總工時（小時）		18,240	19,296	19,776	20,160	77,472
單位工時直接人工成本（元/小時）		3	3	3	3	3
直接人工成本總額		54,720	57,888	59,328	60,480	232,416

5. 製造費用預算的編製

製造費用預算是從事工業生產的預算執行單位在預算期內為完成生產預算所需各種間接費用的預算。製造費用預算通常分為變動性製造費用和固定性製造費用兩個組成部分。

固定性製造費用與產量無關，所以可在上年的基礎上根據預算期情況加以適當調整，並作為期間成本直接列入利潤表；變動性製造費用預算是以生產預算為基礎編製的，根據單位產品預定分配率乘以預計的生產量進行預計。變動性製造費用預算分配率的計算公式為：

$$變動性製造費用預算分配率 = \frac{變動性製造費用預算總額}{分配標準預算數}$$

為了便於以后編製現金預算，需要在製造費用預算表下單獨列示預計的現金支出表。在製造費用中，除了固定資產折舊、無形資產攤銷、預提修理費等轉移價值無須動用現金外，其他都需要用現金支付，所以製造費用總數扣除它們后即可得出「現金支出的總額」。

【例7-5】根據BW公司生產預算，編製其製造費用預算如表7-7所示。

表7-7　　　　　　　　BW公司201×年製造費用預算

單位：元

變動性製造費用		固定性製造費用	
間接材料	20,400	管理人員工資及福利費	20,880
間接人工	45,120	折舊費	28,800

表 7-7（續）

變動性製造費用		固定性製造費用	
維修費	15,888	辦公費	6,432
水電費	34,800	保險費	6,720
		修理費	4,368
合計	116,208	合計	67,200
直接人工工時總數（小時）	77,472	其中：付現費用	38,400
分配率 = 116,208 ÷ 77,472 = 1.5		各季度支出數 = 38,400 ÷ 4 = 9,600	

表 7-8　　　　BW 公司 201×年與製造費用有關的預計現金支出表

單位：元

季度	1	2	3	4	全年
(1) 直接人工工時	18,240	19,296	19,776	20,160	77,472
(2) 變動性製造費用	27,360	28,944	29,664	30,240	116,208
(3) 固定性製造費用	9,600	9,600	9,600	9,600	38,400
現金支出合計 [(2) + (3)]	36,960	38,544	39,264	39,840	154,608

6. 產品成本預算的編製

產品成本預算是指用於規劃預算期的單位產品成本、生產成本、銷售成本以及期初、期末產成品存貨成本等項內容的一種業務預算。產品成本預算是在生產預算、直接材料預算、直接人工預算、製造費用預算的基礎上匯總編製的，它是編製預計利潤表、預計資產負債表的主要根據之一，也是編製產品銷售成本預算的重要資料來源。

【例 7-6】根據 BW 公司直接材料預算、直接人工預算及製造費用預算，編製其產品成本預算如表 7-9 所示。

表 7-9　　　　　　BW 公司 201×年產品成本預算

單位：元

成本項目	A 產品（年產量 9,696 件）				B 產品	…	合　計
	單耗	單價	單位成本	總成本			
直接材料							
甲材料	2	5	10	96,960			387,360
乙材料	…	…	…	…			…
小計			22	213,312			1,400,200
直接人工	6	3	18	174,528			232,416
變動性製造費用	6	1.5	9	87,264			116,208
變動生產成本合計			49	475,104			1,749,024
產成品存貨	數量	單位成本	總成本				合計
年初存貨	192	50	9,600				68,400
年末存貨	288	49	14,112				195,984

7. 營業成本預算

營業成本預算是指非生產型預算執行單位對預算期內為了實現營業預算而在人力、物力、財力方面必要的直接成本預算。它主要依據企業有關定額、費用標準、物價水平、上年實際執行情況等資料編製。

8. 銷售費用和管理費用預算的編製

銷售費用和管理費用預算是指為規劃預算期與組織產品銷售活動和一般行政管理活動有關費用而編製的一種業務預算。應當區分變動費用與固定費用、可控費用與不可控費用的性質，根據上年實際費用水平和預算期內的變化因素，結合費用開支標準和企業降低成本、費用的要求，分項目、分責任單位進行編製。其中，重要項目要重點列示，如科技開發費、業務招待費、辦公費、廣告費等。

銷售費用和管理費用預算通常應由負責銷售及管理的成本控制人員分別編製。如果銷售費用和管理費用的項目不多，則可以合併編製在一張預算表中，但變動費用和固定費用要分別列示。

【例7-7】BW公司201×年銷售費用和管理費用預算的編製如表7-10所示。

表7-10　　　　　　BW公司201×年銷售費用和管理費用預算

單位：元

費用項目	全年預算	費用項目	全年預算
1. 銷售人員工資	10,800	10. 排污費	720
2. 專設銷售機構業務費	4,800	11. 業務招待費	2,400
3. 保險費	2,880	12. 聘請仲介機構費	4,800
4. 運雜費	1,560	13. 房產稅等稅金	1,680
5. 展覽費和廣告費	9,600	14. 其他管理費用	2,400
6. 其他銷售費用	2,280		
7. 公司經費	18,000	費用合計	71,040
8. 董事會費	7,200		
9. 折舊費	1,920	每季平均 = 71,040 ÷ 4 = 17,760	

項　目	第一季度	第二季度	第三季度	第四季度	全年合計
現金支出	15,480	17,760	19,800	16,080	69,120

(二) 專門決策預算的編製

專門決策預算是指企業為某個決策項目而編製的預算，包括資本支出預算和一次性專門業務預算兩類。

1. 資本支出預算的編製

資本預算是企業在預算期內進行資本性投資活動的預算。它主要包括固定資產投資預算、權益性資本投資預算和債券投資預算。

編製資本支出預算的依據是經審核批准的長期投資決策項目。資本支出預算需要詳細列出該項目在壽命週期內各個年度的現金流出量和現金流入量的詳細資料。由於長期投資決策的時間跨度大，現金流包含的內容比較豐富，資本支出預算僅僅反應各項長期投資決策在預算年度內的現金支出。長期投資決策在其他年份發生的現金支出應在相應年度的預算中加以反應，而因長期投資決策實施連帶引起的相應年度其他現金支出，如直接材料、直接人工等項支出則分別在直接材料預算、直接人工預算中加以反應。

(1) 固定資產投資預算。固定資產投資預算是企業在預算期內購建、改建、擴建、更新固定資產進行資本投資的預算。應當根據本單位有關投資決策資料和年度固定資產投資計劃編製。企業處置固定資產所引起的現金流入，也應列入資本預算。企業如有國家基本建設投資、國家財政生產性撥款，應當根據國家有關部門批准的文件、產業結構調整政策、企業技術改造方案等資料單獨編製預算。

(2) 權益資本投資預算。權益資本投資預算是企業在預算期內為了獲得其他企業單位的股權及收益分配權而進行資本投資的預算。應當根據企業有關投資決策資料和年度權益資本投資計劃編製。企業轉讓權益資本投資或者收取被投資單位分配的利潤（股利）所引起的現金流入，也應列入資本預算。

(3) 債券投資預算。債券投資預算是企業在預算期內為購買國債、企業債券、金融債券等所做的預算。應當根據企業有關投資決策資料和證券市場行情編製。企業轉讓債券收回本息所引起的現金流入，也應列入資本預算。

2. 一次性專門業務預算（籌資預算）的編製

企業為保證經營業務、資本性支出對資金的需求，應經常保持一定的現金數量，以支付各項費用和償還到期債務。但如果企業現金持有數過多，大大超過正常支付需要的金額，就會造成資金的閒置，降低資金的營運效率。因此，財務部門在資金籌措、歸還貸款、發放股利和交納稅金等問題上要進行專門決策。

企業經批准發行股票、配股和增發股票，應當根據股票發行計劃、配股計劃和增發股票計劃等資料單獨編製預算。股票發行費用，也應當在籌資預算中分項做出安排。

【例7-8】BW公司201×年將投資建設一條新的生產線，公司財務部門根據計劃期間現金收支情況，預計將在第一季度期初向銀行短期借入48,000元，第二季度初發行公司債券120,000元進行籌資。短期借款利率為10%，公司債券利息率為12%。第三季度末償還第二季度的借款20,000元，同時支付利息4,000元。另外，預計預算期間每季度末預付所得稅50,000元，全年共200,000元；董事會決定計劃期間每季度末支付股利70,000元，全年共280,000元。根據以上資料，BW公司一次性專門業務（融資）預算表如表7-11所示，納稅、發放股利以及支付長期借款利息預算如表7-12所示。

表 7-11　　　　　BW 公司一次性專門業務（融資）預算表

單位：元

項　目	第一季度	第二季度	第三季度	第四季度	全年合計
固定資產投資					
1. 設計費	1,200				1,200
2. 基建工程	12,000	12,000			24,000
3. 設備購置		156,000	36,000		192,000
4. 安裝工程			3,600	12,000	19,200
5. 其他				3,600	3,600
合計	13,200	168,000	43,200	15,600	240,000
流動資金投資				13,920	13,920
合計				13,920	13,920
投資支出總計	13,200	168,000	43,200	29,520	253,920
投資資金籌措					
1. 短期借款	48,000				48,000
2. 發行公司債券		120,000			120,000
合計	48,000	120,000			168,000

表 7-12　　　　　BW 公司一次性專門業務預算表

（納稅、發放股利以及支付長期借款利息預算）　　　　　單位：元

項　目	第一季度	第二季度	第三季度	第四季度	合計
預付股利	70,000	70,000	70,000	70,000	280,000
預付所得稅	50,000	50,000	50,000	50,000	200,000
支付長期借款利息				14,400	14,400
償還短期借款及利息			24,000	4,000	28,000

　　專門決策預算編製完成以後，所有部分預算就完成了，接下來就可以編製整體預算了，也就是編製財務預算。

(三) 財務預算的編製

　　財務預算是預算期內反應預計現金流入、現金支出、經營成果和財務狀況的預算。它應當圍繞企業的戰略要求和發展規劃，以業務預算、資本預算為基礎，以經營利潤為目標，以現金流為核心，以貨幣為計量單位對預算期內企業的全部經濟活動進行全面綜合反應。財務預算包括現金預算、預計利潤表、預計資產負債表。財務預算通常由企業財務部門負責匯總編製。

　　1. 現金預算的編製

　　現金預算是指用於規劃預算期現金收入、現金支出和資本融通的一種財務預算。這裡的現金是指企業的庫存現金和銀行存款等貨幣資金。它能夠反應某一時期發生現金流入或現金流出的時間與金額。管理者要根據現金預算確定企業未來的現金需要量，

正確地調度資金，保證企業資金的正常流轉，制定籌資計劃。

編製現金預算的主要依據包括：涉及現金收入和支出的銷售預算、直接材料預算、直接人工預算、製造費用預算、銷售費用和管理費用預算及有關的專門決策預算等資料。

現金預算通常應該由以下四個部分組成：

（1）現金收入。現金收入包括期初的現金結存數和預算期內發生的現金收入。資料可從期初資產負債表和銷售預計現金收入計算表中獲得。

（2）現金支出。現金支出包括預算期內發生的各項現金支出，如材料採購款、工資、製造費用、銷售費用和管理費用、交納稅金、支付股利、資本性支出等，資料可從直接材料採購預算、直接人工預算、製造費用現金支出預算、銷售及管理費用預算、交納稅金、發放股利預算、資本支出預算中獲得。

（3）現金收支差額。現金收支差額是指現金收入合計與現金支出合計的差額。

（4）資金的籌集及運用。資金的籌集及運用是指預算期內根據現金收支的差額和企業有關資金管理的各項政策，確定籌集或運用資金的數額。它包括向銀行借款、發放短期商業票據、還本付息以及償還借款和購買有價證券等事項。

【例7-9】根據上述BW公司業務預算以及專門決策預算的有關資料，編製該公司201×年現金預算，如表7-13所示。

表7-13　　　　　　　　　BW公司201×年現金預算

單位：元

項　目	第一季度	第二季度	第三季度	第四季度	本年合計
期初現金餘額	50,400	54,456	55,848	57,932	50,400
經營現金收入	470,400	650,400	859,200	602,400	2,582,400
經營性現金支出	549,144	596,688	629,448	597,600	2,372,800
直接材料採購	327,984	345,696	353,856	361,200	1,388,736
直接工資及其他支出	54,720	57,888	59,328	60,480	232,416
製造費用	36,960	38,544	39,264	39,840	154,608
銷售及管理費用	15,480	17,760	19,800	16,080	69,120
產品銷售稅金	46,800	69,600	90,000	52,800	259,200
預交所得稅	48,000	48,000	48,000	48,000	192,000
預分股利	19,200	19,200	19,200	19,200	76,800
資本性現金支出	13,200	168,000	43,200	15,600	240,000
現金餘缺	(41,544)	(59,832)	242,400	47,132	19,920
資金籌措及運用	96,000	115,680	(184,468)	12,768	39,980
流動資金借款	48,000				48,000
歸還流動資金借款		(2,400)	(24,000)	(21,600)	(48,000)
發行優先股	48,000				48,000
發行公司債券		120,000			120,000
支付利息①		(1,920)	(4,512)	(4,032)	(10,464)
購買有價證券			(155,956)	38,400	(117,556)
期末現金餘額	54,456	55,848	57,932	59,900	59,900

註：①假定該公司流動資金借款在期初發生，還款則在期末，利息率為8%。

第二季度利息支出 = 48,000×8%×2÷4 = 1,920（元）；

第三季度利息支出 = (48,000 - 2,400) ×8%÷4 +120,000×12%÷4 =4,512（元）；

第四季度利息支出 = (48,000 - 2,400 - 24,000) ×8%÷4 +120,000×12%÷4 =4,032（元）。

2. 預計利潤表的編製

預計利潤表是根據如前所述的預算編製的。在編製預計利潤表時，所得稅是在利潤規劃時估計的，並已列入現金預算。

通過編製預計利潤表可以瞭解企業未來的利潤水平。如果預計的利潤與最初編製方針中的目標利潤有較大的不一致，就需要調整部門預算，設法達到目標利潤；如果確實心有餘而力不足，經企業領導批准後可以修改目標利潤。

【例7-10】表7-14是BW公司的預計利潤表。

表7-14　　　　　　　　BW公司201×年預計利潤表

單位：元

摘　要	金　額
銷售收入	2,592,000
減：銷售稅金及附加	259,200
減：本期銷貨成本①	1,621,440
產品貢獻邊際總額	711,360
減：期間成本②	148,704
利潤總額	562,656
減：應交所得稅（25%）	140,664
淨利潤	421,992

①本期銷貨成本 = 期初產品存貨成本 + 本期生產成本 - 期末產品存貨成本
　　　　　　　= 68,400 + 1,749,024 - 195,984　　（見表7-9）

②期間成本 = 67,200 + 71,040 + 10,464　　（見表7-7、表7-10、表7-13）

3. 預計資產負債表的編製

編製預計資產負債表是為了判斷企業未來的財務狀況是否穩定，是否有足夠的資金應付日常的經營和償還到期債務。

【例7-11】BW公司預計資產負債表（見表7-15）是根據計劃期期初的資產負債表、銷售預算、生產預算和現金預算加以調整編製而成的。

表 7 - 15　　　　　　　BW 公司 201×年預計資產負債表

單位：元

資　產	年末數	年初數	負債與權益	年末數	年初數
現金	59,900	50,400			
應收帳款	105,600①	96,000	應付帳款	145,824⑤	124,800
材料存貨	76,560②	67,200	應付債券	120,000	—
產成品存貨	195,984	68,400	應交稅金	6,323.52⑥	—
短期投資	117,556	—			
土地	288,000	288,000			
廠房設備	660,000③	420,000	股東權益	1,148,099.52⑦	799,920
減：累計折舊	96,000④	65,280			
資產總計	1,407,600	924,720	負債與權益總計	1,407,600	924,720

①105,600 = 528,000 - 422,400　　　　　　　　（見表 7 - 2）
②76,560 = 67,200 + 1,409,760 - 1,400,400　　　（見表 7 - 4、表 7 - 9）
③660,000 = 420,000 + 240,000　　　　　　　　（見表 7 - 11、表 7 - 12）
④96,000 = 65,280 + 28,800 + 1,920　　　　　　（見表 7 - 7、表 7 - 10）
⑤145,824 = 364,560 - 218,736　　　　　　　　（見表 7 - 4、表 7 - 5）
⑥6,323.52 = 185,676.48 - 192,000　　　　　　　（見表 7 - 13、表 7 - 14）
⑦1,148,099.52 = 799,920 + 48,000 + 376,979.52 - 76,800　（見表 7 - 13、表 7 - 14）

至此，企業的全面預算編製全部完成。因此可以看出，它是從銷售預算開始一直到預計資產負債表完成的一整套的流程。必須指出，由於本例是按照變動成本法計算的成本，預計利潤表和預計資產負債表都只能供內部使用。如果對外公布，還要按製造成本法計算，對期初、期末產品存貨中的成本進行調整。

三、編製預算的基本方法

在前面我們所討論的銷售預算、生產預算以及銷售費用和管理費用預算都是以預算期內一定的業務量為基礎編製的，這種傳統的預算編製方法叫做固定預算或靜態預算。這種傳統的預算編製方法有很多缺陷，為了彌補這些缺陷，下面介紹幾種較為先進的預算編製方法。

（一）彈性預算

1. 彈性預算的定義

所謂彈性預算，是指在編製預算時，預先估計到計劃期間業務量可能發生的變化，編製出一套能適應多種業務量的預算。按彈性預算方法編製的預算不再是只適應一個業務量水平的一個預算，而是能夠隨業務量水平的變動做機動調整的一組預算。

2. 彈性預算的特點

與固定預算相比，彈性預算具有如下兩個顯著特點：

（1）能適應一系列的生產經營業務量。預算就是對未來的經濟業務進行預測，但這些經濟業務是經常變動的。彈性預算能提供一系列的生產經營業務量的預算數據，

為主管人員提供了各種業務活動量情況下的經濟信息。通常在編製彈性預算時要與業務部門聯繫，按歷史實踐和發展趨勢選擇兩個極端：最大的和最小的；然後再在其中劃分為若干級，從而擴大了預算的適用範圍，便於預算指標的調整。

（2）對預算執行情況的評價與考核更加客觀，能更好地發揮預算的控制作用，加強成本管理。彈性預算是按照各項成本的變動性項目和固定性項目分類列示，有利於清晰地反應業務量的變動帶來的成本變動原因，便於在計劃期終了時考核實際業務量應達到的成本水平和實際成本之間出現差異的原因。與固定預算相比較，利用彈性預算進行業績評價要確切和有效得多，因為它更符合成本的特性。因此，彈性預算成為對管理非常有用的決策工具。

3. 彈性預算的適用範圍

從其理論上說，彈性預算適用於編製全面預算中所有與業務量有關的各種預算，這是因為業務量的變動會影響到成本、費用、利潤等各個方面的變動。編製彈性預算所依據的業務量可以是產量、銷售量、直接人工工時、機器臺時、材料消耗量和直接人工工資等。

彈性預算中所有的費用都必須分為變動費用和固定費用，以配合不同業務量。在很大程度上，彈性預算質量的高低取決於成本性態分析的水平。

4. 編製彈性預算的基本方法

在可預見的業務量範圍內，按照一定業務量間隔，根據收入、成本、費用、利潤與業務量之間的內在關係，分析確定其預算額。收入和變動成本隨業務量成正比例增減變動，其單位額乘以預算業務量即可得到預算額，不同業務量下的預算額是不一樣的，業務量的間隔不能過大，也不能過小，通常以 5%～10% 為宜。固定成本則在相關範圍內保持不變，可以從總額的角度進行預算，在不同的業務量下的預算額是保持不變的。

下表是某公司分別根據銷量 10,000 件、11,000 件、12,000 件編製的利潤預算。

表 7-16　　　　　　　　　　某公司彈性利潤預算

單位：元

項　目	單位產品預算	彈　性　預　算		
銷售數量（件）		10,000	11,000	12,000
銷售收入		250,000	275,000	300,000
變動成本		150,000	165,000	180,000
變動性製造費用	25	100,000	110,000	120,000
變動銷售費用	15	20,000	44,000	48,000
變動管理費用	10	10,000	11,000	12,000
貢獻毛益	4	100,000	110,000	120,000
固定成本	1	50,000	50,000	50,000
固定性製造費用	10	30,000	30,000	30,000
固定銷售及管理費用		20,000	20,000	20,000
營業利潤		50,000	60,000	70,000

(二) 零基預算

1. 零基預算的定義

零基預算是為克服增量預算的缺點而設計的。增量預算是以基期的成本費用實際水平為基礎，結合預算期業務量水平以及有關降低成本的措施，調整部分原有的成本費用項目而編製的預算。它以過去的經驗為基礎，實際上是承認過去所發生的一切都是合理的，不需要在預算內容上做較大改進，而因循沿襲以前的預算項目。按這種方法編製預算，往往不加分析地保留或接受原有的成本項目，可能使原來不合理的費用開支繼續存在下去，這不利於調動各部門降低費用的積極性。

零基預算則是以零為基礎編製預算的方法，一切從零開始，逐項審議預算期內各項費用的內容及開支標準是否合理，在綜合平衡的基礎上進行預算的編製。這種方法最初由美國德州儀器公司在20世紀60年代末提出來，被認為是編製間接費用的一種有效方法。

2. 編製零基預算的程序

(1) 確定費用項目。動員企業內部各有關部門根據預算期內的戰略目標對其所從事的業務進行分析評價，主要包括：①該業務活動的目的；②不從事此活動將產生的后果；③完成該業務有無其他可供選擇的途徑等。在充分討論的基礎上確定企業必要的項目以及相應發生的費用項目，並確定其預算數額，而不考慮這些費用項目以往是否發生以及發生額的多少。

(2) 排列費用項目開支的先後順序。將全部費用劃分為約束性成本和酌量性成本；不可延緩項目和可延緩項目。對前者必須保證資金供應；對後者需要逐項進行成本—效益分析，按照各項目開支必要性的大小確定各項費用預算的優先順序。

進行成本—效益分析，首先應考慮完成業務的各種可供選擇方案，而不應墨守成規，只局限於自己業務範圍之內，必須把眼光看遠些，多考慮革新辦法，通過綜合比較，以選取最優方案。方案提出以後，應對所提方案進行分析比較，哪些方案是可行的，哪些方案是根本無法實現的，哪些方案在經濟上是不合理的，哪些方案是效率最大的等，進行逐項排隊，最后保留幾個可行方案供企業根據總體目標進行抉擇。成本—效益分析方法既可以將成本費用與業務量進行比較，也可以與收益比較。總之，根據不同的業務內容採取不同的比較方法。例如：銷售部門可以將銷售費用與銷售總額比較，以計算銷售費率的水平；將銷售成本和銷售總額比較，以計算盈利水平；生產車間可以分別就直接人工成本和直接材料消耗水平與產品比較等。

(3) 分配資源，落實預算。按照上一步確定的費用項目開支順序，對預算期內可動用的資源進行分配，落實資金。首先保證滿足約束性成本、不可延緩項目的開支；然後再根據需要和可能，按照項目的輕重緩急選擇可延緩項目的開支標準。

下面我們以銷售費用為例說明零基預算的編製方法。

【例7-12】某公司2015年度銷售費用的可用資金只有200,000元，該公司決定採用零基預算法編製預算。有關步驟如下：

第一步，假定該公司銷售部門的全體職工根據企業2015年度的總體經營目標和本

部門的具體任務，經過詳細論證之後，擬定出費用說明書，最終確認該部門預算年度需要發生的費用如表 7-17 所示。

表 7-17　　　　　　　　某公司 2015 年度預計銷售費用項目

單位：元

廣告費	100,000
銷售佣金	60,000
銷售人員工資	35,000
辦公費	5,000
保險費	5,000
差旅費	15,000
合計	220,000

第二步，經研究認為，銷售人員工資、辦公費、保險費、差旅費是約束性成本，在計劃期間必須全額保證。對於酌量性成本的廣告費和銷售佣金，公司根據歷史資料進行成本—效益分析，發現平均每 1 元廣告費可以為企業增加 15 元的利潤，而每 1 元銷售佣金則可以為企業增加 20 元的利潤。

第三步，根據以上分析，按照各個費用項目的具體性質和重要程度將銷售部門計劃期間的費用開支分為三層：第一層，約束性成本，即銷售人員工資、辦公費、保險費和差旅費，共 60,000 元；第二層，酌量性成本中的銷售佣金，按照成本—效益分析，它優先於廣告費；第三層，酌量性成本中的廣告費，可以根據計劃期間企業的財力酌情增減。

由於該公司 2012 年度對於銷售費用的可動用資金只有 200,000 元，根據以上排列的層次安排資金如下：第一層次的銷售人員工資 35,000 元、辦公費 5,000 元、保險費 5,000元、差旅費 15,000 元全額保證，還剩下 140,000 元在廣告費和銷售佣金兩者之間根據其成本收益率的比例關係進行分配。

分配如下：

銷售佣金應分配的資金數 $= 140,000 \times \dfrac{20}{20+15} = 80,000$（元）

廣告費應分配的資金數 $= 140,000 \times \dfrac{15}{20+15} = 60,000$（元）

3. 零基預算的優缺點

零基預算由於衝破了傳統預算方法框架的限制，以零為起點，觀察分析一切費用開支項目，擬定預算金額，因而具有以下優點：

（1）合理、有效地進行資源分析，將有限的資金用在刀刃上。

（2）激勵各基層單位參與預算編製的積極性和主動性，目標明確，區別方案的輕重緩急。有助於提高管理人員的投入產出意識，合理使用資金，提高資金的利用效果。

（3）特別適用於產出較難辨認的服務性部門預算的編製與控制。

然而，零基預算也有其不足之處，主要表現為：

（1）業績差的經理人員可能會對零基預算產生一種抗拒的心理。

(2) 由於零基預算是以零為起點來確定預算數，所以必然造成大量的基礎工作需要完成，如歷史資料分析、市場狀況分析、現有資金使用分析、投入產出分析等，工作量比較大，編製時間也較長。

(3) 評級和資源分析可能具有不同程度的主觀性，易於引起部門間的矛盾。

(4) 容易造成人們注重短期利益而忽視企業的長期利益。

為簡化預算編製的工作量，可以每隔幾年才按此方法編製一次預算。

(三) 滾動預算

預算的編製一般以一年為期，與會計年度相適應，便於將實際數與預算數進行對比，也有利於分析和評價預算的執行情況。但是，固定以一年為期的預算也存在著一些缺陷：①由於預算期較長，因而編製預算時，難於預測未來預算期的某些活動，特別是對預算期的后半階段，往往只能提出一個大概的輪廓，從而給預算的執行帶來種種困難；②事先預見到的預算期內的某些活動，在預算執行過程中往往會有所變動，而原有預算卻未能及時調整，就會造成預算滯后過時，成為假預算；③由於受預算期間的限制，管理者們的決策視野局限於剩餘的預算期間的活動，不考慮下期，缺乏較長遠的打算，不利於企業長期穩定有序地發展。

滾動預算為克服定期預算的缺點而設計，在編製預算時將預算期與會計年度脫離開來，隨預算的執行而不斷地滾動補充預算，使預算期始終保持為12個月。滾動預算示意圖如圖7－2所示。

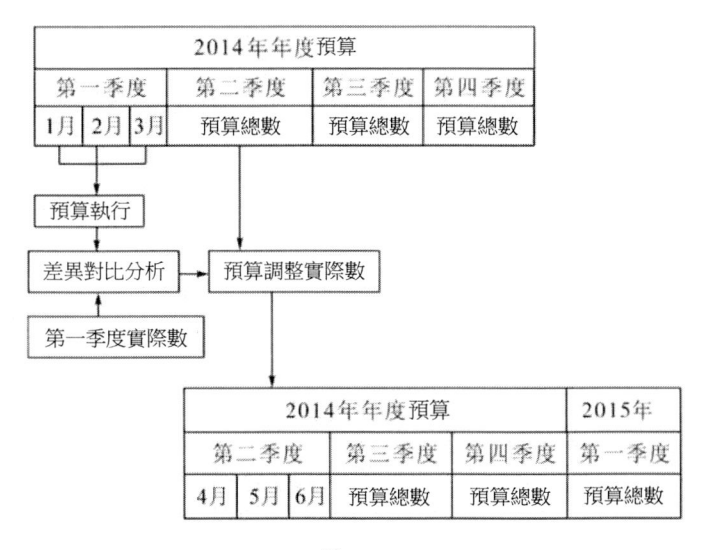

2014年年度預算			
第一季度	第二季度	第三季度	第四季度
1月 | 2月 | 3月	預算總數	預算總數	預算總數

預算執行

差異對比分析 → 預算調整實際數

第一季度實際數

2014年年度預算			2015年
第二季度	第三季度	第四季度	第一季度
4月 | 5月 | 6月	預算總數	預算總數	預算總數

圖7－2

第八章 標準成本控制

案例與問題分析

寶鋼1995年著手推進標準成本制度，1996年正式採用標準成本制度，包括標準成本的核算體系及管理體系。根據寶鋼實踐，標準成本應依據各生產流程的操作規範，利用健全的生產、工程、技術測定（包括時間及動作研究、統計分析、工程實驗等方法），對各成本中心及產品擬定合適的數量化標準，再將該數量化標準金額化，作為成本績效衡量與標準產品成本計算的基礎。具體做法為：

在成本中心的制定方面，對於某種產品在其生產過程中所經過的並且有投入、產出的單元都為成本中心，一級成本中心一般為一個廠，二級成本中心為分廠，三級成本中心為作業區。成本中心按其功能又區分為生產性成本中心、服務性成本中心、輔助性成本中心和生產管理性成本中心。這樣，既可衡量一級成本中心的績效，也可根據需要來衡量二級成本中心、三級成本中心的績效。

在成本標準的制定與修訂方面，他們認為，成本標準是針對明細產品（產品大類＋材質＋規格）在各成本中心而制定的。它分為消耗標準和價格標準。而消耗標準又分原料消耗標準、輔料消耗標準、直接燃料動力標準、直接人工標準和製造費用標準；價格標準分為物料價格標準、半成品價格標準、能源價格標準和人工價格標準。消耗標準制定的依據為工藝技術規程、生產操作規程、計劃值指標、歷史消耗資料，而價格標準制定的依據為成本補償。具體方法為：

（1）原料消耗標準是指明細產品在各成本中心的單耗，即投入產出，它應由成本中心的工程師、工程技術人員一道參與技術規程制定；

（2）輔料消耗標準的制定應考慮歷史消耗資料及生產操作規程、計劃值；

（3）對於直接燃料動力、直接人工、製造費用標準的制定，則可按產品的生產難易程度（即機時能力）制定，某產品的機時能力是指一小時可生產多少噸；

（4）價格標準可按成本補償的原則制定。

寶鋼人認為，成本標準不能光由財務部門、生產廠及財務人員制定，而一定要有一個權威機構制定和修訂標準，制定標準的人員應由工程技術方、生產方、財務方的人員一道參與。

在成本差異的揭示及分析方面，對於三級成本中心（作業區）的差異，由於定好了價格標準，因而在此不揭示價格差異，只揭示消耗差異。二級成本中心、一級成本

中心的差異揭示格式與三級成本中心類似。價格差異由一級成本中心上交至總公司進行統一處理，按一定規則分攤。

寶鋼正是運用標準成本制度，並且把財務人員定位於組織者，把作業長定位於降低現場成本的主要責任者，所以在降低成本方面取得了顯著的成績，效益顯著提高。

思考：1. 什麼樣的成本才是企業應該依據的標準成本？
2. 管理會計中的標準成本制度在寶鋼是如何靈活運用的？

第一節　成本控制理論的形成與發展

一、成本控制概述

控制就是系統主體採取某種力所能及的強制性措施，促使系統構成要素的性質數量及其相互間的功能聯繫按照一定的方式運行，以達到系統目標的管理過程。所謂成本控制，是指在生產經營成本形成的過程中，對各項經營活動進行指導、限制和監督，使之符合有關成本的各項法令、方針、政策、目標、計劃和定額的規定，並及時發現偏差予以糾正，使各項具體的和全部的生產耗費，被控制在事先規定的範圍之內。同時，在採取改進措施和不斷推廣先進經驗的基礎上，修訂和建立新的成本目標，進一步降低成本，使其達到最優的水平。成本控制的內容遍及於現代企業的每一項經濟活動，成本控制是現代企業管理的重要組成部分。

成本控制從控制的範圍上來說，有廣義和狹義之分。狹義的成本控制是指日常生產過程中的產品成本控制，是根據事先制定的成本預算，對企業日常發生的各項生產經營活動按照一定的原則，採用專門方法進行嚴格的計算、監督、指導和調節，把各項成本控制在一個允許的範圍之內；狹義的成本控制又稱為日常成本控制或事中成本控制。廣義的成本控制則強調對企業生產經營的各個方面、各個環節以及各個階段的所有成本的控制，既包括日常成本控制，又包括事前成本控制和事後成本控制。廣義的成本控制貫穿企業生產經營全過程，它與成本預測、成本決策、成本規劃、成本考核共同構成了現代成本管理系統。

傳統的成本控制是適應大工業革命的出現而產生和發展的，其中的標準成本法、變動成本法等方法得到了廣泛的應用。隨著新經濟的發展，人們對產品的要求不僅在使用功能方面提出了更高的要求，還要求在產品中能體現使用者的個性化。在這種背景下，現代的成本控制系統應運而生，無論是在觀念還是在所運用的手段方面，都與傳統的成本控制系統有著顯著的差異。從現代成本控制的基本理念看，主要表現在：

（1）成本動因的多樣化。即成本動因是引起成本發生變化的原因。要對成本進行控制，就必須瞭解成本為何發生，它與哪些因素有關，有何關係。

（2）時間作為一個重要的競爭要素。認為在價值鏈的各個階段中，時間都是一個非常重要的因素，很多行業和各項技術的發展變革速度已經加快，產品的生命週期變得很短。在競爭激烈的市場上，要獲得更多的市場份額，企業管理人員必須能夠對市

場的變化做出快速反應，投入更多的成本用於縮短設計、開發和生產時間，以縮短產品上市的時間。另一方面，時間的競爭力還表現在顧客對產品服務的滿意程度上。

(3) 成本控制全員化。

從成本效能看，以成本支出的使用效果來指導決策，成本控制從單純地降低成本向以盡可能少的成本支出來獲得更大的產品價值轉變，這是成本管理的高級形態。同時，成本管理以市場為導向，將成本管理的重點放在面向市場的設計階段和銷售服務階段。企業在市場調查的基礎上，針對市場需求和本企業的資源狀況，對產品品種、功能和服務的質量以及新產品、新項目開發等提出要求，並對銷量、價格、收入等進行預測，對成本進行估算，研究成本增減或收益增減的關係，確定有利於提高成本效果的最佳方案。實行成本領先戰略，強調從一切來源中獲得規模經濟的成本優勢或絕對成本優勢。重視價值鏈分析，確定企業的價值鏈後，通過價值鏈分析，找出各價值活動所占總成本的比例和增長趨勢，以及創造利潤的新增長，識別成本的主要成分和那些佔有較小比例而增長速度較快，最終可能改變成本結構的價值活動，列出各價值活動的成本驅動因素及相互關係。同時，通過價值鏈的分析，確定各價值活動間的相互關係，在價值鏈系統中尋找降低價值活動成本的信息、機會和方法。通過價值鏈分析，可以獲得價值鏈的整個情況及環與環之間的鏈的情況，再利用價值流分析各環節的情況，這種基於價值活動的成本分析是控制成本的一種有效方式，能為改善成本提供信息。

二、成本控制理論沿革

成本控制既是企業管理中的一個古老話題，更是一個不斷發展、日漸更新的永恆課題。自人類早期為從事生產和交換活動產生對成本的計量與控制需求以來，伴隨科學技術、市場競爭和社會經濟環境的變遷，企業經營理念和組織形態的不斷演化，促進成本控制戰略歷經了一個逐步邁向科學、精確、系統和公平的發展與變革過程。

在西方現代管理理論產生之前，成本控制基本上屬於成本簿記範疇，很少具有規劃、控制、評價、考核等功能，隨著西方現代管理理論的產生和發展，現代成本控制理論和實踐內容也極大地豐富起來，成為企業管理的一個重要組成部分。總的來看，成本控制理論的發展大致經歷了以下幾個階段：

(一) 成本控制的萌芽階段

在18世紀以前，商品的生產過程比較簡單，主要是以家庭手工業為主。業主提供原料，交由工匠在自己家中生產，由其收回再向外銷售。業主分別記錄個人成本，然後與銷售收入比較，確定收益。但由於那時生產力水平低下，物質資源相對來說較為豐富，人們的成本意識不強。另外，產品在外部採用手工加工，不用機械設備，沒有生產廠房，所以間接費用很低往往被忽視，只把直接材料和人工看成是產品成本，而把間接費用當做一項損失，成本記錄和財務會計的記錄也沒有較好地結合。

到了18世紀末期，在歐洲大陸興起的產業革命的巨大衝擊下，手工作坊紛紛倒閉，機器大工業生產逐漸形成，人們逐漸認識到，待到商品銷售以後再倒算銷貨成本，

既不嚴密又為時太晚。根據生產過程中耗費的情況，計算生產成本已成為會計核算所必須解決的首要問題，在這種背景下才有了簡單的成本會計的產生。

19世紀初伴隨工廠制度的發展，已有人開始介紹分批法和分步法，並提出了永續盤存制度，滿足了不同企業正確匯集與分配生產費用，合理計算產品成本的要求。雖然這些論述並不深透，但在當時已難能可貴。總的來說，在這以前成本控制基本上還是處於萌芽階段。

(二) 以科學管理為背景的成本控制階段

19世紀中後期隨著產業革命的完成，商品生產和工廠制度得到了充分的發展，一方面，工廠大量使用重型機械設備，折舊費用增加，從而使得間接費用越來越大，產品品種也日益增多，間接費用的分配變得越來越複雜；另一方面，工廠規模擴大，生產經營複雜化，產品面向全國，競爭日益劇烈，在決定產品價格時成本逐漸占據了主要地位，因此，對成本的研究越來越受到重視。1885年梅特卡夫（H. Metcafe）出版了《製造成本》一書，提出了四種間接費用的分配方法：任務分配法、總費用分配法、人工費用百分比法和生產時間分配法。1887年加克（E. Garcke）出版了《工廠會計》一書，主張用復式記帳法記錄所有成本帳戶，並將成本帳與財務會計記錄結合起來。這段時間的研究初步奠定了成本會計的理論和方法基礎。

20世紀初，資本主義社會從自由競爭階段向壟斷階段過渡，重工業和化學工業大大發展，企業生產規模更大，也更集中，分工更細，市場競爭愈加激烈，生產過程開始走向機械化和自動化，企業管理全憑經驗已顯得無能為力。在這種情況下，以泰勒制為代表的科學管理得以產生和發展，泰勒制的主要內容是研究操作合理化，總結先進的操作方法，把個人的合理操作歸結為一種標準操作法，再要求一般工人普遍實施。

泰勒的科學管理方法給企業的成本控制帶來了很大的啟示，20世紀30年代標準成本計算與復式記帳法融合到一起，建立起了完整的標準成本會計制度。標準成本會計制度的特點是事前計劃、事中控制、事後分析。在成本發生前，通過對歷史資料的分析研究和反覆的預算分析，制定出未來某個時間內各種生產條件處於正常情況下的標準成本。在成本發生的過程中，將實際發生的成本與標準成本進行對比，記錄產生的差異，並做適當的控制和調整。在成本發生後，對實際成本與標準成本的差異進行全面的綜合分析與研究，發現問題、解決問題，並制定新的標準成本。標準成本會計制度的建立，說明工廠成本控制已進入了一個新的階段，成本控制已由事後成本計算開始轉向制定標準成本進行控制的做法，對於指導當時工廠成本控制起到了極其重要的作用。綜觀這一時期的成本控制，主要特點表現為：

（1）在市場環境上，企業產品大多處於賣方市場，供不應求，市場呈現出同質性和穩定性，因此，企業很少關注不同顧客需求的特徵及其變化趨勢。

（2）市場特徵決定了企業的主要工作重點是在生產階段，很少進行新產品的開發和針對不同顧客的行銷。相應的，在成本結構中，新產品研發成本和行銷成本的比重很小，成本控制也必然以生產成本為主。此時，成本控制的主要目的就是在銷售收入一定的前提下，通過降低成本來提高生產者自身的利潤。

（3）在控制主體上，由於將生產工人看成是單純的「經濟人」，普通工人成為控制的客體，而以部門領導和監工為代表的管理層則是控制的主體，並形成對立的兩極，人際關係不協調。在組織結構上這一階段企業主要採取職能式組織結構。在各部門結構上，採取橄欖型組織形式，即中間的製造部門較大，而處於兩端的研發部門和行銷部門比較小。

（4）由於市場的同質性與穩定性，企業之間、產品之間的競爭不激烈，使得產品生產得以採用大批量生產方式，從而使得產品本身及其生產過程呈現出高度的穩定性，這就決定了標準成本法成為這一時期的主要成本控制方法。

（5）在成本動因分析方面，以科學管理理論為基礎的標準成本法其實質就是要通過科學的方法找出產品生產與其消耗的材料以及人工之間的相關關係，泰勒等工程師採用的是工程統計的方法，這種以材料定額和工時定額為主要形式的成本與產品之間的關係是一種技術上的統計相關關係，而不具有邏輯或因果相關的特性。

（6）在控制機制上，是以部門內部層級授權和監督為主體，以差異分析和要素控制為主要形式，以差別計件工資制為主要激勵手段的封閉系統。

（三）現代成本控制階段

第二次世界大戰以後，科學技術迅速發展，企業規模進一步擴大，大型企業轉向多元化、多樣化生產，並出現了跨國企業。生產自動化、連續化程度大大提高，市場競爭空前激烈。企業為獲得更大的利潤，單純依靠降低成本已不可行，必須全面地提高經濟效益，從而使得成本控制的目的也轉向了通過事前、事中和事後的全面成本控制來提高企業的經濟效益。與此同時，運籌學、系統工程和電子計算機等各種科學理論和技術成果廣泛地應用於成本管理，促使成本管理向著預測、決策和控制等方面深化。這一階段的成本管理涉及計劃、預測、決策、控制、核算、分析、考核等全部環節，是對生產經營各個過程的成本控制。同時，量本利分析、預算控制、彈性預算、價值分析、責任會計、質量成本管理、目標管理等現代管理方法，也廣泛地運用於成本控制，從而建立起了現代成本控制的內容體系和理論體系。現代成本管理大致上經歷了責任成本管理和戰略成本管理兩個階段。

1. 責任成本管理

責任成本管理產生於20世紀早期，經過不斷地發展和完善，到了20世紀40年代，已經形成了一套比較完整的體系，並得到了廣泛的應用。

責任成本的管理程序包括：劃分成本中心、確定各成本中心應負責的成本內容、編製責任成本預算、分解責任成本、制定內部結算價格、實施責任成本日常控制、責任成本核算、編製責任成本報告、責任成本考核與激勵。

責任成本是以成本責任中心為主體所匯集的，屬於該主體經營權限範圍，並負有相應的經濟責任的可控成本。責任成本具有以下特點：以責任成本中心為責任費用匯集對象，責任成本要落實到各成本中心，按責任成本中心進行核算、控制和考核，從而將成本核算與成本控制結合起來。責任成本以「誰負責、誰承擔」為原則，注重落實成本責任，將成本耗費與責任主體相連，有效地加強了成本控制與監督。責任成本

核算只需按照企業內部管理的要求和特點自行設計成本制度，可以採用不同的核算模式和方法，他所計算的是管理成本，而不是對外的財務成本。責任成本是各中心的可控成本，不論其與生產過程是否直接相關，因此，責任成本在內容上不僅包括生產成本，還包括期間費用。責任成本按照計劃成本或內部結算價格計量所消耗的非本中心投入的物資價值，以劃清責任界限。

責任成本管理將行為科學方面的理論和管理控制方面的理論結合起來，進一步加強了企業的成本控制。但從總體上來看，它還只限於企業內部的成本控制，而且它更多的是一種被動的成本管理方式。

2. 戰略成本管理

戰略成本管理是一種基於價值鏈分析的成本管理思想，它通過對企業內部價值鏈與外部價值鏈的分析，找到企業成本管理的瓶頸，消除不增值的作業環節，達到成本的持續改善，確保企業的成本優勢。

隨著戰略管理理論的發展和完善，管理學家西蒙於1981年首次提出「戰略管理會計」一詞。他認為戰略管理會計應該側重於企業與競爭對手的對比，收集競爭對手關於市場份額、定價、成本、產量等方面的信息。1985年邁克爾‧波特在研究企業的競爭優勢時提出了低成本戰略和高差異化戰略，從而使得服務於低成本戰略的戰略成本管理得到了廣泛的研究和應用。

戰略成本管理的對象在時間和空間兩個緯度上進行了擴展：它不僅管理歷史成本，而且管理尚未發生的成本；它不僅管理企業內部生產過程的成本，而且通過分析行業價值鏈和競爭對手價值鏈，重新構建企業價值鏈，將管理對象突破企業個體範圍。

戰略成本控制的提出，開闢了成本控制的新視野，先後出現了企業產品壽命週期成本控制戰略、顧客產品壽命週期成本控制戰略以及社會產品壽命週期成本控制戰略等。

1929年的經濟大危機過後，市場特徵發生了根本性的變化。為順應市場競爭環境的變遷，許多企業從生產技術和組織結構方面紛紛謀求變革。一方面，生產過程的自動化程度和生產流程的彈性大幅提高；另一方面，部門結構也從中間大兩頭小的橄欖型演化為兩頭大中間小的啞鈴型結構。此時的成本控制戰略顯然不再局限於控制製造成本，必須將視野拓寬至覆蓋研發和行銷的企業產品壽命週期成本。這個時期，其成本控制戰略特徵表現為：①產品成本構成中製造成本的比重下降，而研發和行銷成本則大大提高；②在成本計算方法上，作業成本法（ABC）通過引入作業理念，將企業發生的資源費用通過作業進行歸集進而分配至產品（成本標的），不但提高產品成本計算的準確性，而且還揭示了成本發生的前因與後果，從而將企業成本控制從產品深入到作業層次；③企業成本計算法主要還是用於戰術層次；④在控制主體上開始關注人的精神需要，成本控制系統屬於半開放系統；⑤在控制內容上，企業需要在成本與收入之間權衡，以謀求企業自身收益的最大化。在控制範圍上，局限於單個企業，成本控制是以生產經營者的利益為出發點展開的。在控制形式上開始注重前饋方式，控制時點前伸到產品研發階段。

20世紀80年代后，市場買方的特徵和國際化進一步加深，企業不再把顧客僅僅看

成是謀利的對象，而且將他們視為企業的重要資源和合作夥伴，從顧客角度出發，考慮顧客從購買到廢棄前的整個產品壽命週期中的成本與價值，成為這一時期企業成本控制戰略的核心理念，其特徵體現在：①市場的買方特徵和國際化程度進一步加深；②成本控制內容增多，範圍擴大；③在控制主體方面，組織成員被看成是「決策人」；④在組織結構上各企業相互依賴形成鏈狀組織，使得成本控制從戰術層次提升到戰略層次；⑤顧客成本控制戰略不再僅僅局限於技術和經濟層面的直接成本動因，更重要的是從影響成本產生的基礎性結構和非結構因素著手，努力構建有利於企業成本改善和效益提升的氛圍和環境；⑥在控制形式上，通過創建某種文化和氛圍，全方位、多角度和長期持續的影響企業和員工的行為。

1992年的里約熱內盧環境與發展全球峰會之後，可持續發展逐步從理念走向行動，從宏觀的政策引導走向微觀的企業自覺行動。企業作為一個利益共同體，承擔著多元受託責任，除了為股東創造財富，為消費者提供優質的產品和服務外，還肩負著其他社會責任。因此，產生了全社會產品壽命週期成本。隨之，社會產品壽命週期成本控制戰略也出現，其特徵表現為：

（1）企業組織結構以網路結構為主要特徵，強調與各利益相關者的溝通與協調，形成完全開放的、具有自我組織和自我學習功能的系統。

（2）成本控制範圍進一步擴大，內容進一步增多，企業在產品設計和研發階段，就系統考慮產品廢棄時的環境成本，從而有助於在研發和製造階段採取減少或消除環境成本的材料和工藝。同時，提高企業及其員工的社會責任和環境意識，成本控制具有時間上連續、空間上完整和方式上多樣的立體特徵。

（3）非結構性成本動因在這一時期已經占主要地位。

（4）成本控制戰略演變為一個組織與環境融為一體的開放性系統。

第二節　標準成本基礎

標準成本制也稱為標準成本會計，是指事先制定標準成本，將標準成本與實際成本相比以揭示成本差異，對成本差異進行因素分析，並據以加強成本控制的一種會計信息系統和成本控制系統。

需要強調的是，標準成本制並不單純是一種成本計算方法，而是一個包括制定標準成本、計算和分析成本差異以及處理成本差異三個環節的完整系統。它不僅是會計信息系統的一個分支，而且也是成本控制系統的一個分支。它不僅被用來計算產品成本，更重要的是被用來加強成本控制。

標準成本制是在泰勒的生產過程標準化思想影響下，於20世紀20年代產生於美國。剛開始時，它只是一種比較簡單的統計分析方法，以後才逐步發展和完善起來，並納入了復式簿記。今天已普遍為西方企業所採用。

標準成本制既可以同製造成本法結合使用，也可以同變動成本法結合使用。西方企業一般將它同製造成本法結合使用。

一、標準成本概論

(一) 標準成本的概念

標準成本也稱為應該成本，是指經過仔細調查、分析和技術測定而制定的，在正常生產經營條件下應該實現的，因而可以作為控制成本開支、評價實際成本、衡量工作效率的依據和尺度的一種目標成本。由此可見，標準成本是根據對實際情況的調查，用科學方法制定的，所以具有客觀性和科學性。標準成本是按正常條件制定的，並未考慮不能預測的異常變動，因而具有正常性。標準成本一經制定，只要制定的依據不變，不必重新修訂，所以具有相對穩定性。標準成本是成本控制的目標和衡量實際成本的尺度，所以具有目標性和尺度性。這些就是標準成本的特點。

採用標準成本時，成本預算應按標準成本編製，因此標準成本同預算成本沒有質的差別，兩種名稱常常混用。就單位產品而言，往往稱為標準成本或成本標準；就某一預算期的產品或某一批產品而言，既可稱為標準成本，也可稱為預算成本。

(二) 標準成本的作用

標準成本的作用有以下幾項：

(1) 在領料、用料、安排工時和人力時，均以標準成本為事前控制和事中控制的依據。

(2) 標準成本的客觀性和科學性使它具有相當的權威性，同時它又是建立職工工資制度和獎勵制度必須考慮的因素，所以採用標準成本可以加強職工的成本觀念，提高他們挖掘潛力、降低成本的積極性和加強責任感。

(3) 採用標準成本，有利於責任會計的推行。標準成本不僅是編製責任成本預算的根據，也是考核責任中心成本、控制業績的依據。

(4) 標準成本是價格決策和投標議價的一項重要依據，也是其他長短期決策必須考慮的因素。

(5) 採用標準成本有利於實行例外管理。以標準成本為基準與實際成本相比而產生的差異，是例外管理賴以進行的必要信息。

(6) 在產品、產成品和銷貨成本均以標準成本計價，可使成本計算、日常帳務處理和會計報表的編製大為簡化。

上述各項標準成本的作用，體現了標準成本制的優點。

(三) 標準成本的種類

西方會計學界對於應制定怎樣的標準成本，眾說紛紜。它們提出了許多不同的但大同小異的各種標準成本，這裡只介紹其中的理想標準成本、正常標準成本和現實標準成本三種。

1. 理想標準成本

理想標準成本是指以現有生產經營條件處於最佳狀態為基礎確定的最低水平的成本；也就是在排除一切失誤、浪費和耽擱的基礎上，根據理論上的生產要素耗用量、

最理想的生產要素價格和最高的生產經營能力利用程度制定的標準成本。這種標準成本要求過高，會使職工因感到難以達到而喪失信心。

2. 正常標準成本

正常標準成本是指根據正常的耗用水平、正常的價格和正常的生產經營能力利用程度制定的標準成本；也就是根據以往一段時期實際成本的平均值，剔除其中生產經營活動中的異常因素，並考慮今后的變動趨勢而制定的標準成本。這是一種經過努力可以達到的標準成本，而且生產技術和經營管理條件如無較大變動，可以不必修訂而繼續使用。因此，在國內外經濟形勢穩定的條件下，正常標準成本得到廣泛的應用。

3. 現實標準成本

現實標準成本也稱為可達到標準成本，是指在現有生產技術條件下進行有效的經營管理的基礎上，根據下一期最可能發生的生產要素耗用量、價格和生產經營能力利用程度制定的標準成本。這種標準成本可以包含企業管理當局認為一時還不能避免的某些不應有的低效、失誤和超量消耗，最切實可行，最接近實際成本，因此既可用於成本控制，也可用於存貨計價。在經濟形勢變化無常的情況下，這種標準成本最為適用。

二、標準成本的制定

標準成本的制定通常只針對產品的製造成本，不針對期間成本。對管理成本和銷售成本採用編製預算的方法進行控制，不制定標準成本。由於產品的製造成本是由直接材料、直接人工和製造費用三部分組成，與此相適應，產品的標準成本也就由上述三部分組成。實際制定時，首先按用量標準乘以價格標準分別計算三個成本項目的標準成本，然後將其相加確定產品的標準成本。

(一) 制定標準成本的原則

這裡要講的，實際上是制定單位產品標準成本（即成本標準）及其各項依據的原則。這些原則有以下幾項：

1. 平均先進，水漲船高

標準成本應該制定在平均先進的水平上，以便只要努力就能達到，甚至超過。這樣可以鼓勵職工滿懷信心地挖掘降低成本的潛力。過高或過低的要求，均不能激發職工的積極性。等到大多數人都能輕易地達到時，就應適當提高要求。如果長期不加調整，先進的標準也會變成落后的。

2. 根據過去，考慮未來

制定標準成本必須依據歷史成本資料。但是，所謂標準，畢竟不是反應「曾經如何」，而是要表達「應該如何」。因此，還應預測經濟形勢的動向，供需市場的變動，職工熟練程度的提高，改革技術和改進某些規章制度的預計效果等因素，在歷史水平的基礎上做適當的調整。

3. 專業人員草擬，執行人員參與，企業管理當局拍板

標準成本基本上是生產要素的耗用量與單價相乘之積，因此在制定標準成本時，

除了需要管理會計人員收集和整理歷史資料，並參與整個制定過程以外，材料和工時耗用量的確定離不開工程技術人員的研究和測定，材料價格和工資率的確定離不開採購人員和勞動工資管理人員的調查和預測。制定標準成本時，應該讓標準成本的執行者，即直接控制成本的人員參與，並充分發揮其應有的激勵作用。但他們往往有要求從寬的偏向，所以通過同他們的反覆商議，最后由上級企業管理當局拍板定案，也是十分必要的。

(二) 直接材料標準成本的制定

直接材料標準成本是由直接材料用量標準和直接材料價格標準決定的。

直接材料用量標準是指生產單位產品所耗用的原料及主要材料的數量，即材料消耗定額。它包括構成產品實體和有助於產品形成的材料，以及必要的損耗和不可避免地形成廢品所耗用的材料。制定直接材料用量標準時，應按各種材料分別計算，各種材料的規格由產品設計部門制定，直接材料用量標準由生產部門制定。

直接材料價格標準是指採購某種材料的計劃單價。它以訂貨合同價格為基礎，並考慮各種變動因素的影響（如供求情況、價格動向、購買政策以及現金折扣等），包括買價、採購費用和正常損耗等成本。制定直接材料價格標準時，也應按各種材料分別計算，各種材料價格標準通常由財會部門根據供應採購部門提供的計劃單價分析制定。

根據上述確定的各種材料用量標準和價格標準，按下列公式計算出單位產品的直接材料標準成本。其計算公式為：

$$\text{單位產品直接材料標準成本} = \Sigma \left(\text{該產品耗用某種材料的價格標準} \times \text{該產品耗用某種材料的用量標準} \right)$$

【例 8-1】某企業生產甲產品耗用材料 A 和材料 B 的資料如表 8-1 所示。要求：確定甲產品直接材料的標準成本。

表 8-1　　　　　　某企業生產甲產品耗用材料 A 和材料 B 的資料

項 目	材料 A	材料 B
預計正常用量（千克/件）	2.5	3
預計損耗量（千克/件）	0.5	1
用量標準（千克/件）(1)	3	4
預計購買單價（元/千克）	5	6
預計採購費用（元/千克）	1.5	2.5
預計正常損耗（元/千克）	0.5	1.5
價格標準（元/千克）(2)	7	10
各種材料標準成本（元/件）[(1)×(2)]	21	40
甲產品單位直接材料標準成本（元）	61	

(三) 直接人工標準成本的制定

直接人工標準成本是由直接人工用量標準和直接人工價格標準決定的。

直接人工用量標準即工時用量標準，是指在現有工藝方法和生產技術水平條件下，生產單位產品所耗用的生產工人工時數，也稱為工時消耗定額。它包括直接加工工時、必要的休息和停工工時，以及難以避免地形成廢品所耗用的工時。制定工時用量標準時，應按產品的加工工序和生產部門分別計算，各工序工時用量標準由生產技術部門制定。

人工價格標準即小時工資率標準，是指每一標準工時應分配的標準工資。它可以按下列公式計算：

$$小時工資率標準 = \frac{預計支付生產工人工資總額}{標準工時總數}$$

其中，標準工時總數是指企業在現有的生產技術條件下能夠完成的最大的生產能力，也稱為產能標準。標準工時總數通常用直接人工工時數和機器小時數來表示。人工價格標準由勞資部門制定。

根據上述確定的各工序工時用量標準和小時工資率標準，按下列公式計算出單位產品的直接人工標準成本。

$$單位產品直接人工標準成本 = \Sigma \left(\begin{array}{c} 該產品各工序的 \\ 小時工資率標準 \end{array} \times \begin{array}{c} 該產品各工序的 \\ 工時用量標準 \end{array} \right)$$

【例8-2】某企業生產甲產品需由第一車間、第二車間連續加工，其有關資料如表8-2所示。要求：確定甲產品直接人工的標準成本。

表8-2　　　　　　　　某企業生產甲產品的有關資料

項　目	第一車間	第二車間
直接加工工時（小時/件）	2	3
休息工時（小時/件）	0.5	0.3
停工工時（小時/件）	0.4	0.6
廢品耗用工時（小時/件）	0.1	0.1
	材料A	材料B
工時用量標準（小時/件）	3	4
直接生產工人人數（人）	50	60
每人每月標準工時（小時）	180	180
每月標準工時（小時）	9,000	10,800
每月生產工人工資總額（元）	27,000	43,200
小時工資率標準（元/小時）	3	4
各車間直接人工標準成本（元/件）	9	16
甲產品單位直接人工標準成本（元）	25	

（四）製造費用標準成本的制定

製造費用標準成本是由製造費用用量標準和製造費用價格標準決定的。

製造費用用量標準即工時用量標準，它與上述直接人工用量標準的制定相同。

製造費用價格標準即製造費用分配率標準，是指每一標準工時應分配的製造費用預算總額。它可以按下列公式計算：

$$製造費用分配率標準 = \frac{製造費用預算總額}{標準工時總數}$$

其中，製造費用預算總額是指在力求節約、合理支配的條件下，製造費用各明細項目的最低發生數額之和。由於製造費用預算是按照變動性製造費用和固定性製造費用分別編製的，因此，製造費用標準成本也應區別變動性製造費用和固定性製造費用進行計算。

$$變動性製造費用分配率標準 = \frac{變動性製造費用預算總額}{標準工時總數}$$

$$固定性製造費用分配率標準 = \frac{固定性製造費用預算總額}{標準工時總數}$$

根據上述確定的各工序工時用量標準和製造費用分配率標準，按下列公式計算出單位產品的製造費用標準成本。

$$\begin{aligned}單位產品製造\\費用標準成本\end{aligned} = \sum \left(\begin{aligned}各工序的工\\時用量標準\end{aligned} \times \begin{aligned}各工序的製造\\費用分配率標準\end{aligned} \right)$$

$$= \sum \left(\begin{aligned}各工序的工\\時用量標準\end{aligned} \times \begin{aligned}該工序變動性製造\\費用分配率標準\end{aligned} + \begin{aligned}各工序的工\\時用量標準\end{aligned} \times \begin{aligned}該工序固定性製造\\費用分配率標準\end{aligned} \right)$$

$$= \sum \left(\begin{aligned}各工序變動性制\\造費用標準成本\end{aligned} + \begin{aligned}各工序固定性制\\造費用標準成本\end{aligned} \right)$$

【例 8-3】某企業生產甲產品需由第一車間、第二車間連續加工，其有關資料如表 8-3 所示。要求：確定甲產品製造費用的標準成本。

表 8-3　　　　　　第一車間和第二車間生產甲產品的生產情況

項　目	第一車間	第二車間	合計
工時用量標準（小時/件）	3	4	
標準工時總數（小時）	9,000	10,800	
變動性製造費用預算總額（元）	5,400	7,560	
變動性製造費用分配率標準（元/小時）	0.6	0.7	
變動性製造費用標準成本（元/件）	1.8	2.8	4.6
固定性製造費用預算總額（元）	2,700	4,320	
固定性製造費用分配率標準（元/小時）	0.3	0.4	
固定性製造費用標準成本（元/件）	0.9	1.6	2.5
甲產品單位製造費用標準成本（元）		7.1	

(五) 單位產品標準成本的制定

在某種產品的直接材料標準成本、直接人工標準成本和製造費用標準成本確定後，

就可以直接匯總計算單位產品標準成本。匯總時，企業通常要按各種產品設置「產品標準成本卡」，列明各成本項目的用量標準、價格標準和標準成本。

另外，採用變動成本法計算時，單位產品標準成本由直接材料、直接人工和變動性製造費用三個成本項目組成；而採用完全成本法計算時，單位產品標準成本除上述三個成本項目外，還應包括固定性製造費用。標準成本通常採用完全成本法制定，每半年或一年重新修訂。

【例8-4】接【例8-3】，甲產品標準成本卡如表8-4所示。

表8-4　　　　　　　　　　產品標準成本卡

產品名稱：甲產品　　　　　編製日期：　年　月　日

項目	用量標準	價格標準	標準成本
直接材料 　A 材料 　B 材料 　小計	 3 千克/件 4 千克/件 —	 7 元/千克 10 元/千克 —	 21 40 61
直接人工 　第一車間 　第二車間 　小計	 3 小時/件 4 小時/件 —	 3 元/小時 4 元/小時 —	 9 16 25
變動性製造費用 　第一車間 　第二車間 　小計	 3 小時/件 4 小時/件 —	 0.6 元/小時 0.7 元/小時 —	 1.8 2.8 4.6
固定性製造費用 　第一車間 　第二車間 　小計	 3 小時/件 4 小時/件 —	 0.3 元/小時 0.4 元/小時 —	 0.9 1.6 2.5
單位產品標準成本			93.1

第三節　成本差異分析

產品的標準成本是一種預定的成本目標，產品的實際成本由於種種原因可能與預定的目標不符，其間的差額稱為成本差異。如實際成本超過標準成本，所形成的差異反應在有關差異帳戶的借方，這種差異稱為不利的差異；反之，如實際成本低於標準成本，所形成的差異反應在有關差異帳戶的貸方，這種差異稱為有利的差異。成本差異分析的目的就在於找出差異形成的原因和責任，採取相應的措施，以消除不利的差異，發展有利的差異，實現對成本的有效控制，促進成本的不斷降低。

成本差異的名目繁多，歸納起來如圖8-1所示。

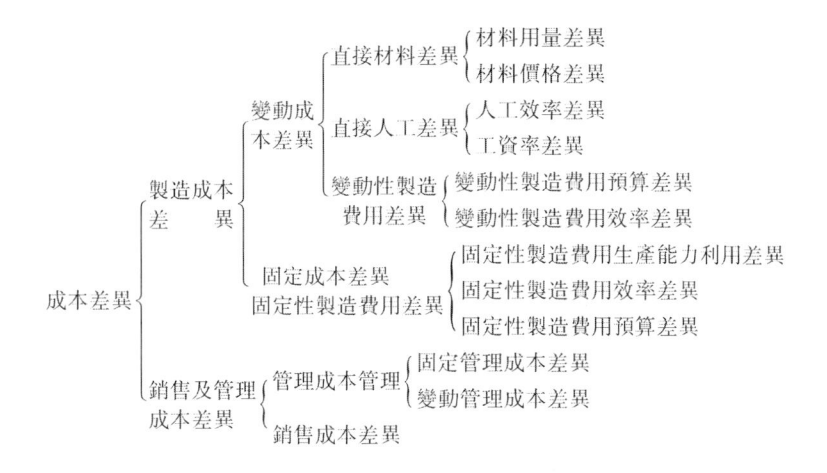

```
                              ┌ 直接材料差異 ┬ 材料用量差異
                              │              └ 材料價格差異
                   ┌ 變動成  ─┤ 直接人工差異 ┬ 人工效率差異
                   │ 本差異   │              └ 工資率差異
        ┌ 製造成本 ┤          │ 變動性製造   ┬ 變動性製造費用預算差異
        │ 差   異  │          └ 費用差異     └ 變動性製造費用效率差異
        │         │                          ┌ 固定性製造費用生產能力利用差異
        │         └ 固定成本差異            ─┤ 固定性製造費用效率差異
成本差異┤           固定性製造費用差異        └ 固定性製造費用預算差異
        │
        │ 銷售及管理 ┌ 管理成本管理 ┬ 固定管理成本差異
        └ 成本差異   │              └ 變動管理成本差異
                    └ 銷售成本差異
```

圖 8-1　成本差異

由於成本差異是指標準價格、數量與實際價格、數量的差額。所謂價格差異和數量差異，可就材料、人工及變動費用三個成本項目分別計算，雖然有時它們的名字不同，但價格差異和數量差異的計算方式總是一致的。其成本差異可用下列通用模式來表示：

(1) 實際數量×實際價格 ⎫
(2) 標準價格×實際數量 ⎬ 價格差異 (1) － (2) ⎫
(3) 標準數量×標準價格 ⎭ 數量差異 (2) － (3) ⎬ 變動成本總差異

一、直接材料差異分析

直接材料差異包括用量差異和價格差異。其計算公式如下：

材料用量差異＝(實際用量－標準用量)×標準價格

材料價格差異＝(實際價格－標準價格)×實際用量

直接材料成本總差異＝實際用量×實際價格－標準用品×標準價格

首先，應該注意的是：在上面用量差異和價格差異的計算當中，當計算用量差異時，是以標準價格相乘；而計算價格差異時，是以實際用量相乘；不能同時用標準或實際的數值，否則會形成重複計算或漏算。

圖 8-2a 是表示總差異的圖示：內矩形代表標準材料成本，外矩形代表實際材料成本，陰影部分即兩者之差，就是總的差異。如果根據上面公式的計算，則可表示如圖 8-2b，此兩項差異相加等於總差異。如果計算用量差異以實際價格計算，而計算價格差異也以實際用量計算，則結果如圖 8-2c，右上角小矩形表示兩項差異的重複部分。兩項相加不等於總差異。如果計算兩種差異都以標準數值相乘，則結果如圖 8-2d，右上角小矩形表示兩項差異計算漏算部分，兩項相加也不等於總差異。

【例 8-5】A 種材料實際單價為 1.5 元，標準單價為 1.4 元，實際用量為 1,000 千克，標準用量為 980 千克，則材料標準成本總差異為：

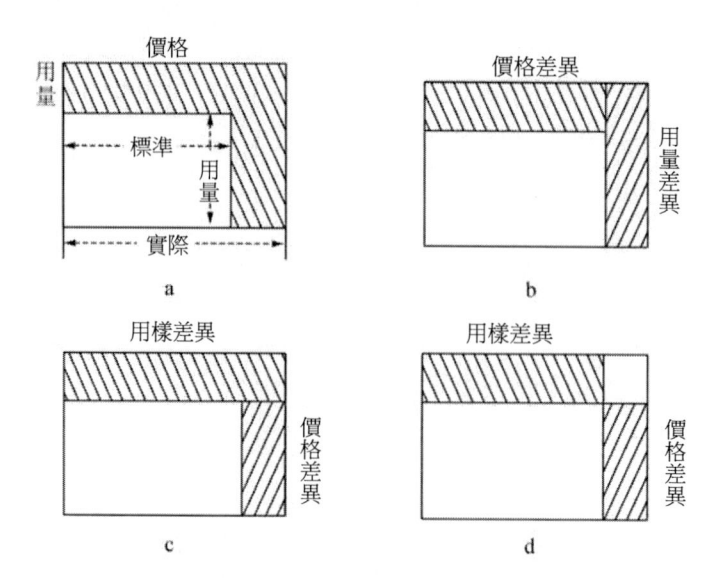

圖 8－2　總差異圖

$1,000 \times 1.5 - 980 \times 1.4 = 1,500 - 1,372 = 128$ （圖 8－2a）

其中：

材料用量差異 = $(1,000 - 980) \times 1.4 = 28$

材料價格差異 = $(1.5 - 1.4) \times 1,000 = 100$

$28 + 100 = 128$ （圖 8－2b）

如都以實際價格用量計算，則：

材料用量差異 = $(1,000 - 980) \times 1.5 = 30$

材料價格差異 = $(1.5 - 1.4) \times 1,000 = 100$

$30 + 100 = 130 > 128$ （圖 8－2c）

如都以標準數值計算，則：

材料用量差異 = $(1,000 - 980) \times 1.4 = 28$

材料價格差異 = $(1.5 - 1.4) \times 980 = 98$

$28 + 98 = 126 < 128$ （圖 8－2d）

其次，計算用量差異時使用標準價格而不用實際價格，計算價格差異時，使用實際用量而不用標準用量；這是由於從成本控制立場來說，材料用量多少，企業可借工程上種種方法或訓練員工，提高技能減少消耗而加以控制。但材料價格受物價和市場供需情況所決定，企業難於控制，所以材料成本控制重點是放在用量上，而不是在價格上。企業為期望用量差異的計算，不受材料價格漲落的影響，使用量差異數字能純粹表示材料耗用的效率，在用量差異的計算上，就需要使用較為穩定的標準價格；否則，所計算得到的用量差異，便缺少參考價值。這一點可從以下說明：

在【例 8－5】中，用量差異用實際價格計算，該月份的差異金額為：

(1,000 - 980) × 1.5 = 30（元）

假設第二個月的產品數量及耗用材料數量均和前一個月相同，則兩個月的用料數應完全一致，但是第二個月因物價下跌，材料每單位購價僅為1.2元，這時用實際價格計算的用量差異就是：

(1,000 - 980) × 1.2 = 24（元）

顯然，比上月的差異金額減少6元，如僅從這兩個月的數字來比較，很容易誤會第二個月份用用料效率很有進步，實際上並不是這樣，在成本報表和差異資料內，往往只列金額，對詳細情況並不加說明，這就會導致對分析和業績考核的錯誤結論。

當然，計算價格差異時，用實際用量做乘數，也存在著相同的缺點。但是，價格差異既不可控，又不是控制材料成本的重點所在，比較得失，還是以避免用量差異的資料遭受歪曲為好，計算價格差異資料的可靠性，也只好服從了。

關於直接材料成本差異的上列公式的計算，也可以用列表法表示，見表8-5。

表8-5　　　　　　　　　直接材料成本差異的金額計算

材料名稱或編號(1)	實際單價(2)	標準單價(3)	實際用量(4)	標準用量(5)	總差異(6) = (2)×(4) - (3)×(5)	用量差異(7) = [(4)-(5)]×(3)	價格差異(8) = [(2)-(3)]×(4)
A	1.5元	1.4元	1,000千克	980千克	128元	28元	100元

二、直接人工成本差異分析

直接人工成本差異的計算公式為：

人工工作時間差異（效率差異） = (實際工作時數 - 標準工作時數) × 標準工資率

工資率差異 = (實際工資率 - 標準工資率) × 實際工時

人工成本總差異 = 實際工作時數 × 實際工資率 - 標準工作時數 × 標準工資率

關於直接人工成本差異，同樣也可用列表法表示。

【例8-6】如某車間某月份標準工時數為1,800小時，實際工時為2,000小時，標準工資率為0.45元/工時，實際工資率為0.52元/工時，則計算人工成本差異的金額如表8-6所示。

表8-6　　　　　　　　　人工成本差異計算表

單位：元

部門	實際工資率(1)	標準工資率(2)	實際工作時數(3)	標準工作時數(4)	總差異(5) = (1)×(3) - (2)×(4)	工作時間差異(6) = [(3)-(4)]×(2)	工資率差異(7) = [(1)-(2)]×(3)
××	0.52	0.45	2,000	1,800	230	90	140

三、製造費用差異分析

引起製造費用差異的因素包括費用預算的執行、產量的變化和效率的改變等。為了分析製造費用差異，固定性製造費用差異和變動性製造費用差異均應單獨計算。

1. 變動性製造費用差異

變動性製造費用差異有兩種，即預算差異和效率差異。這兩種分別類似材料、人工方面的價格差異和用量差異。預算差異即開支差異，它的發生是由於實際變動性製造費用不同於標準變動性製造費用；而效率差異的發生，是因為實際加工時數不同於標準時數，其計算公式為：

$$\text{變動性製造費用預算差異} = \text{實際變動費用總額} - \text{實際工作時數} \times \text{標準變動費用分配率}$$

$$\text{變動性製造費用效率差異} = (\text{實際工作時數} - \text{標準工作時數}) \times \text{標準變動費用分配率}$$

$$\text{變動性製造費用總差異} = \text{實際變動費用總額} - \text{實際產量應耗標準工時數} \times \text{標準變動費用分配率}$$

$$\text{實際變動費用總額} = \text{實際工作時數} \times \text{實際變動費用分配率}$$

【例 8-7】某月份實際費用總額為 600 元，標準費用限額為 640 元，標準產量應耗標準工時為 1,600 工時，標準分攤率為 0.40 元，實際產量為 700 件，標準產量為 800 件，實際產量所耗實際工時為 1,540 工時，則用列表法可表示如表 8-7 所示。

表 8-7　　　　　　　　變動性製造費差異分析

生產部門 (1)	實際費用總額 (2)	標準費用限額 (3) = (4)×(5)	標準產量應耗標準工時 (4)	標準分攤率 (5)	實際產量所耗實際工時 (6)	實際產量應耗標準工時 (7)	總差異 (8) = (2) - (7) × (5)	預算差異 (9) = (2) - (6) × (5)	效率差異 (10) = [(6) - (7)] × (5)
××	600	640	800×2 = 1,600	0.40	700×2.2 = 1,540	700×2 = 1,400	600 - 560 = 40	600 - 616	140×0.4 = 56

2. 固定性製造費用差異

固定性製造費用差異的計算，比較複雜，它涉及標準成本、預算成本和實際成本三類數據。在使用全部成本計算的標準成本制度中，一般先要確定一種基本活動單位，如以直接人工小時、生產單位標準小時等為基礎，然後對會計期內完成的基本活動單位數和預計的固定費用率計算應分配的固定間接製造費用。因此，有關固定性製造費用的標準成本和實際成本之間的差異，一般有預算差異和能量差異兩類，或者預算差異、效率差異和生產能力利用差異三類，按兩類劃分的稱為差異兩分法，按三類劃分的稱為差異三分法。

(1) 差異兩分法的計算公式為：

$$\text{固定費用預算差異} = \text{實際固定費用總額} - \text{標準固定費用預算限額}$$

$$\text{固定費用能量差異} = \text{標準固定費用預算限額} - \text{實際產量應耗標準工時} \times \text{標準固定費用分攤率}$$

$$\text{固定費用總差異} = \text{實際固定費用總額} - \text{實際產量應耗標準工時數} \times \text{固定標準費用分攤率}$$

【例 8-8】某月標準限額固定費用為 520 元,實際固定費用總額為 480 元,標準分攤率為 0.60 元,實際產量應耗標準工時為 720 工時,則用列表法可表示如表 8-8 所示。

表 8-8　　　　　　　　　　固定製造費差異分析

生產部門(1)	實際固定費用總額(2)	標準費用限額(3)	標準分攤率(4)	實際產量應耗標準工時(5)	總差異(6)=(2)-(5)×(4)	預算差異(7)=(2)-(3)	能量差異(8)=(3)-(5)×(4)
××	480	520	0.60	360×2	480-432=48	480-520=40	520-432=88

(2) 差異三分法的計算公式為:

$$\text{固定費用預算差異} = \text{實際固定費用總額} - \text{標準固定費用預算限額}$$

$$\text{固定費用生產能力利用差異} = \left(\text{標準產量應耗標準工時} - \text{實際產量所耗實際工時}\right) \times \text{標準固定費用分攤率}$$

$$\text{固定費用效率差異} = \left(\text{實際產量所耗實際工時} - \text{實際產量應耗標準工時}\right) \times \text{標準固定費用分攤率}$$

$$\text{固定費用總差異} = \text{實際固定費用總額} - \text{實際產量應耗標準工時} \times \text{標準固定費用分攤率}$$

【例 8-9】實際固定費用總額為 800 元,標準費用限額為 780 元,標準產量為 600 件,應耗標準工時為 1,176 工時,實際產量應耗標準工時為 1,120,則用列表法可表示如表 8-9 所示。

表 8-9　　　　　　　　　　固定製造費差異分析

生產部門(1)	實際費用總額(2)	標準費用限額(3)	標準產量應耗標準工時(4)	標準分攤率(5)	實際產量所耗實際工時(6)	實際產量應耗標準工時(7)	總差異(8)=(2)-(7)×(5)	預算差異(7)=(2)-(3)	生產能力利用差異(10)=[(4)-(6)]×(5)	效率差異(11)=[(6)-(7)]×(5)
××	800	780	600×2=1,200	0.65	560×2.1=1,176	560×2=1,120	72	20	15.6	36.4

第四節　成本差異的帳務處理

一、成本差異核算使用的帳戶

日常計算出來的各類成本差異除了可據以編報有關差異分析報告單之外，還應分別歸集登記有關成本差異明細分類帳或登記表，使差異能在帳戶系統中得以記錄，以便期末匯總每類差異的合計數並統一進行處理。

成本差異核算所使用的帳戶既可以按大的成本項目設置，又可以按具體成本差異的內容設置。在完成成本法下，按大的成本項目設置的核算成本差異的會計科目包括：「直接材料成本差異」科目、「直接人工成本差異」科目、「變動性製造費用成本差異」科目和「固定性製造費用成本差異」科目，每個科目下再按差異形成的原因分設明細科目。在變動成本法下，可以不設置「固定性製造費用成本差異」科目。

按具體差異設置的科目應包括：「直接材料用量差異」「直接材料價格差異」「直接人工用量（效率）差異」「直接人工工資率差異」「變動性製造費用耗費差異」「變動性製造費用效率差異」「固定性製造費用預算差異」和「固定性製造費用能量差異」（或「固定性製造費用開支差異」「固定性製造費用能力差異」和「固定性製造費用效率差異」）等。

二、歸集成本差異的會計分錄

對本期發生的成本差異應及時在有關會計帳戶上登記。

對超支差應相應借記有關差異帳戶，節約差則貸記相應帳戶，相應的生產費用帳戶則按標準成本予以登記。記錄差異的會計分錄通常在實際成本發生並且計算出差異的同時予以編製。

【例8-10】依據【例8-2】、【例8-4】、【例8-6】和【例8-8】計算的各類差異，編製有關會計分錄。

(1) 借：生產成本——甲產品　　　　　　　　　　　　110,000
　　　　直接材料用量差異　　　　　　　　　　　　　 15,000
　　　貸：直接材料價格差異　　　　　　　　　　　　 5,000
　　　　　原材料　　　　　　　　　　　　　　　　　120,000
(2) 借：生產成本——甲產品　　　　　　　　　　　　 20,000
　　　　直接人工用量差異　　　　　　　　　　　　　　 500
　　　貸：直接人工工資率差異　　　　　　　　　　　　 820
　　　　　應付職工薪酬　　　　　　　　　　　　　　 19,680
(3) 借：製造費用　　　　　　　　　　　　　　　　　 31,500
　　　貸：變動性製造費用耗費差異　　　　　　　　　 1,160
　　　　　變動性製造費用效率差異　　　　　　　　　 2,500

有關科目	27,840
(4) 借：製造費用	50,400
貸：固定性製造費用預算差異	12,000
固定性製造費用能量差異	2,400
有關科目	36,000

三、期末成本差異的帳務處理

會計期末對本期發生的各類成本差異可按以下方法進行會計處理。

(一) 直接處理法

所謂差異的直接處理法，即將本期發生的各種差異全部計入損益表，由本期收入補償，視同於銷貨成本的一種差異處理方法。此方法的根據在於：本期差異應體現本期成本控制的業績，要在本期利潤上予以反應。這種方法比較簡單，使當期經營成果與成本控制的業績直接掛勾。但當成本標準過於陳舊或實際成本水平波動幅度過大時，就會因差異額過高而導致當期淨收益失實，同時會使存貨成本水平失實。西方應用標準成本制度的企業多數採用直接處理法。

【例8-11】假定某年1月份只發生了如【例8-10】所示的幾項成本差異。

在完全成本法下，期末按直接處理法應編製如下分錄：

借：銷售費用	-8,380
貸：直接材料用量差異	15,000
直接材料價格差異	-5,000
直接人工用量差異	500
直接人工工資率差異	-820
變動性製造費用耗費差異	-1,160
變動性製造費用效率差異	-2,500
固定性製造費用預算差異	-12,000
固定性製造費用能量差異	-2,400

在變動成本法下，分錄為：

借：銷售費用	6,020
其他期間費用	-14,400
貸：直接材料用量差異	15,000
直接材料價格差異	-5,000
直接人工用量差異	500
直接人工工資率差異	-820
變動性製造費用耗費額	-1,160
變動性製造費用效率差異	-2,500
固定性製造費用預算差異	-12,000

固定性製造費用能量差異　　　　　　　　　　　　　　　　-2,400

(二) 遞延法

遞延法又稱為分配法，即把本期的各類差異按標準成本的比例在期末存貨和本期銷貨之間進行分配，從而將存貨成本和銷貨成本調整為實際成本的一種成本差異處理方法。遞延法強調成本差異的產生與存貨、銷貨都有聯繫，不能只由本期銷貨負擔，應該有一部分差異隨期末存貨遞延到下期去。這種方法可以確定產品的實際成本，但分配差異工作過於繁瑣。

【例8-12】假定某年1月初存貨量為零，產品完工率為80%，完工產成品均已售出。

在完全成本法下，期末按遞延法應編製以下分錄：

借：銷售費用　　　　　　　　　　　-6,704（-8,380×80%）
　　生產成本　　　　　　　　　　　-1,676（-8,380×20%）
　貸：有關差異帳戶　　　　　　　　-8,380（同上例）

在變動成本法下，分錄為：

借：銷售費用　　　　　　　　　　　4,816（6,020×80%）
　　生產成本　　　　　　　　　　　1,204（6,020×20%）
　　期間費用　　　　　　　　　　　-14,400
　貸：有關差異帳戶　　　　　　　　-8,380（同上例）

(三) 穩健法

在實務中還有一些變通方法，如折衷法，即將各類差異按主觀和客觀原因分別處理：對客觀差異（一般指價格差異）按遞延法處理，對主觀差異（一般指用量差異）按直接處理法處理。這種方法既能在一定程度上通過利潤來反應成本控制的業績，又可以將非主觀努力可以控制的差異合理地分配給有關對象。其缺點是不符合一致性原則。另外，還有一種處理差異的方法，差異的年末一次處理法，即各月末只匯總各類差異，到年末才一次性處理。這樣，不僅可簡化各月處理差異的手續，而且在正常情況下，各月差異正負相抵後，年末一次處理額並不大，可避免各月利潤因直接負擔差異而波動。但是如果年內某種差異只有一種變動趨勢，那麼在年末一次處理時，累計差異過大會歪曲財務狀況與經營成本，所以，在后一種情況下就不宜採用該方法。

第五節　幾種成本計算方法的比較

一、成本計算方法背景概述

從成本計算的歷史去考察，在成本計算發展的初期「之所以這樣緩慢，部分原因是成本數據的用途非常有限。通常，使用成本數據的動機只是計算完成財務會計記錄

和報告所必要的期末存貨」。①「在1885年以前，已經從理論上理解間接費。但由於尚未將成本記錄和復式記錄帳簿結合起來，所以，在將間接費用分配於產品時，就非常棘手。當時，只能計算過去成本，而且這個成本計算過程通常是一個簡單的數據累積過程，並不反應生產過程中發生的價值轉移。當時，並不存在會計技術的統一性或最佳會計實務的意識，沒有明確地區分工廠成本和管理成本，甚至沒有區分費用和損失。一般地說，產量變動對成本的影響，也沒有為人們所理解，幾乎不存在分離固定成本因素和變動成本因素的思想。」②

成本計算的發展，首先表現為成本計算內容、範圍的不斷擴大，其次表現為成本計算形式的不斷增多、發展。在初期，成本計算方法僅表現為計算成本內容上的變化，比如，我國較早的成本計算只計算不變成本部分，而不計算可變成本部分。以後，隨著機器的發現和應用，工場手工業轉化為工廠形式，在計算成本時就把可變成本也包含進去。19世紀中葉以後，隨著資本主義股份公司的形成和發展，成本計算方法突破了單一成本的框框，在廣度上有了長足的發展，擴展到事前測算、事中反應、車間、工段、班組乃至個人的成本計算，內容方面由一貫的財務成本，發展為技術、質量、責任、產品等多種成本等。「在相當長的時期裡，成本計算縱向（即成本內容的深度、精度）發展的基本內容已穩定時，就向橫向領域發展，從而變成一個多種成本計算方法結合運用的方法體系。」③

產生這樣發展變化的動因，完全來源於管理深度、廣度、精度的發展對成本提出的要求，不同的管理需要就會產生不同的成本形式。成本計算作為一個對生產耗費活動的反應系統，與管理需要存在著天然的聯繫，管理的各種要求正是成本計算所要達到的目標，管理要求的升級構成了成本計算整合的基本方向，不能適應管理要求的成本計算，就不能有效地服務於管理，同時，超過了管理需要的成本計算，就會造成成本信息多余，使成本計算工作陷於盲目境地。因而，現代科學技術和管理科學的發展，使人們的眼界擴大了，對得失的比較有了更廣更深的理解。管理的要求提高了，使管理的目的呈現多元化的趨勢。與此相適應出現了許多新的費用分類標準，成本性態日益增多。在原有產品完全成本基礎上初步形成了內部控制、經營決策、技術經濟三個系列的成本性態。在商品生產不甚發達、供不應需的時期，生產型企業重視的是以泰羅制為代表的科學管理，以內部控制為目的的標準成本、定額成本應運而生，以後，隨著行為科學的介入，演變出責任成本。20世紀后期，隨著企業生產經營逐步形成了「電腦一體化製造系統」，西方發達國家又提出並實施了作業成本計算法。目前在我國，以上幾種成本計算方法，除完全成本計算法（製造成本法亦屬其中的一種）由財務制度規定在各企業普遍採用外，變動成本計算法、責任成本計算法僅在內部管理比較健全的企業中有運用，而運用新的作業成本計算法的企業則為數甚少。

---

① 邁克爾·查特菲爾德. 會計思想史 [M]. 文碩，等，譯. 北京：中國商業出版社，1989：240.
② 邁克爾·查特菲爾德. 會計思想史 [M]. 文碩，等，譯. 北京：中國商業出版社，1989：241.
③ 楊雄勝. 試論成本計算的縱向與橫向發展 [J]. 財政研究，1986（11）.

二、幾種成本計算方法的比較

成本計算方法較多，每一種都有其優缺點，如果僅僅使用某一種就會有很大的局限性，幾種成本計算方法的比較如表8-10所示。

表8-10　　　　　　　　　　成本計算方法比較表

製造成本法	一、優點：①方法簡單，適用於生產力水平不高，管理手段特別是成本訊息系統不很健全，成本管理要求不高的企業；②成本計算費用較少，訊息成本低 二、缺點：①間接費用採用直接人工或直接材料或產品（量）數為依據進行分配，使得產品成本的計算訊息不準或被扭曲；②只注重產品生產製造階段成本，而忽略了一些與產品相關的成本，如產品開發與設計成本、產品銷售成本、售後服務成本；③只注重有形產品成本，而忽略了無形產品成本；④只注重成本數據的歸集分配和簡單的事後分析，不注重成本的事前預測、事中控制，使計算所得成本訊息不能起到很好的控制作用。 三、所得訊息名稱：製造成本訊息 四、功能：①企業外部關係人決策；②國家宏觀管理決策；③確定價值補償標準；④確定利潤，為納稅提供依據
變動成本法	一、優點：①有利於進行短期決策；②計算簡單，無須分攤固定性製造費用；③有利於進行本量利分析；④有利於彈性預算的編製 二、缺點：①不能進行長期決策；②把總成本分為固定和變動是相對的，混合成本的分解是近似的 三、所得成本訊息：變動成本訊息 四、功能：①管理者預測、決策；②編製預算；③本量利分析。
標準成本法	一、優點：①有利於加強職工的成本意識；②有利於進行成本控制；③有利於價格決策；④有利於簡化會計核算工作 二、缺點：①標準成本包括企業所有製造成本，但是沒有將企業的作業區分為增值作業和不增值作業。不能去除不能給企業帶來增值的成本，即不能消除無效作業，降低成本，而只強調成本控制。②傳統的標準成本制度所使用的「現實標準成本」容許一些無效率存在，從而可能使已經達標的部門或員工不需上進，達不到降低成本的實際效果 三、所得成本訊息：標準成本訊息 四、功能：成本控制
定額成本法	一、優點：①有利於加強日常控制；②有利於進行產品成本的定期分析；③通過對定額成本的修改，提高定額管理和計劃水平；④採用定額差異和定額變動差異在完工產品和在產品之間分配。 二、缺點：①工作量大，推行困難；②不便於對各個責任部門的工作情況進行考核和分析；③定額資料不準確會影響成本計算的準確性。 三、所得成本訊息：定額成本訊息 四、功能：成本控制
作業成本法	一、優點：①成本計算結果更準確，成本信息更可靠；②引入戰略成本管理觀念，使成本管理發生質的飛躍；③延伸了成本概念；④樹立了效益成本觀；⑤改進預算控制和標準成本控制；⑥改進業績評價 二、缺點：①實施成本高昂，工作量大；②作業動因的選擇具有主觀性；③只能提供歷史成本實際訊息，不能提供成本差異訊息；④不能提供部門成本訊息 三、所得成本訊息：作業成本訊息 四、功能：成本控制、責任考評

從表8-10中可以看出，每種成本計算方法特點較為明顯，單純使用某種方法的局限性表現在：一是不能克服計算與管理脫節、計算不實等弊端；二是提供不了多種

成本性態的計算資料，不能滿足現代化企業管理對成本計算的要求。為此，就現行的成本計算模式進行改革問題，國內對此有兩種不同觀點：一種觀點認為，不同成本性態的計算目的、內容、方法、範圍、期間、要求和資料來源等都不相同，因而對不同成本性態的計算要分別進行；另一種觀點認為，不同成本性態的共同點是顯而易見的，都屬於成本範疇，數據都來自於企業生產經營過程，具有一定的共享性，因而可以結合起來計算。不同成本性態結合起來進行計算，有利於減少計算工作的重複，有利於企業形成制度堅持下去。前一種觀點強調成本性態間的差異性，后一種觀點則強調成本性態間的共同性。前者根據成本性態間的差異性，要求企業針對不同的成本性態分別建立不同的計算制度，后者根據成本性態間的共同性，要求企業建立統一的計算制度來容納不同的成本性態。兩種觀點目的一致，都要求企業組織計算不同形態的成本但途徑不同。

從製造成本法與變動成本法的關係來看，兩者只是在對固定成本的補償方式不同，這種不同也僅僅是時間和方法上的不同而已，並沒有給成本數量上帶來差異。兩種方法都是計算產品成本，在這一點上是相同的，有合二為一的基礎。

從製造成本法與標準成本法的關係來看，它們跟變動成本法一樣，計算的對象均是產品，只不過製造成本法核算的內容是產品生產過程中一切費用的實際發生額，包括變動費用和固定費用的實際發生額。而標準成本法核算的內容是產品生產過程中一切費用的標準發生額，當然也包括變動費用和固定費用的標準發生額，儘管如此，但這些內容的具體數額均可以通過一定的計算調整工作使之趨於一致。此外，在計價方法上兩種方法也存在類似情況。

另外，製造成本法與定額成本法的關係也是很密切的，除了它們的計算對象均是產品外，都要制定成本目標，計算差異把成本計算與成本控制、成本分析結合起來。具體的相同點和不同點，由於在許多教科書上均有介紹，本書不在重述。

對於製造成本法與作業成本法，這兩種方法雖然區別較大，但目的還是為了計算產品成本，對於在產品中直接計入的費用部分是相同的。主要不同點在於：製造成本法把每單位產品耗用的某一項成本標準當成了對所有費用進行分配的比率，顯得草率武斷，造成有些產品成本虛增，有些虛減，不符合「誰受益，誰負擔；多受益，多負擔」的公平配比原則和信息相關性原則，導致成本信息失真。而作業成本法的特點在於縮小了間接費用分配範圍，由全車間統一分配改為由若干個成本庫進行分配；增加了分配標準，由傳統的按單一標準分配改為按多種標準分配，對每種作業選取屬於自己合理的分配率。這樣，成本核算的核心就集中在了生產對資源一步步消耗的各個具體環節中，抓住了許多動態變量，就真正消除了傳統成本法中用人工工時等作為唯一標準去分配全部間接費用的不合理性，解決了傳統成本法帶來的成本信息失真問題，使成本核算更準確，更具有相關性和配比性。

事實上，隨著經濟的快速發展，要求企業的成本計算模式必須同時具有對外報告功能和對內管理功能，因而，一個好的成本方法提供的成本信息不僅能滿足財務報告的需要，而且還能滿足成本管理的需要。儘管各種多元成本計算模式所體現的功能各異，但應該把製造成本法作為基礎和出發點，以此根據企業的特點構建具有企業自身

特色的多元成本計算模式。使這個多元成本計算模式除了基本功能以外，還要具備一些滿足企業內部管理需要的輔助功能，如成本控制功能、預測和決策功能以及成本考評功能等。

第九章　責任會計

案例與問題分析

　　一年前，嘉華公司因業務發展的需要，將原有的公司拆成三個子公司，並將財權下放到各子公司，林平也由原來的總公司歸到了現在的嘉華電子公司，任財務部總經理。

　　嘉華電子公司是原嘉華公司的一個事業部，當時並沒有獨立的財務部，只有一個經營管理部負責報表分析和預算工作。應該說，這是一個很好的發展機會。「終於可以獨當一面了！」林平有些暗自慶幸。嘉華電子公司顯然對他也很重視，公司老總親自找他談話，歡迎他加入電子公司，並謙遜地表示：電子公司沒有財務上的經驗，也沒有財務方面的專業人才，希望林平能帶著所有分到電子公司的原總公司財務部人員搭建一個運作良好的財務平臺，為電子公司的二次創業提供決策信息保障。

　　財務部的職責是及時、準確地提供經營決策信息，具體地說，就是在保證核算準確的基礎上，於每月8日出具報表，並做分析。這些在林平看來，可以使他在相應的責權範圍內，充分發揮其特長，並調動其部門人員的積極性，為總公司服務。

　　現代企業的規模相當龐大，管理層次繁多，組織機構複雜，企業領導為了有效地管理這種龐大的經濟組織，有必要將自己的一部分權限下放，以調動各級管理人員的積極性和主動性，於是紛紛實行分權管理。在分權管理體制下，就必須及時瞭解、評價和考核各級、各部門的工作情況。責任會計正是為瞭解決這個問題而產生的，並成為實行分權管理的必要條件。

第一節　責任會計概述

一、責任會計的意義

　　責任會計概念的明確提出源於20世紀50年代初，1950年，H. B. 艾爾曼在《與責任會計相關聯的基本企業計劃》一文中明確指出：責任會計是把「管理會計的控制系統同管理組織或部門管理人員的責任結合在一起」；學者J. A. 希金斯除基本上贊成這種觀點外，還在其著作《責任會計》一書中表述了新的見解，他認為責任會計是根據成

本管理目標而設置的會計系統。同時,這兩位學者都主張集中計算成本,把被考核單位以往以生產為中心或以成本為中心的方面轉移到以責任為中心的方面來,並強調相應設立企業內部報告制度。以后,隨著行為科學的進一步發展,對責任會計的認識也不斷得到提高和深入,形成了「責任會計系統著重研究與責任中心工作相關的成本、收益和資產」的結論。這標誌著傳統管理會計向現代管理會計的演進。由此,責任會計成為現代管理會計的重要組成部分。

特別是20世紀30年代以來,隨著科學技術的迅速發展,為經濟發展創造了更多的機遇,也帶來了巨大的風險。發達國家相繼出現了一批大規模的集團型企業。企業規模的迅速擴大,一方面有效地提高了企業的競爭能力,但另一方面也使企業內部的經營管理日趨複雜。在這種情況下,傳統的集中管理模式由於其決策集中、應變能力差、管理效率降低,無法滿足迅速變化的市場需求而逐漸被分權管理模式所取代。

分權管理是將企業決策權根據企業整體經營目標的分解在不同層次和不同地區的管理人員之間進行分配,使這些內部單位擁有與其職責相適應的權利,能夠根據競爭環境的變化及時做出有效的決策,以迅速適應市場變化的需求,並據此調動各級管理人員的積極性、主動性和創造性。分權管理的主要表現形式是事業部制,即在企業中建立一種具有半自主權的組織結構,通過由企業管理中心向下或向外的層層授權,使各個部門擁有一定的權利和職責。

在分權管理的形式下,根據授予責任單位的權利和責任及對其業績的計算、評價方式,將企業劃分為不同形式的責任中心,並建立起以各責任中心為主體,責、權、利相統一的機制為基礎,通過信息的累積、加工和反饋而形成的內部嚴密的控制系統就是責任會計。其目的是為了適應企業內部管理的需要,將企業經濟責任與會計的職能方法有機地結合起來,從而充分調動各責任主體的能動性和創造性,為控制企業的資金占用和成本費用耗費,改善企業內部經營管理,提高經濟效益服務。

責任會計是為企業的內部經營管理服務的,它對企業組織的結構或體制以及企業所面臨的市場環境具有依附性。這樣,企業本身及所面臨的外部環境的變化,必將推動責任會計的發展。特別是隨著現代企業制度的建立和完善,企業所有權和經營權相分離,委託必須採取一定的措施以保證受託人採取適當的行為以最大限度地增加委託人的效益。其中,就必須借助於現代會計,尤其是需要通過其中的責任會計進行分析、評價及考核。因此,在企業廣泛建立責任會計制度將有助於建立有效的激勵與約束機制,有助於現代企業制度中「代理問題」的解決。

二、責任會計的內容

責任會計的具體內容歸納起來有以下四個方面:

(一) 設置責任中心

根據企業管理的需要,把所屬各部門、各單位劃分為若干責任中心,明確各個責任中心的權、責範圍,授予他們獨立自主地履行其職責的權利。科學地分解企業生產經營的整體目標,使各個責任中心在完成企業總目標中明確各自的目標和任務,實現

整體與局部的統一。

（二）編製責任預算

把全面預算所確定的目標和任務進行層層分解，為每個責任中心編製責任預算，作為今后控制和評價他們的經濟活動的主要依據。

（三）建立跟蹤系統

為各個責任中心建立一套責任預算執行情況的跟蹤系統，包括日常記錄、計算和累積有關數據，並在規定時間編製「業績報告」，將實際數與預算數進行對比，借以評價和考核各該責任中心的工作成績，並分別揭示他們取得的成績和存在的問題。

（四）進行反饋控制

根據各責任中心的業績報告，經常分析實際數與預算數發生差異的原因，及時通過信息反饋，控制和調節他們的經濟活動，並督促責任單位及時採取有效措施，糾正缺點，鞏固成績，不斷降低成本，壓縮資金占用，借以擴大利潤，提高經濟效益。

設立責任會計，明確責任內容是為了把經濟管理的會計數據與責任者聯繫起來，將他們的責、權、利結合起來，迫使他們負起責任，鼓勵他們積極工作，以便將龐大的經濟組織分而治之，充分發揮群眾的積極作用。

三、責任會計的原則

責任會計的原則是指從事責任會計工作應遵循的標準或規範。由於責任會計是企業根據各自特點自行設計的一種會計制度，千變萬化，不可能強求一律。但為了規範責任會計工作，使之在理論上有一定水平，在方法上有可操作性，因此，把一些帶有共性的東西集中起來，形成一些原則，也是有必要的。

責任會計的原則包括責任會計的一般原則和責任會計的信息質量原則兩個方面。

（一）責任會計的一般原則

1. 責、權、利相結合原則

責、權、利相結合原則，就是要明確各個責任中心應承擔的責任，同時賦予他們相應的管理權利，還要根據其責任的履行情況給予適當的獎懲，責、權、利相當，核心是責。

當企業內部根據管理需要劃分責任層次后，首先要明確其責任和權限，做到使責任者有責有權。在為每個責任單位制定考評標準時，一定要重視對人的行為激勵，充分調動各責任單位的工作積極性。將經濟效益同他們的經營成果直接掛勾，以經濟手段促使職工積極完成責任目標。在責任會計中，責任、權利、利益、效果是統一的，缺一不可。必須做到以責定權，權責促效，以效分利。

2. 總體優化原則

總體優化原則，就是要求各責任中心目標的實現要有助於企業總體目標的實現，使兩者的目標保持一致。

保持目標一致主要是通過選擇恰當的考核和評價指標來實現。首先，為每個責任

中心編製責任預算時，就必須要求他們與企業的整體目標相一致；然后，通過一系列的控制步驟，促使各責任單位自覺自願地實現目標。

　　3. 公平性原則

　　公平性原則，就是各責任中心之間相互經濟關係的處理應該公平合理，各責任中心的業績評價也應保持公平、公正、合理，從而調動各責任中心的積極性。

(二) 責任會計的信息質量原則

　　1. 可控性原則

　　可控性原則，是指各責任中心只能對其可控制和管理的經濟活動負責。在建立責任會計制度時，應首先明確劃分各責任中心的職責範圍，使它們在真正能行使控制權的區域內承擔相應的管理責任。每個責任單位只能對其可控的成本、收入、利潤和投資負責。在責任預算和業績報告中，也只應包括他們能控制的因素，對於他們不能控制的因素則應排除在外，或只作為參考資料列示。

　　2. 反饋性原則

　　反饋性原則，就是要求各責任中心對其生產經營活動提供及時、準確的信息，提供信息的主要形式是編製業績報告。在責任會計中，要求對責任預算執行情況有一套健全的跟蹤系統和反饋系統，使各個責任單位能保持良好、完善的記錄和報告制度，及時掌握預算的執行情況，而且通過實際數與預算數的對比、分析，迅速運用各自的權利，控制和調節他們的經濟活動。

　　3. 重要性原則

　　重要性原則也稱為例外管理原則，就是要求各責任中心對其生產經營過程中發生的重點差異進行分析、控制。

　　在管理工作中，時常遇到許多的繁雜業務，在實際執行上和預計情況上出現的差異問題。對於這些差異不可能一一進行分析和評價，只能選擇其中差異較大、性質較重要的項目實行重點管理。

四、責任會計的作用

(一) 有利於建立、鞏固和完善企業經濟責任制

　　責任會計是企業經濟責任制的基礎，又是其重要的組成部分。企業經濟責任制本身所要求的按經濟責任核算、控制和考核；明確劃分經濟責任，做到責權分明；收益分配與所得的經濟效益掛勾等，都離不開責任會計，企業唯有做好責任會計管理工作，才能鞏固和充實經濟責任制。

(二) 有利於保證經營目標的一致性

　　實行責任會計以後，各個單位的經營目標就是整個企業經營總目標的具體體現，因而在日常經濟活動過程中，必須注意各單位的經營目標是否符合企業的總目標，如有矛盾，應及時協商調整。

(三) 有利於調動企業全體職工的積極性

實行責任會計以后，能夠正確反應責任中心的勞動成果及差異，將責、權、利緊密地結合在一起，可以有效地克服分配上的平均主義，促使企業貫徹按勞分配的原則，根據對員工的考核，評定成績的好壞，實行獎勵或追究責任，做到責任清楚，獎罰分明，從而激發各責任中心的積極性，朝著企業的目標努力。

(四) 有利於企業進一步完善各項會計的基礎工作

要實行責任會計，要求有與之相適應的一系列配套的會計基礎工作，如原始記錄和計量工作、定額工作、計劃價格、計劃成本以及各種規章制度的制定工作等，否則責任會計工作無法進行，所以實行責任會計會促進企業有關會計基礎工作的健全和完善。

第二節 責任中心

一、責任中心概述

在集權制下，企業的目標不需要分解，而由最高管理層統一掌握，企業內部各個部門自然成為對其成本（費用）負責的單一責任中心。而在分權管理體制下，企業日常的經營決策權不斷向下屬部門或各個地區經營管理機構下放，使決策達到最大限度的有效性；但與此同時，企業生產經營管理的責任也隨著生產經營決策權的下放一起層層落實到各級管理部門，使各級管理部門在充分享有生產經營決策權的同時，也對其生產經營管理的有效性承擔經濟責任。隨著分權管理的實施，為了有效地對企業內部單位進行控制，有必要根據企業內部各單位所處的管理層次，賦予相應的管理權限，明確其應負的責任。這種將整個企業逐級劃分為若干個責任層次即為責任中心。所謂責任中心，是指具有一定的管理權限，並承擔相應的經濟責任的企業內部單位或能夠控制的活動區域。

劃分責任中心的目的，就是為了充分調動一切積極因素，使該責任中心在其職權範圍內，各盡其職、各負其責，然後按成績好壞進行獎罰，以免功過難分。儘管各責任中心是緊密銜接、相互配合的，但為了貫徹責任制，對於各責任中心可以控制的因素，仍應盡可能地予以明確規定。

由於不同企業的經濟性質、規模和組織機構的差異，可視具體情況建立不同的責任中心，但無論建立幾級責任中心，均應遵守以下基本原則：①各級責任中心必須反應、控制總體資金運動的原則；②責任中心的建立要符合責、權、利相統一的原則；③責任中心的建立要符合穩定有序的原則。

根據責任中心的涵義及劃分原則，通常它具有以下特徵：

(1) 責任中心在擁有與企業總體經營目標相一致、與其管理職能相適應的經營決策權的條件下，充分發揮自身的優勢對企業遇到的問題做出最恰當的決策。

(2) 責任中心是一個責、權、利相結合的實體。每個責任中心都要承擔一定的責任，同時，也擁有與責任對等的權利，並建立與責任相配套的利益機制，以使管理人員的個人利益與其管理業績相聯繫，從而調動全體管理人員和職工的工作熱情和積極性。

(3) 責任中心所承擔的責任和行使的權利都是可控的。每個責任中心只對自己責權範圍內可控的成本、收入、利潤和投資負責，在其責任預算和業績考核中也只包括那些對他們來說是可控的項目。

(4) 責任中心具有相對獨立的經營業務和財務收支活動，便於進行責任會計核算或單獨核算。責任中心不僅要分清責任，而且要能夠單獨核算，只有符合這兩個條件的企業內部單位，才能成為一個責任中心。

根據企業內部責任單位權責範圍以及業務活動的特點不同，可將企業生產經營上的責任中心分為成本中心、利潤中心和投資中心三類。每一類中心都具有其各自的特點，應根據各類責任中心的特點，確定相應的業績評價、考核的重點，據此組織實施責任會計。

二、成本中心

(一) 成本中心的定義

成本中心是對成本和費用負責的責任中心，成本中心的生產經營活動只對成本費用產生影響，無須對收入、利潤和投資負責。任何只發生成本而無收入來源的責任領域都可以確定為成本中心。成本中心的大小差異較大，一個大的成本中心通常可以進一步割分為更小的成本中心，形成多層次的成本中心，因而從工廠、車間、工段到班組，甚至個人都可以割分為成本中心。由於成本中心的規模大小不一，因此各成本中心的控制、考核的內容也不相同。

在企業內部單位中，一些單位是直接從事生產產品和提供勞務的，如生產車間、維修車間等，這些單位稱為生產單位。如按經濟責任制的要求需要生產單位對其發生的成本負責，則生產單位可以建立成本中心。另一些單位並不直接從事生產經營活動而只提供一些專門性的服務，如財會部門、人事部門、經理辦公室等，這些單位是非生產單位，非生產單位開展工作也要發生一定的費用支出，如要求這些非生產單位對其發生的費用負責，則非生產單位可以建立為費用中心。

成本中心只衡量成本費用，不衡量收益。一般而言，成本中心沒有經營權和銷售權，其工作成果不會形成可以用貨幣計量的收入。例如，一個生產車間，由於其所生產的產品僅為企業生產過程的一個組成部分，不能單獨出售，因而不可能計算貨幣收入；有的成本中心可能有少量的收入，但不是主要的考核內容，因而沒有必要計算貨幣收入。由於這些原因，企業中大多數單個生產部門和大多數職能部門僅僅是成本（費用）中心，它們僅提供成本（費用）信息，而不提供收入信息。總之，只以貨幣形式衡量投入，而不以貨幣形式衡量產出是成本中心的基本特點。

(二) 責任成本與產品成本

由於責任會計是圍繞責任中心來組織，以各個責任中心為對象進行有關資料的收集、整理、分析和對比，所以成本中心所考核的成本，不是一般意義上的產品成本，而是各該成本中心的責任成本。責任成本是以責任中心為對象歸集的生產或經營管理的耗費，歸集的原則是誰負責、誰承擔。產品成本是以產品為對象歸集產品的生產耗費，歸集的原則是誰受益、誰承擔。並且責任成本核算的目的是反應責任預算執行情況，為企業內部經濟責任制服務；而產品成本核算的目的是為了確定不同產品的生產耗費水平，為考核產品的盈利性以及控制和降低各產品的消耗提供依據。責任成本與產品成本雖有區別，但兩者也有一定的聯繫，兩者在性質上是相同的，同為企業在生產經營過程中的資金耗費，並就某一時期來說，全廠的產品總成本與全廠的責任成本總和是相等的。現舉例說明這兩者之間的區別和聯繫。

【例9-1】某公司生產 A、B 兩種產品，設有甲、乙兩個生產部門，丙、丁兩個服務部門。該公司本期共發生成本 80,000 元，產品成本和責任成本的計算如表 9-1 和表 9-2 所示。

表 9-1　　　　　　　　　　　　　　產品成本

201×年×月×日　　　　　　　　　　　　單位：元

成本項目	成本發生額	產品A (1,000件) 總成本	產品A 單位成本	產品B (2,000件) 總成本	產品B 單位成本
直接材料	30,000	12,000	12	18,000	9
直接人工	24,000	10,000	10	14,000	7
製造費用	26,000	11,000	11	15,000	7.5
合　計	80,000	33,000	33	47,000	23.5

表 9-2　　　　　　　　　　　　　　責任成本

201×年×月×日　　　　　　　　　　　　單位：元

成本項目	成本發生額	甲	乙	丙	丁
直接材料	30,000	25,000	5,000	—	—
直接人工	24,000	10,000	14,000	—	—
間接材料	8,000	2,000	3,000	1,500	1,500
間接人工	13,000	3,000	2,500	4,500	3,000
折舊費	3,000	600	700	800	900
其　他	2,000	500	400	600	500
合　計	80,000	41,100	25,600	7,400	5,900

表9-1說明了一定時期內製造A、B兩種產品的總成本，沒有反應出各個部門的責任成本。表9-2並沒有反應出A、B兩種產品的成本，而是按部門反應的責任成本。但這兩張表反應的該公司的產品總成本與該公司的全部責任成本之和是相等的。

(三) 可控成本與不可控成本

為了劃分並核算責任中心的責任成本，必須將成本按其控制性分為可控成本和不可控成本兩大類。可控成本是相對於不可控成本而言的。凡是責任中心能夠控制的各種耗費，皆稱為可控成本；凡是責任中心不能控制的耗費，則稱為不可控成本。具體而言，可控成本應同時符合以下三個條件：①責任中心能通過一定的方式事先知道將要發生的成本；②責任中心能夠對發生的成本進行確切地計量；③責任中心能夠對所發生的成本進行調節與控制。凡不符合以上條件的，即為不可控成本。

一項成本是否為可控成本，不是由成本本身確定的。可控成本與不可控成本是以特定的責任中心、特定的期間和特定的範圍為前提的，成本的可控性是相對的。具體表現在：

(1) 某項成本從某一個責任中心看是不可控制的，而從另一個責任中心看則是可控制的。例如，在材料供應正常的情況下，由於材料質量不好而造成的超過消耗定額的材料成本，就生產部門來說是不可控制成本，而對供應部門來說則是可控成本。

(2) 一項成本是否具有可控性並非一成不變，從短期來看是不可控成本，從長期來看卻是可控成本。如直線法下的固定資產折舊、長期租賃費等，從較短期間看屬於不可控成本，而從較長的期間看，各責任中心在涉及固定資產購置、融資租賃決策、折舊方法選擇等又成為可控成本。

(3) 成本的可控性與責任中心所處管理層次的高低和控制範圍的大小直接相關。對企業整體而言，所有成本都可視為可控成本，而各個責任中心，則有其不可控制的成本；上層次的可控成本不一定是下層次的可控成本，下層次的可控成本則一定是上層次的可控成本。例如，設備租金往往不為生產車間下屬班組所控制，但一定為該生產車間所控制。

因此，區分可控成本與不可控成本是極為重要的。在評價成本中心業績時，應以其可控成本為主要依據，而不可控成本只能作為參考。通常，某成本中心的責任成本，就是該中心各項可控成本之和，所以對於一個成本中心考核的內容並非所有成本，而是該成本中心的責任成本。

(四) 成本中心的評價與考核

成本的評價與考核在貫徹可控性原則的前提下，成本中心應以其可控成本作為評價和考核成本的主要依據，不可控成本僅做參考。

成本中心的評價與考核結果的形式是成本中心的業績報告，即按成本中心的可控成本的各明細項列示其預算數、實際數和成本差異數，以成本中心發生的不可控成本作為參考資料列示，讓成本中心負責人全面瞭解與其有關的成本。

成本中心負責人通過對成本中心業績報告中差異形成的原因和責任進行詳細的分析，充分發揮信息的反饋作用，以幫助各成本中心積極有效地採取措施、鞏固成績、

糾正缺點，使其可控成本不斷降低。其業績報告格式如表9-3所示。

表9-3　　　　　　　　　　　　成本中心業績報告
201×年×月×日　　　　　　　　　　　單位：元

項　目		實際數	預算數	差異
可控成本	直接材料	15,000	14,500	＋500
	直接人工	9,000	9,500	－500
	製造費用	8,000	7,800	＋200
	合　計	32,000	31,800	＋200
不可控成本	設備折舊	4,500	4,500	－－
	其他費用	3,500	3,800	－300
	合　計	8,000	8,300	－300
總　計		40,000	40,100	－100

在表9-3中，在數量一定的情況下，成本越低，工作業績越好，所以如果預算數大於實際數則為有利差異，即順差，表示節約；如果預算數小於實際數則為不利差異，即逆差，表示超支。可見，業績報告中的成本差異是評價和考核成本中心業績好壞的重要標誌。

三、利潤中心

利潤中心是指對利潤負責的責任中心。由於利潤是收入扣除成本費用之差，所以利潤中心不但要對成本、收入負責，而且還要對收入與成本的差額即利潤負責。利潤中心是比成本中心更高一級的責任中心，有權決定原材料的來源，決定產品的生產和銷售。每一個利潤中心同時也是成本中心，不同點在於利潤中心除了要發生成本費用支出外，還會形成獨立的收入，要對其實現利潤額向上一級責任中心負責。例如，一個集團公司中的分公司、分廠或有獨立經營權的各部門等。各利潤中心在保證與企業整體目標一致的前提下，自成一體，自主經營，在充分調動其積極性的前提下，進行有效的決策，從而實現企業的整體目標。

(一) 利潤中心的種類

責任會計中的可控收入包括對外銷售產品取得的收入和對內提供產品取得的收入，因而對利潤負責的利潤中心也就包括以下兩種類型：

1. 自然利潤中心

自然利潤中心主要是指責任中心擁有產品銷售權，對外銷售產品而取得實際收入，根據獲取的實際收入計算實現的利潤，對這類利潤負責的責任中心。但是，只有兼有產品定價權、材料採購權和生產決策權的自然利潤中心才是完全的自然利潤中心，否則就是不完全的自然利潤中心。一般來說，只有獨立核算的企業才能具備作為完全自然利潤中心的條件，企業內部的自然利潤中心應屬於不完全的自然利潤中心。

2. 人為利潤中心

如果責任中心不能直接對外銷售產品，而只是提供給企業內部的其他單位，以獲取內部銷售收入或產品成本差異取得的收入而形成的利潤，由於這種內部利潤並非現實的利潤，因而創造內部利潤的這種利潤中心就稱為人為利潤中心。當然，以獲取產品成本差異而形成的利潤，按照責任中心的嚴格劃分以及為了使責任中心能夠更明確地體現其特點，我們通常將其稱為成本中心。比如，工業企業內部的各個生產車間是否成為人為利潤中心，應根據車間是否擁有獨立進行經營管理的權利而確定。也就是說，人為利潤中心的負責人應擁有諸如決定本利潤中心的產品品種、產品產量、作業方法、人員調配、資金使用、與其他責任中心簽訂「供銷合同」以及向上級部門提出建議或正當要求等權利。

(二) 責任利潤

利潤中心是指對利潤負責的中心，其利潤主要是指責任利潤，而責任利潤就是企業的可控利潤。可控利潤是可控收入減去可控成本的差額，因而利潤中心的收入和成本對利潤中心而言必須是可控的。一般來說，企業內部的各個單位都有自己的可控成本，所以成為利潤中心的關鍵在於是否存在可控收入。責任會計中的可控收入通常包括：一是責任中心擁有產品銷售權而對外銷售產品取得的實際收入；二是責任中心提供給企業內部其他單位而取得的收入。這種收入主要包括按照包含利潤的內部結算價格轉出本中心的完工產品而取得的內部銷售收入和按照成本型內部結算價格轉出本中心的完工產品而取得的收入兩種類型。責任利潤是利潤中心評價與考核的主要指標，通常企業可通過一定期間實現的利潤與責任預算所確定的預計利潤進行比較，考核利潤中心責任利潤預算的完成情況，並將完成情況與對利潤中心的獎懲結合起來，從而進一步調動利潤中心的積極性，以實現利潤的增長。

(三) 利潤中心的評價與考核

考核與評價利潤中心的業績，主要是通過對一定期間實現的利潤與責任預算所確定的預計利潤數進行比較，並進一步分析存在差異的原因及其相應的責任，以此對其經營上的得失和有關人員的業績進行全面而準確的評價，從而實現對利潤中心的評價與考核。通常以邊際貢獻作為利潤中心評價與考核的主要指標。

根據責任會計的可控性原則，為了對利潤中心經理人員的經營業績進行評價與考核，必須進一步區分部門經理的可控成本和不可控成本，因而根據邊際貢獻在利潤中心業績評價中的延伸，邊際貢獻可引申出可控邊際貢獻和部門邊際貢獻兩個指標。

1. 可控邊際貢獻

可控邊際貢獻也稱為部門經理邊際貢獻或經理人員業績毛益（Performance Margin）。其計算公式為：

可控邊際貢獻 = 邊際貢獻 - 可控固定成本總額

= 銷售收入總額 - 變動成本總額 - 可控固定成本總額

該公式主要用於評價利潤中心經理人員的經營業績，通過對部門經理可控收入、變動成本以及可控固定成本進行評價與考核，從而反應部門經理在其權限和控制範圍

內有效使用資源的能力。

2. 部門邊際貢獻

部門邊際貢獻又稱為分部毛益（Segment margin）。其計算公式為：

部門邊際貢獻 = 可控邊際貢獻 – 不可控固定成本總額

該公式適合於評價該部門對企業利潤和管理費用的貢獻，即主要用於對利潤中心的業績進行評價與考核，以反應部門補償共同性固定成本及提供企業利潤所做的貢獻。公式中的不可控固定成本總額是指部門經理不可控而高層管理部門可控的可追溯固定成本。

利潤中心的業績一般通過編製利潤中心業績報告來反應，其具體格式如表9-4所示。

表9-4　　　　　　　　　　　利潤中心業績報告

201×年×月×日　　　　　　　　單位：元

項　目	實際完成數	預算數	差　異
銷售收入	500,000	480,000	20,000
變動成本	300,000	290,000	10,000
邊際貢獻	200,000	190,000	10,000
可控固定成本	110,000	102,000	8,000
可控邊際貢獻	90,000	88,000	2,000
不可控的未分配固定成本	45,000	44,000	1,000
稅前收益	45,000	44,000	1,000

四、投資中心

投資中心是指既對成本、收入和利潤負責，又對投資效果負責的責任中心。由於投資的目的是為了獲取利潤，所以投資中心同時也是利潤中心，但兩者存在明顯的區別：

（1）權利不同。利潤中心沒有投資決策權，它只是在企業投資形成後進行具體的經營；而投資中心則不僅在產品生產和銷售上享有較大的自主權，而且能夠相對獨立地運用所掌握的資產，有權購建或處理固定資產，擴大或縮減現有的生產能力。

（2）考核辦法不同。對利潤中心業績進行考核時，主要是通過對一定期間實現的利潤與責任預算所確定的預計利潤數進行比較，不進行投入、產出的比較；而對投資中心業績進行考核時，必須將所獲得的利潤與所占用的資產進行比較。

（3）組織形式不同。利潤中心可以是獨立法人也可以不是獨立法人，而投資中心一般都是獨立法人。

較高程度的分權管理模式就是投資中心，因而投資中心是最高層次的責任中心，它既具有最大的經營決策權，也具有最大的投資決策權。一般而言，規模和經營權利較大的部門都是投資中心，如大型集團公司所屬的分公司、子公司、事業部等往往都

是投資中心。由於投資中心主要是對投資效果負責的責任中心，應使其擁有充分的經營決策權和投資決策權，因而公司最高管理層應減少對投資中心過多的干預，讓其在擁有較高獨立性的前提下，充分發揮其自主性，從而實現本部門最大的經濟效益。

為了準確地計算各投資中心的經濟效益，企業管理當局應明確劃分投資中心與其他責任中心的資產和權益，避免出現相互扯皮的現象，準確對其進行評價與考核。其主要包括：①應對各投資中心共同使用的資產劃定界限；②應對共同發生的成本按適當的標準進行分配；③應對各投資中心之間相互調劑使用的現金、存貨、固定資產等進行計算清償，實行有償使用。

投資中心擁有經營決策權和投資決策權，對其進行業績評價與考核，既要考慮該部門的盈利性，也要考慮該部門對投入資源的使用狀況。因此，考核指標應能將責任中心的責任與它所使用的實物資產和財務資產有機地聯繫起來。常用的評價投資中心的財務性業績的指標是投資報酬率和剩餘收益，其業績評價結果的表達形式同樣是投資中心的業績報告。

(一) 投資利潤率

投資利潤率又稱為投資收益率，是指投資中心所獲得的利潤與投資額之間的比率，可用於評價和考核由投資中心掌握、使用的全部淨資產的獲利能力。其計算公式為：

$$投資利潤率 = \frac{利潤}{投資額} \times 100\%$$

在這一公式中，投資額有兩種涵義：第一種是投資總額，包括投資者投入的資本加上借入的資本，它反應投資中心的生產規模，往往用投資中心資產總額來反應。第二種是所有者權益，即投入資本加上經營過程中形成的留存收益，它反應投資中心的投資者在該投資中心中擁有的權益（股本和保留盈餘）。根據對利潤、投資額的不同理解，投資利潤率有以下兩種表現形式：

1. 資產利潤率

資產利潤率是指投資中心所獲得的息稅前利潤與資產總額的比率。資產利潤率能反應投資中心資產的利用率。其計算公式為：

$$資產利潤率 = \frac{息稅前利潤}{資產總額} \times 100\%$$

公式中，以資產總額作為投資額來計算投資利潤率，主要是評價和考核由投資中心掌握、使用的全部資產總體的盈利能力，所以在利潤計算中，不能扣除貸款的利息以及所得稅，即以息稅前利潤（稅後利潤加上利息費用和所得稅）作為利潤計算。但由於利潤是在整個預算執行期內取得的，而資產總額是期初或期末這一時點的數字，因此應使用預算期內的平均資產總額來計算資產利潤率，通常採用年初、年末的平均數來計算。

【例9-2】某企業的一個投資中心，在生產經營中掌握、使用的全部資產，年初為150,000元，年末為160,000元；相應的負債為60,000元，與其相聯繫的利息費用為4,500元，年稅後利潤為10,000元，所得稅稅率為33%。據此，可計算確定的資產利潤率如下：

$$資產利潤率 = \frac{\frac{10,000}{1-33\%} + 4,500}{\frac{150,000 + 160,000}{2}} \times 100\% = 12.5\%$$

2. 所有者權益利潤率

所有者權益利潤率是指投資中心所獲得的淨利潤與所有者權益的比率。其計算公式為：

$$所有者權益利潤率 = \frac{淨利潤}{所有者權益} \times 100\%$$

上式中是以投資中心的總資產扣除負債后的余額，即以投資中心的淨資產作為投資額來計算投資利潤率，所以，該指標也稱為淨資產利潤率。它主要說明投資中心運用「公司產權」供應的每一元資產對整體利潤貢獻的大小，或投資中心對所有者權益的貢獻程度。

【例9－3】接【例9－2】的資料，假定所有者權益的年初、年末余額沒有變動，計算的所有者權益利潤率如下：

$$所有者權益利潤率 = \frac{10,000}{160,000 - 60,000} \times 100\% = 10\%$$

為了進一步說明影響投資利潤率這個指標的基本因素，該公式還可以進一步擴展為：

$$投資利潤率 = \frac{銷售收入}{投資額} \times \frac{利潤}{銷售收入} = \frac{銷售收入}{資產總額} \times \frac{息稅前利潤}{銷售收入}$$
$$= 總資產週轉率 \times 銷售利潤率$$

從上述公式可以看出，提高投資報酬率的途徑有：

（1）努力降低成本，增加銷售，提高銷售利潤率。比如，一方面通過適當削減廣告費、職工培訓費、改進工藝技術等降低成本；另一方面根據本量利分析法原理，當盈虧臨界點不變時，擴大產品銷售量可以提高邊際利潤總額，使利潤增長速度高於成本增長速度。

（2）要經濟地、有效地使用經營資產，努力提高資產利用率，從而提高投資利潤率。

投資利潤率作為投資中心業績評價與考核的主要指標，能夠促使各投資中心盤活閒置資產，減少不合理資產占用，及時處理過時、變質、毀損資產等，從而使管理者像控制費用一樣控制資產占用或投資額的多少，綜合反應一個投資中心的全部經營成果。但是該指標也有其局限性：①世界性的通貨膨脹，使企業資產帳面價值失真，以致相應的折舊少計，利潤多計，使計算的投資利潤率無法揭示投資中心的實際經營能力；②使用投資利潤率往往會使投資中心只顧本身利益而放棄整個企業有利的投資機會，造成投資中心的近期目標與整個企業的長遠目標相背離；③投資利潤率的計算與資本支出預算所用的現金流量分析方法不一致，不便於投資項目建成投產后與原定目標的比較；④從控制角度看，由於一些共同費用無法為投資中心所控制，投資利潤率的計量不全是投資中心所能控制的。因此，為了克服投資利潤率的缺陷，應採用剩余收益作為評價指標。

(二) 剩余收益

剩余收益是一個絕對數指標，是指投資中心獲得的利潤扣減其最低投資收益后的余額。最低投資收益是投資中心的投資額（或資產占用額）按規定或預期的最低報酬率計算的收益。其計算公式為：

剩余收益 = 利潤 - 投資額 × 預期的最低投資報酬率

如果預期指標是總資產息稅前利潤時，則剩余收益計算公式應做相應調整。其計算公式為：

剩余收益 = 息稅前利潤 - 總資產占用額 × 預期總資產息稅前利潤率

這裡所說的預期最低報酬率或預期總資產息稅前利潤率通常是指企業為保證其生產經營正常、持續進行所必須達到的最低報酬水平。

剩余收益作為投資中心業績評價指標時，能夠全面對投資中心的業績進行評價與考核，能夠防止各投資中心受本位主義的影響，在保持企業長遠目標的前提下，實現投資中心最大的收益。因為一項投資，只要其投資利潤率高於預期投資報酬率，那麼該項投資便是可行的，並且該項投資就能夠給投資者帶來剩余收益，從而使投資中心的目標與整個企業的目標相一致。

剩余收益指標雖然可以使業績評價與企業的目標協調一致，引導部門經理採納高於企業資本成本的決策，但是，剩余收益是絕對數指標，不便於不同部門之間的比較，規模大的部門容易獲得較大的剩余收益，而他們的投資報酬率並不一定很高。因此，當企業各投資中心的規模不相同，利用剩余收益對投資中心的業績進行評價和考核時，很難做到準確、公平。

為了及時反應投資中心的業績，應編製投資中心業績報告，以便於高層管理部門進行決策。

【例9-4】假定某公司A分公司為投資中心，若預期的最低報酬率為15%，根據該公司有關資料編製的業績報告如表9-5所示。

表9-5　　　　　　　　A 分公司投資中心業績報告

201×年×月×日　　　　　　　　　　單位：元

項　目		實際數	預算數	差　異
銷售收入		150,000	130,000	+20,000
銷售成本		138,000	122,000	+16,000
經營利潤		12,000	8,000	+4,000
投資額（資產總額）		30,000	25,000	5,000
投資報酬率	銷售利潤率（%）	8	6	2
	資產週轉率（次）	5	5.2	-0.2
	投資利潤率（%）	0.4	0.32	0.08
剩餘收益	經營利潤	12,000	8,000	4,000
	經營資產×最低報酬率	4,500	3,750	750
	剩餘收益	7,500	4,250	3,250

隨著市場競爭日趨激烈，市場銷售工作也日趨重要。為了強化銷售功能，加強收入管理，及時收回帳款、控制壞帳，不少企業還會設置以行銷產品為主要職能的責任中心——收入中心。這種責任中心只對產品或勞務的銷售收入負責。如公司所屬的銷售分公司或銷售部。儘管這些從事銷售的機構也發生銷售費用，但由於其主要職能是進行銷售，因此，以收入來確定其經濟責任更為恰當。對銷售費用，可以採用簡化的核算，只需根據彈性預算方法確定即可。

綜上所述，責任中心根據其控制區域和權責範圍的大小，分為成本中心、利潤中心和投資中心三種類型。它們各自不是孤立存在的，每個責任中心承擔各自的經營管理責任。最基層的成本中心應就其經營的可控成本向其上層成本中心負責，上層成本中心應就其本身的可控成本和下層轉來的責任成本一併向利潤中心負責；利潤中心應就其本身經營的收入、成本（含上層轉來成本）和利潤（或邊際貢獻）向投資中心負責；投資中心最終就其經營管理的投資利潤率和剩餘收益向總經理和董事會負責。所以，企業各種類型和層次的責任中心形成一個「連鎖責任」網路，這就促使每個責任中心為保證企業總體的經營目標一致而協調運轉。

第三節　內部結算價格

在分權管理體制下，為了有效地對企業內部單位進行控制，並充分調動其積極性，將整個企業逐級劃分為若干個責任中心，並賦予其相關的管理權限。為了公平、公正的評價和考核各責任中心的經營業績以及對整個企業的貢獻程度，就必須嚴格地劃分各責任中心的收入、成本和利潤。企業發生的各項收入、成本和費用，雖然大部分都可以根據各責任中心的關係進行規劃，但由於企業內部各責任中心之間存在大量內部產品和勞務的交易，即存在頻繁的內部往來，使得有一部分費用、成本和收入的歸屬不太清楚。既然各責任中心都是相互獨立的責任主體，則它們之間的內部往來必須按照企業確定的內部轉移價格進行內部結算。建立內部結算中心，是實施責任會計，考核責任中心業績的重要環節。

內部結算價格又稱為內部價格，是企業對中間產品內部轉讓計價結算的一種標準，其使用目的是正確地評價和考核內部責任中心的經營成果。在企業內部建立責任中心，合理確定內部結算價格，是實行責任會計的重要前提，也是利潤中心得以存在和發揮功效的基礎。

一、內部結算價格的作用

合理制定內部結算價格的重要作用，主要表現在以下幾個方面：

(一) 有利於明確劃分各責任中心的經濟責任

明確劃分各責任中心的經濟責任是實行責任會計的前提，而制定合理的內部結算價格又是劃分經濟責任的重要手段。如果內部結算價格制定得不合理，則可能出現問

題：一方面可能會導致賣方責任中心的過失或不良業績直接轉嫁給買方責任中心，從而使得原本應由賣方責任中心承擔的責任，卻讓買方承擔；另一方面可能會導致買賣雙方經常產生糾紛，如果企業高層過分干預，則會使各責任中心失去了獨立自主的決策權利，違背責任會計的初衷並且損害各責任中心的經濟利益。

(二) 有利於正確評價各責任中心的業績

準確地評價與考核各責任中心的業績，必須要有合理的內部結算價格。內部結算價格是評價和考核責任中心工作業績的前提和重要依據，只有制定合理的內部結算價格，才能準確地計量和考核各責任中心責任預算的實際執行情況，客觀、公正地評價各責任中心的工作業績，充分調動了各責任中心的生產積極性，使企業的生產經營進入良性循環狀態。

(三) 有助於制定正確的經營決策

公平、合理的內部結算價格有助於企業制定相關的經營決策，企業可以根據建立在內部結算價格基礎上的業績報告，從全局出發，決定哪些部門的業務應當發展，哪些部門的業務應當縮小，哪些部門的產品或勞務應當自製或是外購，以便使企業整體利益最大化。

(四) 有利於引導責任中心與企業保持目標一致

在分權管理體制下，企業內部的各責任中心都是相互獨立的責任主體，如果內部結算價格制定得不合理，可能會導致各責任中心受本位主義的影響，做出與整個企業長遠目標不相一致的經營決策，從而損害企業的整體利益。因而制定合理的內部結算價格，有利於引導責任中心與企業保持目標一致，使得各責任中心利益的最大化與整個企業利益最大化保持一致。

二、內部結算價格制定的原則

(一) 全局性原則

全局性原則強調企業整體利益高於各責任中心利益，當各責任中心利益發生衝突時，企業和各責任中心應本著企業利潤最大化或企業價值最大化的要求，制定合理的內部結算價格。

(二) 公平性原則

公平性原則要求內部結算價格的制定應公平、合理，應充分體現各責任中心的經營業績，防止某些責任中心因價格優勢而獲得額外的利益，某些責任中心因價格劣勢而遭受額外損失。

(三) 自主性原則

自主性原則是指在確保企業整體利益的前提下，應盡可能通過各責任中心的自主競爭或討價還價來確定內部結算價格，真正在企業內部實現模擬市場，使內部結算價格能為各責任中心所接受。

(四) 重要性原則

重要性原則要求內部結算價格的制定應充分體現「大宗細，零星簡」的原則，即對原材料、半成品、產成品等重要物資的內部結算價格制定從細，而對勞保用品、修理用備件等數量繁多、價值低廉的物資的內部結算價格制定從簡。

三、內部結算價格的類型

(一) 市場價格

市場價格是指根據產品或勞務的市場價格作為基價的價格。在責任會計制度下，有些責任中心具有產品銷售權，能夠直接對外銷售產品，並且兼有產品定價權、材料採購權和生產決策權，可以自由決定從內部或者外界進行購銷，因而對這類責任中心，可以市場價格作為內部結算價格。

以正常的市場價格作為內部結算價格主要適宜於利潤中心和投資中心組織，其優點主要表現在：①供需雙方部門都能按市場價格買賣他們的供需產品，使內部交易跟外部交易一樣；②一個企業的兩個責任單位相互交易，不管市場上是否存在同樣貨品，內部交易都能控制交易的貨物質量、數量、交貨時間等，也可以節省談判成本，提高資金的使用效率；③能正確評價各個責任中心的經營成果，並能更好地發揮生產經營活動的主動性和積極性。但是，在企業內部直接以市場價格作為內部結算價格也存在很多缺陷，如責任單位之間提供的中間產品經常難以確定其市場價格，且市場價格往往變化較大或者市場價格無代表性。從業績評價來說，用市場價格作為內部結算價格，往往對產品銷售方極為有利，因為其產品供應於企業內部，可節省許多銷售廣告、商業信用等費用，這些節約的費用便直接成為其工作成果，而產品購入方卻得不到任何好處，容易引起他們的不滿。

(二) 成本轉移價格

成本轉移價格就是以產品或勞務的成本為基礎而制定的內部轉移價格。由於成本的概念不同，成本轉移價格也就有多種不同形式。其主要包括標準成本、標準成本加成和標準變動成本三種形式。

（1）標準成本，即以產品（半成品）或勞務的標準成本，作為內部轉移價格，對各成本中心是比較合理的，尤其是中間產品沒有市價時，更是必要的。它既不會把賣方的「低效」轉嫁給買方，也不會把賣方成本控制的良好業績誤計入買方的成果。它適用於成本中心產品或半成品的結算。

（2）標準成本加成，即按產品（半成品）或勞務的標準成本加計一定的合理利潤作為計價基礎。其優點是能分清賣方單位與買方單位的經濟責任，但該方法的關鍵是加成利潤率確定的合理性。在確定加成利潤率時，應根據企業內部各單位的工作難度、深度及一般通用的盈利率來綜合考慮計算，反覆協商、權衡利得和損失來制定，以達到公允合理的原則。

（3）標準變動成本，即以產品（半成品）或勞務的標準變動成本作為內部結算價

格。該方法能夠明確指示成本與產量的依存關係，便於考核各責任中心的工作業績，有利於企業和各責任中心進行生產經營決策。

(三) 協議價格

協議價格是企業內部各責任中心以正常的市場價格為基礎，通過定期共同協商所確定的為雙方所接受的價格。企業內各責任單位可通過相互協調，確定一個雙方都願意接受的協議價格，以解決直接以市場價格作為內部結算價格的缺陷。通常，存在市場價格的情況下，協商價格要比市場價格略低，但高於中間產品單位變動成本。主要原因在於，賣方向企業內部銷售可以節省廣告費、包裝費和運輸費等多項費用。另外，當賣方責任中心有剩餘生產能力時，單位中間產品的內部結算價格只要在單位變動成本之上即可接受。這時中間產品的內部轉移，適宜採用協商價格。

各責任單位採用協議價格對其買賣雙方以及企業整體來說都是有利的，但協商確定價格需要花費雙方較多時間，特別是需要協議的產品較多時，就更需要花更多的人力、物力，有時還會出現雙方差異較大，無法取得結果，甚至因為無休止的爭吵而傷害責任單位間的合作感情。有時責任單位領導之間難於確定結算價格時，需要由企業一級領導做出裁決，使各責任中心的「獨立性」喪失意義，並且可能會影響到各責任中心業績的正確評價與考核，從而大大挫傷各責任中心的積極性。因而這種方法主要用於在中間產品有非競爭市場、生產單位有閒置的生產能力及變動成本低於市場價格、責任單位有自主決策的情況下。

(四) 雙重價格

雙重價格是指對產品（半成品）或勞務的供需雙方分別採用不同的結算價格。如對產品（半成品）的供應方，可按協商的市場價格計價，對使用方則按供應方的產品（半成品）的單位變動成本計價，其差額最終進行會計調整。這既能維護整體利益，同時也能使買賣雙方的積極性得到充分發揮。雙重價格有兩種形式：①雙重市場價格，就是當某種產品或勞務在市場上出現幾種不同價格時，供應方採用最高市價，使用方採用最低市價；②雙重轉移價格，就是供應方按市場價格或協議價格作為基礎，而使用方按供應方的單位變動成本作為計價的基礎。雙重價格的採用主要是為了對企業內部各責任中心的業績進行評價、考核，故各相關責任中心所採用的價格不需要完全一致，可分別選用對責任中心最有利的價格為計價依據。

四、內部結算

內部結算是指企業各責任中心清償因相互提供產品或勞務所發生的、按內部結算價格計算的債權、債務。

(一) 內部結算的方式

按照結算的手段不同，內部結算方式主要包括內部支票結算、轉帳通知單和內部貨幣結算方式。

1. 內部支票結算

內部支票結算是指由付款一方簽發內部支票通知內部銀行從其帳戶中支付款項的結算方式。內部支票結算方式主要適用於收款、付款雙方直接見面進行經濟往來的業務結算，以使雙方明確責任。

2. 轉帳通知單

轉帳通知單是由收款方根據有關原始憑證或業務活動證明簽發轉帳通知單，通知內部銀行將轉帳通知單轉給付款方，讓其付款的一種結算方式。轉帳通知單一式三聯，第一聯為收款方的收款憑證，第二聯為付款方和付款憑證，第三聯為內部銀行的記帳憑證。

3. 內部貨幣結算

內部貨幣結算是使內部銀行發行的限於企業內部流通的貨幣（包括內部貨幣、資金本票、流通券、資金券等）進行內部往來結算的一種方式。

上述各種結算方式都與內部銀行有關，所謂內部銀行，是指將商業銀行的基本職能與管理方法引入企業內部管理而建立的一種內部資金管理機構。它主要處理企業日常的往來結算和資金調撥、運籌，旨在強化企業的資金管理，更加明確各責任中心的經濟責任，完善內部責任核算，節約資金使用，降低籌資成本。

(二) 責任成本的內部結轉

責任成本的內部結轉又稱為責任轉帳，是指在生產經營過程中，對於因不同原因造成的各種經濟損失，由承擔損失的責任中心對實際發生或發現損失的責任中心進行損失賠償的帳務處理過程。

企業內部各責任中心在生產經營過程中，常常有這樣的情況：發生責任成本的中心與應承擔責任成本的中心不是同一責任中心，為劃清責任，就需要將這種責任成本相互結轉。最典型的實例是企業內的生產車間與供應部門都是成本中心，如果生產車間所耗用的原材料是由於供應部門購入不合格的材料所致，則多耗材料的成本或相應發生的損失，應由生產車間成本中心轉給供應部門負擔。

責任轉帳的目的是為了劃清各責任中心的成本責任，使不應承擔損失的責任中心在經濟上得到合理補償。進行責任轉帳的依據是各種準確的原始記錄和合理的費用定額。在合理計算出損失金額后，應編製責任成本轉帳表，作為責任轉帳的依據。

第十章　作業成本會計

案例與問題分析

　　廈門三德興公司為生產硅橡膠按鍵的企業，主要給遙控器、普通電話、移動電話、計算器和電腦等電器設備提供按鍵。企業的生產特點為品種多、數量大、成本不易精確核算。廈門三德興公司在成本核算和成本管理方面大致經過以下三個階段：第一階段（1980—1994 年），無控制階段；第二階段（1994—2000 年底），傳統成本核算階段；第三階段（2000 年以后），作業成本核算階段。廈門三德興公司實施的作業成本法包括以下三個步驟：①確認主要作業，明確作業中心。根據廈門三德興公司產品的生產特點，從公司作業中劃分出備料、油壓、印刷、加硫和檢查五項主要作業。其中，備料作業的製造成本主要是包裝物，油壓作業的製造成本主要是電力的消耗和機器的占用，印刷作業的成本大多為與印刷相關的成本與費用，加硫作業的製造成本則主要為電力消耗，而檢查作業的成本主要是人工費用。各項製造成本先後被歸集到上述五項作業中。②選擇成本動因，設立成本庫。成本庫按作業中心設置，每個成本庫代表它所在作業中心裡由作業引發的成本。成本庫按照某一成本動因解釋其成本變動。在廈門三德興公司備料、油壓、印刷、加硫和檢查五項主要作業裡對成本動因各自選擇備料作業、油壓作業、印刷作業、加硫作業、檢查作業。此外，廈門三德興公司還包括工程部、品管部以及電腦中心等基礎作業，根據公司產品的特點，產品直接原材料的消耗往往與上述基礎作業所發生的管理費用沒有直接相關性，所以，在基礎作業的分配中沒有選擇直接原材料，而是以直接人工為基礎予以分配。③最終產品的成本分配。根據所選擇的成本動因，對各作業的動因量進行統計，再根據該作業的製造成本求出各作業的動因分配率，將製造成本分配到相應的各產品中去。然后，根據各產品消耗的動因量算出各產品的總作業消耗及單位作業消耗。最后，將所算出的單位作業消耗與直接原材料和直接人工相加得出各個產品的實際成本狀況。

　　思考：1. 與傳統製造成本法相比較，廈門三德興公司為什麼要按照作業成本法計算產品成本？

　　　　　2. 同一企業同一時期同一產品同時分別按照傳統成本法與作業成本法核算，是否會得出同樣的結論，為什麼？

第一節　作業成本會計基本原理

一、作業成本法概述

(一) 作業成本法產生的社會背景

作業成本法（Activity-based Costing，簡稱 ABC 法）是指以作業為基礎，通過對作業成本的確認、計量而計算產品成本的一種方法。它是西方國家於20世紀80年代開始研究，並從20世紀90年代以來在先進製造企業首先應用起來的一種全新的企業管理理論和方法。

隨著市場競爭的日趨激烈和科學技術的不斷進步，企業用於產品開發、技術研究和生產準備等方面的間接費用大幅度上升，產品成本中的直接人工成本的比重日益降低。在這種情況下，按照傳統的成本計算方法，則會造成產品成本信息的失真。例如，傳統的成本計算方法是以直接人工工時或機器工時為標準來分配製造費用的，而製造費用其實與這種分配標準之間的聯繫並不密切，如製造費用中的產品檢驗費用，它的多少主要取決於檢驗工作人員的工資和有關檢驗設備的消耗，而與直接人工工時或機器工時並無直接關係。按照直接人工工時或機器工時來分配檢驗費用，顯然不盡合理，在檢驗費用數額不大，在全部成本中所占比例較小時，這樣的分配結果尚可以接受。但在檢驗費用數額較大或在全部成本中所占比例較高時，這樣的分配結果就嚴重失真了。這就要求尋求一種新的成本計算方法來克服傳統方法的缺陷，作業成本法就是在此背景下而產生的。

最早使用「作業成本」概念的是著名會計學家埃里克·科勒（Eric Kohler）。科勒的研究是基於作業的成本計算、管理思想和方法的初步應用，是 ABC 法的萌芽。喬治·斯托布斯在他的《作業成本計算和投入產出會計》和《服務與決策的作業成本計算——決策有用性框架中的成本會計》中對作業會計的基本概念和理論進行了全面的討論和闡述，形成了「作業成本」理論的基本框架，為作業管理思想的形成和發展奠定了基礎。在近幾十年，西方成本會計受到了科技發展、企業變革的重大挑戰。美國卡普蘭教授和西方管理會計泰門霍恩格倫教授，對於把作業會計由斯托布斯的純學術性研究推向用於一個組織具有可操作性的作業會計做出了巨大貢獻。而庫珀的四論作業基礎成本計算的興起以及他與卡普蘭合作發表的論文對作業會計的現實需要、運行程序、成本動因的選擇和成本庫的建立做了全面深入的分析，是作業會計研究的重要文獻。詹姆斯·A.達林遜在1991年編著的《作業會計：以作業為基礎的成本計算法》，對作業成本計算和如何追溯相關成本動因，以便合理利用進行了規範化研究。彼得·特尼在如何將作業成本信息應用於作業管理，如何實地推行作業成本計算和作業管理方面做了大量工作。

自20世紀70年代以來，高科技在生產領域的廣泛應用，加快了社會生產的發展。日本、美國等一些發達國家紛紛取得了自動化生產、電腦輔助設計、電腦輔助製造、

彈性製造系統（FMS）的豐碩成果。這為生產經營的革命性變革提出了要求，同時也為它提供了技術上的可能。這就使得直接人工費用在成本中的比例越來越小，間接費用的比例大幅度上升。如20世紀80年代間接費用在產品生產成本中所占的比重，美國為35％，日本為26％；從美、日的電子和機器製造業來看，這一比重在日本高達百分之五六十，在美國高達75％。產品的多樣化，也會使各種產品在技術層次上（精密程度）相差較大。在這種成本構成內容發生變化的情況下，為了正確計算產品成本，提供更為廣泛和相關的成本信息，以滿足企業經營管理的需要，客觀上要求把成本控制的重點由直接材料、直接人工逐步向製造費用轉移。

在電子技術革命的基礎上，既產生了高度電腦化、自動化的先進製造企業，同時也帶來了管理觀念和管理技術的重大變革，形成了以高科技為基礎的新的企業觀。所謂新的企業觀，就是把企業看做最終滿足顧客需要而設計的「一系列作業」的集合體，形成一個由此及彼、由內到外的作業鏈。若要完成一項工作就要消耗一定的資源，而作業的產出又形成一定的價值，轉移到下一個作業，依此類推，直到最終把產品提供給企業外部的顧客，以滿足他們的需要。這裡所說的作業是指基於一定目的、以人為主體、消耗一定資源的特定範圍內的某種活動或事項。作業的轉移同時伴隨價值的轉移，最終產品是全部作業的集合，同時也表現為全部作業的價值集合。因此，作業鏈的形成過程，也就是價值鏈的形成過程。作業形成價值，並不是所有的作業都增加轉移給顧客的價值，可以增加轉移給顧客價值的作業叫做增加價值的作業；不能增加轉移給顧客的價值的作業叫做不增加價值的作業或浪費作業。企業管理就是要以作業管理為核心，盡最大努力消除不增加價值的作業，盡可能提高增加價值的作業的運作效率，減少其資源消耗。使作業成本法得到迅速發展和應用的主要原因在於適時制生產和全面質量管理（TQC）。適時制生產即適時生產系統（JIT），是根據需求來安排生產和採購，以消除企業製造週期中的浪費和損失的一種新的生產管理系統。其基本思想是要消除從產品設計到產品銷售的各個環節的一切浪費。在生產經營中，凡不能為最終產品增加價值的作業皆為浪費作業，它要求站在顧客需求的立場上，力爭使企業生產經營的各個環節無庫存儲備，即零存貨。而為達到這一要求，企業就應適時地將外購原材料或零部件直接運達生產現場，投入生產，而無須建立原材料、外購件的庫存儲備。生產的各個環節要緊密地協調配合，其前階段按后階段進一步加工的要求；生產出在產品、直接投入生產，亦無須建立在產品、產成品的庫存儲備；在銷售階段，生產出來的產成品能夠充分地滿足顧客的需要，並按顧客的要求，適時地送到顧客手中亦無須建立產成品的庫存儲備。

為使適時制生產方式能夠順利進行，必須做好以下五個方面的工作：

（1）與供應商保持良好的合作關係。適時制生產方式要求企業旨在生產需要時採購所需數量的原材料、外購零部件等要求供貨商及時送貨至現場，即按需定購，以消除供應環節上的浪費。

（2）生產經營過程的每個環節都要做到零缺陷不良的連鎖反應，給企業造成較嚴重的浪費和損失。所以，適時制生產方式必須和全面質量管理同步進行，才能充分發揮適時制生產方式的重要作用。

（3）培養具有綜合技能的技術工人。適時制生產方式的實行，要求工人具有多種技能，對製造單元內的工人進行全面培訓，從事單元內的所有工作；當製造單元內的工人有閒置時間的情況出現時，工人可以統一調配去從事有關生產準備、設備的預防性維護等方面的工作。這樣，既可提高企業的勞動生產效率，又使企業的勞動力資源得以充分有效地利用。

（4）實行預防性維護。適時制生產方式要求對機器設備進行事前的預防性維護，以保證適時制生產方式的順利運行。

（5）能夠迅速有效地進行生產組織的調整。企業花在生產組織調整上的時間，是不能為最終產品增加價值的。所以，必須設法採用先進的製造技術，如彈性製造系統（FMS），以縮短調整的時間，使其減少到最低限度。不良的連鎖反應，給企業造成較嚴重的浪費和損失。所以，適時制生產方式必須和全面質量管理同步進行，才能充分發揮適時制生產方式的重要作用。

成本核算的根本性要求就是滿足企業經營管理的需求。新技術革命和日趨激烈的市場競爭使企業的經營管理方式的變化，對傳統的成本計算方法產生了前所未有的衝擊。它要求成本核算工作由以產品為中心轉移到以作業為中心，建立起一個以作業為基本對象的科學的成本信息系統，使之貫穿於作業管理的全過程，以便通過它對所有作業活動進行追蹤、進行動態反應、提供更為詳細的信息，且在此基礎上建立起更為科學、有效的決策、計劃、控制、分析和考評機制，以促進企業作業管理水平的提高。於是，產生了以作業量為成本分配基礎，以作業為成本計算的基本對象，旨在為企業作業管理提供更為相關、相對準確的成本信息的成本計算方法——作業成本計算法。

(二) 作業成本法的特點

與傳統的成本計算方法相比較，作業成本法計算產品成本有如下特點：

（1）以作業為成本計算的中心。在作業成本法下，首先要確認從事了哪些作業，根據作業對資源的耗費歸集各種作業所發生的成本，然後根據產品對作業的需求量，計算出耗費作業的產品成本。作業成本法擴大了成本計算面，把成本計算的重心轉移到耗費資源的作業成本上，有利於提高成本分析的清晰度，發現和消除對企業經濟效益無貢獻的耗費。

（2）設置成本庫歸集成本。成本庫是指可用同一成本動因來解釋其成本變動的同質成本集合體。如一個生產車間所發生的動力費用、準備調整費用、檢驗費用等受不同的成本驅動因素影響，應分別設置成本庫進行歸集。又如檢驗費用，也可再按材料檢驗、在產品檢驗和產成品檢驗分設若干個成本庫歸案。不同質的製造費用，通過不同的成本庫歸集，有利於發現和分析成本升降的原因，有的放矢地進行成本控制。

（3）按多標準分配成本。將不同質的費用設立不同的成本庫進行歸集，也有利於按引起費用發生的成本動因進行分配。例如，動力費用與產品產量有關，可選擇與產品產量有關的成本動因，如機器小時作為分配基礎；產品檢驗費用與檢驗數量有關，可按檢驗數量進行分配；準備調整費用與產品準備次數有關，可按準備次數進行分配。按多標準分配不同質的製造費用，能夠為成本控制提供更準確的信息。

在作業成本法下，分配間接費用的基礎，除了財務方面的指標外，大量的是非財務方面的指標，如材料訂購次數等。

二、作業成本制中的基本概念

作業成本制是通過對作業成本的確認、計量而計算產品成本的方法。它既是一種先進的成本計算方法，也是成本計算與成本控制相結合的全面成本管理制度。它是適應現代高科技生產及管理新觀念和管理新方法的需要而產生與發展的，是一場新的成本會計革命。

作業成本制下一般涉及以下一些概念：

(一) 作業與作業成本

作業是企業提供產品或勞務過程中的各個工作程序或工作環節。產品生產過程由作業構成，產品生產過程中的消耗表現為作業消耗。企業的作業種類繁多，表現出不同的特性：有些作業使每一單位產品都受益，與產品量成比例變動，如機器的折舊及動力等；有些作業與產品批別有關，使一批產品受益，如為生產某批產品的材料處理、機器準備等，這類作業與產品的批數成比例變動；有些作業與某種產品相關而與產品產量及批數無關，如對每一種產品編製的生產程序、控制規劃、開列材料清單等。

維持作業所發生的消耗稱為作業成本。作業消耗資源與成本，產品消耗作業，因而作業成本同時又是產品成本形成的基礎，產品生產過程中的費用消耗表現為作業的費用消耗。

(二) 作業鏈與價值鏈

在作業管理觀念下，企業的生產經營被看成是為最終滿足顧客需要而設計的「一系列作業」的集合體，形成企業的作業鏈。企業的作業鏈由直接人工作業、材料消耗作業及其他製造作業三條平行而又相互交織的作業鏈構成。產品的生產過程表現為作業的推移過程。作業消耗成本，作業的推移過程也就是成本的累積過程。作業同時又創造價值，作業的推移表現為價值在企業內部的累積與轉移，最終形成移交給企業顧客的總價值。作業鏈因而也表現為價值鏈。作業形成價值，但並非所有的作業都增加轉移給顧客的價值。有些作業可以增加轉移給顧客的價值，稱為增加價值的作業；有些作業則不能增加轉移給顧客的價值，稱為不增加價值的作業。企業管理就是要以作業管理為核心，盡可能消除不增加價值的作業，對於增加價值的作業，盡可能提高其運作效率，減少其資源消耗。

(三) 成本動因

成本動因是指引起成本發生的作業或因素，成本動因驅動成本，發生的成本按成本動因進行分配。在作業成本計算中，成本動因為作業，發生的成本按作業的消耗量進行分配。如檢驗成本引發的動因是檢驗這一作業，其成本就應按產品所消耗的檢驗作業量進行分配，由於檢驗作業量可用檢驗小時表示，檢驗成本分配的依據是檢驗小時，當每次檢驗的時間較穩定時，分配依據可進一步簡化為檢驗次數。

(四）作業成本制與數量基礎成本計算

在作業成本制下，成本費用的發生被視作與作業相關。產品生產過程中的費用消耗表現為作業的費用消耗，產品成本由作業成本構成。作業成本計算的基本思路是，產品消耗作業，作業消耗成本，生產費用應根據其產生的原因匯集到作業，計算出作業成本，再按產品生產所消耗的作業，將作業成本計入產品成本。按照這一思路，作業成本計算既可計算出產品成本以滿足損益計算的需要，又可計算出作業成本滿足作業管理的需要。

作業成本制實質上是將製造費用按作業劃分為不同的部分，每一部分按與之相關的作業進行分配，選用的成本動因較多。而在傳統的成本計算方式下，製造費用分配選用的成本動因較少，往往只有一項，其分配建立在這樣一種假設基礎之上：製造費用的發生與產品所消耗的人工工時或機器工時相關，各產品應該按所消耗的人工工時或機器工時的比例分攤製造費用。由於作業成本制下的成本分配標準更多更具體，因此，其計算的產品成本比按傳統方式計算的產品成本更為準確，對決策更為有用。

三、作業成本法的運用前景

作業成本法的基本思想源自 D. Longman 和 M. Schiff 合著的《實際銷售成本分析》（*Practical Distribution Cost Analysis*）。該作者提出了功能成本法（Functional Costing）。進行銷售成本核算時，使用控制因子（Control Factor Units）來聯繫變量（Variaole Quantum）與成本金額、銷售與佣金。作業成本法最早用於非製造業，如鐵路運輸業，后來才更多地用於製造業。

儘管作業成本法即使在美、英、加拿大等國也尚屬初級應用階段，但近年來保持了較好的應用上升勢頭。很多企業受宏觀經濟衰退的困擾，轉向採納這一務實的工具，以便取得更多的戰略、財務和經營方面的信息，從而提高其競爭能力和獲利能力。即使在成本效益原則的限制下，作業成本法也至少可以在以下四個方面取得進展和突破：

（1）多個間接成本分配基礎的廣泛採用。企業分配間接製造費用，將不再簡單地只按直接工時或機器工時來進行。

（2）強調產品成本的戰略管理。企業不僅關注其製造環節，還重視研究與開發、設計、採購、推銷、銷售、售后服務等環節。

（3）業績的非財務計量和財務計量並存。作業成本法可產生非財務信息，結合各類信息，進行業績的評價和考核，將是一種趨勢。

（4）增值性分析、因果聯繫分析的深入開展。企業面臨的將是買方市場，唯有生產高質量、低成本且適銷對路的產品才能生存、發展。因此，增值性及成本與產品、服務、顧客的因果聯繫將備受關注。

目前我國的自動化程度很低，現行會計制度又要求採用製造成本法，因此，在實踐中還很少應用作業成本法。但隨著社會主義市場經濟的逐步建立和完善，現代企業制度改革的深入進行，我國企業面臨的競爭將趨於激烈，自動化程度將很快提高，新信息技術將不斷引入、應用到企業中來。我們有必要盡早改變成本管理效率不高、成

本核算粗略的狀況，深入瞭解作業成本法，認識作業成本法的現實意義，選擇適當時機設計好作業成本制，正確對待作業成本法應用中存在的問題，及時借鑑、消化和吸收國內外先進經驗。

第二節　作業成本法的計算

一、作業成本法的計算程序

作業成本法的計算程序如下：

（1）作業分析。作業分析，是指分析生產產品和提供勞務服務所發生的各項活動，將同質的活動確認為作業項目（或作業中心）的過程。作業分析的目的就是將企業的生產經營活動分解或集合為一個個計算成本和評價效果的基本單位——作業，描述有關資源是如何被消耗的，說明各項作業的投入和產出。作業項目不一定正好與企業的傳統職能部門相一致。有時候，一項作業是跨部門進行的；但有時候，一個部門可以完成若干項作業。作業分析可以通過編製作業流程圖來完成。

（2）確定資源動因，建立作業成本庫。根據作業對資源的耗費，按作業項目記錄和歸集費用，建立作業成本庫。

（3）確定作業動因，分配作業成本。確定作業動因，根據產品或勞務消耗特定作業的數量，將作業成本分配到各成本目標（產品或勞務）中。

（4）計算匯總各成本目標的成本。某廠作業成本核算流程見圖10－1。

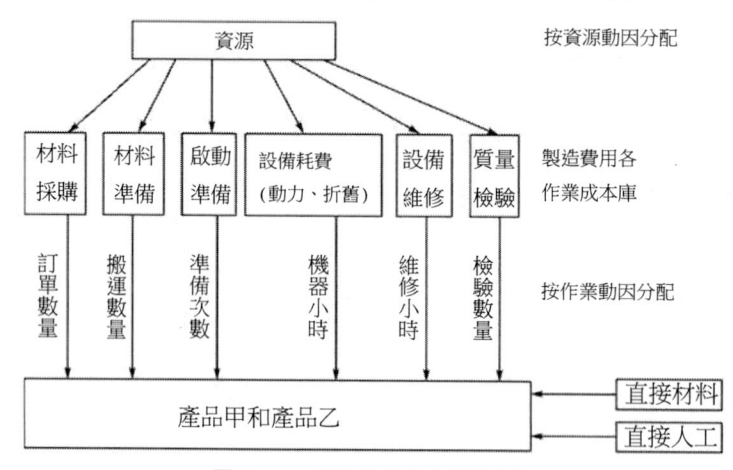

圖10－1　某廠作業成本核算流程

二、作業成本法的計算例示

【例10－1】甲公司在2015年度生產和銷售A、B、C三種產品，其中，A產品工藝程序非常複雜、B產品工藝程序一般、C產品工藝程序最為簡單，有關記錄

如表 10-1。

表 10-1　　　　　　　　甲企業 2015 年產品生產成本記錄

項　目	A 產品	B 產品	C 產品	合　計
年產量（件）	500	1,000	1,500	
年直接材料	20,000	80,000	88,000	188,000
年直接人工	45,000	70,000	92,800	207,800
年製造費用				320,000
年工時消耗（小時）	1,000	4,000	5,000	10,000

根據以上資料，按照製造成本的計算法，各產品成本的計算如下：
製造費用分配率 = 320,000 ÷ 10,000 = 32（元/小時）
則：A 產品應負擔的製造費用 = 1,000 × 32 = 32,000（元）
　　B 產品應負擔的製造費用 = 4,000 × 32 = 128,000（元）
　　C 產品應負擔的製造費用 = 5,000 × 32 = 160,000（元）
各產品製造成本的計算如表 10-2 所示。

表 10-2　　　甲企業 2015 年製造成本計算法下各產品成本的計算

項　目	A 產品	B 產品	C 產品
直接材料	20,000	80,000	88,000
直接人工	45,000	70,000	92,800
製造費用	32,000	128,000	160,000
總成本	97,000	278,000	340,000
產量	500	1,000	1,500
單位成本	194	278	227.2

甲公司在定價決策時，主要採用成本加成的辦法來確定各種產品的銷售價格，即在計算出的各種產品單位成本的基礎上加上成本的 40% 作為產品的預定銷售價格，在這種思路下：

A 產品預定銷售價格 = 194 ×（1 + 40%）= 271.6（元/件）
B 產品預定銷售價格 = 278 ×（1 + 40%）= 389.2（元/件）
C 產品預定銷售價格 = 227.2 ×（1 + 40%）= 318.08（元/件）

然而，現實的情況是：A 產品按預定的銷售價格銷售時，產品非常暢銷，通過市場調查分析，主要原因是其銷售價格遠低於市場平均價格，后來提高售價到 350 元後產品的銷售勢頭仍然很好；與此正好相反，產品 C 卻難以按預定的 318.08 元的價格銷售出去，幾經周折，降價 10% 以後，銷售仍然不太理想，且價格仍然高於市場平均價格。

甲公司在廣泛調查的基礎上，認定其定價模式基本符合目前企業普遍存在行銷費

用較大的特點，符合公認的定價策略。在這種情況下，公司經理層對其成本的真實性產生了懷疑，決定採用作業成本法重新進行成本計算。

甲公司首先將其生產經營過程劃分為若干個作業中心，建立作業成本庫；然後將非直接性成本費用歸集到各作業成本庫中；最後再將各作業成本庫的成本費用分配給A、B、C三種產品。具體資料如表10-3所示。

表10-3　　　　甲企業2015年生產過程各作業中心資源耗費及作業量

單位：元

作業中心	資源耗費（元）	作業動因	作業量 A產品	作業量 B產品	作業量 C產品	合計
車間日常管理	65,000	生產工時	1,000	4,000	5,000	10,000
生產現場管理	45,000	產量	500	1,000	1,500	3,000
設備維護	90,000	機器工時	6,000	6,000	8,000	20,000
實物管理	38,000	移動次數	50	30	20	100
驗收與質檢	46,000	檢驗小時	800	800	400	2,000
生產調試準備	36,000	調試準備次數	1,000	400	100	1,500
合計	321,000					

根據以上資料，計算各作業中心的單位作業成本如下：

車間日常管理作業中心的單位作業成本 = 65,000 ÷ 10,000 = 6.5（元/小時）

生產現場管理作業中心的單位作業成本 = 45,000 ÷ 3,000 = 15（元/件）

設備維護作業中心的單位作業成本 = 90,000 ÷ 20,000 = 4.5（元/小時）

實物管理作業中心的單位作業成本 = 38,000 ÷ 100 = 380（元/次）

驗收與質檢作業中心的單位作業成本 = 46,000 ÷ 2,000 = 23（元/小時）

生產調試作業中心的單位作業成本 = 36,000 ÷ 1,500 = 24（元/次）

根據以上資料，計算出各產品的製造費用如表10-4所示。

表10-4　　　　甲企業2015年各產品應分配製造費用

單位：元

作業中心	單位作業成本	A產品作業量	A產品製造費用	B產品作業量	B產品製造費用	C產品作業量	C產品製造費用
車間日常管理	6.5	1,000	6,500	4,000	26,000	5,000	32,500
生產現場管理	15	500	7,500	1,000	15,000	1,500	22,500
設備維護	4.5	6,000	27,000	6,000	27,000	8,000	36,000
實物管理	380	50	19,000	30	11,400	20	7,600
驗收與質檢	23	800	18,400	800	18,400	400	9,200
生產調試準備	24	1,000	24,000	400	9,600	100	2,400
合計			102,400		107,400		110,200

根據以上資料及計算，計算各產品的成本如表10-5所示。

表10-5　　　　　　甲企業2015年作業成本計算法下各產品成本

單位：元

項　目	A產品	B產品	C產品
直接材料	20,000	80,000	88,000
直接人工	45,000	70,000	92,800
製造費用	102,400	107,400	110,200
成本合計	167,400	257,400	291,000
產量（件）	500	1,000	1,500
單位成本	334.8	257.4	194

從以上的計算中可以發現，採用作業成本計算與傳統的成本計算方法相比，A產品和C產品的單位成本發生了驚人的變化，從而按既定的定價模式確定的預計售價也將發生較大的變化，具體對比情況詳見表10-6。

表10-6　　　　　　甲企業2015年各產品單位成本和預算售價對比表

單位：元

對比項目	作業成本法	製造成本法
A產品單位成本	334.8	194
B產品單位成本	257.4	278
C產品單位成本	194	227.2
A產品預算售價	468.72	271.6
B產品預算售價	360.36	389.2
C產品預算售價	271.6	318.08

三、作業成本法的評價

（一）作業成本法的優點

作業成本法與傳統的成本計算方法相比較，具有以下六個方面的優點：

（1）拓寬了成本核算的範圍。作業成本法把作業、作業中心、顧客和市場納入成本核算的範圍，形成了以作業為核心的成本核算對象體系，不僅核算產品成本，而且核算作業成本和動因成本。這種以作業為核心而建立起來的、由多維成本對象組成的成本核算體系，可以抓住資源向成本對象流動的關鍵，便於合理計算成本，有利於全面分析企業在特定產品、勞務、顧客和市場及其組合，以及各相應作業上盈利性的差別。

(2) 提供相對準確的成本信息。在作業成本計算法下，能夠改變傳統成本計算中標準成本背離實際成本的事實。它從成本對象與資源耗費的因果關係著手，根據資源動因將間接費用分配到作業，再按作業動因將作業計入成本對象，從而揭示了資源與成本對象真正的「一對一」的本質聯繫，克服了傳統成本計算假定的缺陷。作業成本計算分配基礎的廣泛化，使間接費用的分配更具精確性和合理性，克服了傳統成本計算法按照單一的分配標準分配間接費用所造成的對成本信息的嚴重扭曲，提供相對準確的成本信息。

(3) 作業成本信息可以有效地改進企業戰略決策。在作業成本法下，由於間接成本不是均衡地在產品間進行分配，而是通過成本動因追蹤到產品的，因而有助於改進產品定價決策，且為是否停產老產品、引進新產品和指導銷售提供準確的信息。除了定價、資源分配及優化產品組合決策之外，作業成本信息有助於對競爭對手的「價格—產量決策」做出適當反應。所以，有人說作業成本計算法不僅僅是一種先進的成本計算方法，也是管理諮詢服務的工具，而且還是管理會計師提高企業發展能力、獲利能力、工作效率的技術。

(4) 提供便於不斷改進的業績評價體系。作業成本法關注那些使成本增加和複雜化的因素，揭示在產品之間分配間接成本時「苦樂不均」所產生的后果。在評價作業時，作業成本法的宗旨就是利用具體的作業信息，提高增值作業效率，力圖規避無效作業。作業成本法的業績評價清晰地反應了作業。資源在增加顧客價值中所起的作用，揭示了增值作業、非增值作業以及可供資源、實際使用資源和實際需用資源之間的差別，可為改進作業管理、優化資源配置提供有用信息。

(5) 便於調動各部門挖掘盈利潛力的積極性。作業成本法的成本計算過程實際上是貫穿於資源流動始終的因果分析過程，便於明確與落實各部門的崗位責任，揭露存在的問題，從而推動它們不斷挖掘盈利潛力，優化經營管理決策，使整個企業處於不斷改進的環境中。

(6) 有利於企業杜絕浪費，提高經濟效益。作業成本計算通過對成本動因的分析，揭示資源耗費、成本發生的前因后果，指明深入到作業水平，對企業供、產、銷各個環節的基本活動進行改進與提高的途徑，有利於消除一切可能形成的浪費，全面提高企業生產經營整體的經濟效益。

(二) 作業成本法的局限性

1. 在成本動因的選擇上有一定的主觀性

由於作業成本計算的目的是為更全面、精細地將各項作業耗費分配到消耗這些作業的產品成本中去，因而在成本計算過程中，需要確認資源和作業，需要設立作業成本庫，且為每個作業成本庫選擇最佳的成本動因。在這個過程中，難免帶有主觀性和一定程度的武斷性，尤其是所選擇的成本動因，並不總是客觀的和可以有效驗證的，有些甚至很難進行恰當選擇。例如，廠房租賃費用和車間的一些維持性成本，就很難選擇合適的成本動因。這些不僅為作業成本的有效實施增加了難度，同時也為企業管理當局人為地操縱成本提供了可能，導致對這種操縱結果進行審計更加困難。

2. 實施作業成本計算的費用較高

作業成本計算的優越性是可以為企業提供更為相關、更為精細的成本信息。但是，全面實施作業成本計算對於企業來說無疑是一項相當龐大的系統工程。尤其在企業業務量大、生產經營過程複雜的情況下，不僅成本計算過程相當複雜，而且需要做許多基礎性的工作，並且隨著企業生產經營環節的變化、技術的創新及產品結構的調整，又需要重新進行作業的劃分或調整工作，其費用之高是可以想像的。

3. 作業成本計算的實施將會降低（或失去）成本信息的縱向和橫向可比性

作業成本計算法與傳統的成本計算法相比較，無論在產品成本所包括的內容上，還是費用的分配原理上都存在很大的差別。就產品成本所包括的內容來說，傳統的產品成本計算只包括直接材料、直接人工和製造費用；而作業成本計算法下的產品成本，其內涵要廣泛得多，可以包括一切為生產該產品而發生的費用，即產品成本是全部成本的概念。至於在費用分配原理上的差別，則不必多說。因此，在這兩種成本核算系統下，不僅同一個企業（或車間）所取得的成本信息會有重大差別，而且同一種產品的成本信息也會大不相同。不言而喻，這種成本信息上的差別，必然會使企業有關資產價值的計量以及企業損益的計算發生變化。而成本信息的變化以及由此而帶來的有關資產價值和企業損益的變化使企業前後期的會計信息，以及與其他企業有關的會計信息失去可比性。

(三) 我國企業在借鑑作業成本法時應注意的問題

基於以上分析，作業成本法是一種較為科學的成本計算方法。鑑於我國企業在成本計算和成本管理上所存在的諸多問題，我們應該借鑑和吸收這種成本計算方法的原理和精髓，以提高成本信息的決策相關性，提高成本管理的有效性。在借鑑時，必須充分考慮企業的具體情況和作業成本法本身的局限性。有鑑於此，可以先在原材料供應較為充裕、市場競爭激烈、生產線成熟、自動化程度高、產品技術含量大，基本具備實施作業成本計算條件的企業試用，且在應用的方式方法上可以是多種多樣的。在借鑑和應用作業成本計算時，企業應特別注意以下三個方面的問題：

（1）充分認識企業的具體情況，注意把作業成本法的實施與企業成本管理水平的改進和提高結合起來；從現實需要出發，設計作業成本計算系統。就目前我國企業的實際情況來說，應用作業成本計算，主要還是應用其成本計算的原理，為成本管理服務，而不是以作業成本法完全取代傳統的成本計算方法。在條件較為成熟的企業可以較為全面地施行作業成本計算；而就多數企業來說，則應該在生產經營的某些環節或者對某些局部費用的分配方法上引入作業成本法的原理，以提高成本信息的質量，使之更好地為企業生產經營和決策服務。

（2）充分認識作業成本法在費用分配上的本質要求，切忌主觀武斷。作業成本計算之所以可以提供相對準確的成本信息，是以下面兩個基本條件為前提的，若嚴重違反了這兩個基本條件，不僅達不到預定的目的，還會適得其反。

第一個條件是：同一作業成本庫中的成本均由同質作業引起，也就是在同一成本庫中，成本受單一作業或主要作業驅使而致。若成本因兩個或兩個以上主要作業而發

生卻僅以一個作業為基礎來將成本分攤至產品,則違反了這個條件。所以,許多成本以武斷的方式進行分攤仍會造成成本扭曲。

第二個條件是:同一成本庫中,成本變動與作業的變動水準是等比例增減的,也就是成本動因與被分攤成本間有密切的因果關係。作業成本計算的限制在於某些成本的發生與產品無直接因果關係,因而無法找出合適的成本動因。在這種情況下,如貿然分攤必將造成錯誤,閒置生產能力的成本就是如此。

因此,企業在實施作業成本法時,首先應全面地對生產經營過程進行作業分析,在此基礎上建立作業成本庫和選擇成本動因。

(3) 要充分考慮成本效益原則,力求有效地解決企業生產經營過程和成本管理中存在的問題。如前所述,實施作業成本計算是一項較為龐大的系統工程,即使局部地採用也是一件較為複雜的工作。因此,實施作業成本法的預計成效如何,需要耗費的成本怎樣,是企業應研究的重要問題。為此,企業在實施作業成本法時,首先必須認真分析企業生產經營過程和成本核算中存在哪些問題,採用作業成本法和作業成本管理是否有助於這些問題的解決,以及其成本效益如何,以便有效地、有針對性地解決這些問題,且使耗費的成本較小。如果企業需要耗費較大的人力、物力和財力,需要進行複雜的成本核算,但並不能解決所存在的主要問題,則不應盲目實施作業成本計算。

第三節　作業成本管理

一、作業管理與作業成本管理

社會環境的變化,生產技術的發展,使管理方法的新發展出現以顧客滿意為核心的五個關鍵點,即全面價值鏈分析、內外部並重、關鍵成功因素(成本、質量、時間、創新)、持續的改進與客戶滿意。新企業觀的形成,可謂這一背景下的產物。新企業觀,就是把企業看成是為滿足顧客需要而設計的一系列作業的集合體。企業產品凝聚了各個作業上形成而最終轉移給顧客的價值。因此,作業鏈同時也表現為價值鏈,作業的推移,同時也表現為價值在企業內部顧客的逐漸累積與轉移,最終形成轉移給企業外部顧客的總價值。從顧客那裡收回轉移給他們的價值,形成企業的收入,收入補償完成各有關作業所消耗的資源的價值之和后的餘額,成為從回收轉移給顧客的價值中取得的利潤。

與此相應,企業管理的著眼點和重點應從傳統的產品上轉移到作業上來,實行「以作業管理為基礎的管理」(ABM,即作業管理),企業管理深入到作業水平,有利於溯本求源。設法消除非增值作業,盡可能改進增值作業,減少其資源消耗,在持續改進中,最大限度地提高企業從顧客收回的價值。

實行作業管理,對作業的增值情況(區分增值與非增值作業)進行分析,必須借助作業成本法所提供的比較準確的作業成本信息。作業成本法把成本計算的重點放在成本發生的前因後果上。從前因看,成本是由作業引起的,而作業的形成要追蹤到產

品的設計環節，正是在產品的設計環節決定生產的作業組成和每一作業預期的資源水平以及預期產品最終可對顧客提供的價值大小。從后果看，對作業執行以至完成實際耗費了多少資源及這些耗費可對產品最終提供給顧客的價值做出多大貢獻這兩個問題進行的動態分析、可以提供有效信息，促進企業改進產品設計，提高作業完成的效率和質量水平，在所有環節上減少浪費並盡可能降低資源消耗，尋求最有利的產品和顧客以及相應投資方向，並將企業置於不斷改進的環境中，以促進企業生產經營整個價值鏈水平的不斷提高。可見，作業成本法是作業管理的基礎和仲介，它作為一個相對準確的成本信息系統，貫穿於作業管理的始終，通過對所有作業的追蹤並進行動態反應，發揮了決策計劃和控制作用，促進了作業管理水平的不斷提高。

為消除不能為最終產品增值的作業，必須加強設計階段的作業和功能分析。借助於先進的設計手段，企業對所設計的新產品功能及其今後所需的作業進行反覆分析研究，徹底消除不必要的功能和作業，設計出既能滿足顧客要求而消耗資源又少的新產品。

以作業為基礎的管理思想認為，與存貨相關的作業（如存儲、搬運、保管等）都不能為最終產品增加價值，因此必須消滅存貨，實現零庫存。而要做到零庫存，要求實行適時生產系統（JIT），以適時生產為出發點，首先暴露出生產過量的浪費，進而暴露出其他方面的浪費（如設備佈局不當、人員過多），然後對設備人員等資源進行調整，如此不斷循環，成本不斷降低，計劃和控制水平也隨之不斷簡化和提高。要使生產適時進行，不能出現任何殘次品，否則將打亂適時生產體系，因此必須實施全面質量管理（TQM），以質量為中心，以全員參與為基礎，使所有產品達到零缺陷，達到顧客滿意的目的。

實行作業管理，必然要求成本核算方法變革，實行作業成本法為之提供關於作業的信息。作業成本法在作業管理中處於核心的位置，並且是一個二維的概念，即成本分配觀和過程分配觀。成本分配觀，是一個雙向的過程。一方面，產品引起對作業的需求，作業又引起對資源的需求，這是成本分配觀的資源流動；另一方面，將資源的成本（即耗用）依資源動因分配到作業，然後將作業的成本依成本動因追溯到產品，這是成本分配觀的成本流動。而成本過程分配觀，是向企業提供作業是由什麼引起的（成本動因）以及作業完成得怎麼樣（業績計量）的信息。企業利用這些信息，可以對整個作業鏈進行改進，增加顧客獲得的產品最終價值。作業成本法從縱橫兩方面為企業改進作業鏈、減少作業耗費、提高作業的產出提供有用信息。

與傳統成本管理相比，作業管理在成本管理方面的拓展主要表現在以下幾個方面：

（1）成本計算方法的變革。成本計算是成本管理的基礎，成本計算結果的準確性直接影響到管理者的決策，而成本計算的關鍵在於製造費用的分配。傳統的成本計算是將製造費用按直接材料或直接人工分配到產品。這種做法隱含著一個假設，即產品對製造費用的消耗與直接材料或直接人工成比例。但事實並非如此，故傳統的成本計算的結果是不準確的，它扭曲了產品成本信息，並有可能導致產品決策的失誤。而與高級製造環境相適應的作業管理，需要比較準確的有關作業的信息，這就引發了一種全新的成本計算方法——作業成本法的產生。作業成本法根據產品消耗作業、作業消耗資源的思想，先將資源的成本依資源動因分配到作業，再將作業的成本依作業動因

分配到產品。這種依據成本發生的動因來分配成本的方法，可以為作業管理提供比較客觀、真實、準確的成本信息，便於管理者有效地實施計劃和控制，做出正確的決策，從而提高作業管理的水平。

（2）成本控制方法的變化。成本控制是成本管理的關鍵。傳統的成本控制方法主要是以產品為中心的標準成本制，在標準成本制下，由會計部門編製報告，反應實際成本與標準成本的差異，並進行差異分析。如果實際成本高於標準成本，則為不利差異，說明企業內部效率低下，有待於進一步改進；反之，則為有利差異。這種差異成為對管理人員獎懲的重要依據。

在採用適時制的高級製造環境下，以產品為中心的標準成本制度的控制功能雖未完全消失，但是受到了嚴峻的挑戰。首先，作業管理要求把成本的控制深入到每一個作業，以作業為核心，進行作業分析，以成本動因為基礎進行成本控制，從而有效、持續地降低成本。其次，傳統標準成本制所採用的可達到標準為理想標準所代替，可達到標準容許一些無效率存在，這可能使已經達標的部門或員工滿足現狀、不思進取，這與作業管理持續改進的目標相背。理想標準追求的是絕對完美，不容許任何無效率存在，要求消除一切不能為最終產品增加價值的作業。在傳統的標準成本制下，認為理想標準難以達到，以此為標準衡量績效必使員工產生挫敗感。事實上，這裡所說的理想標準是一個動態的概念，它要求員工不斷進步，逐步接近直至達到理想標準。只要員工有改進之處，企業即給予獎勵。因此，企業總處於不斷改進的環境中。

（3）重視產品壽命週期成本的計量和報告，全方位進行成本控制。傳統的成本管理只重視產品在生產階段的成本計算和累積，成本控制一般也僅局限於此。而現代社會對產品需求從傳統的追求時尚轉為個性化、多樣化，這就使得產品壽命週期日益縮短，從而使得產品在各階段的成本發生變化。在整個壽命週期中，製造過程發生的成本占整個壽命週期的成本的比例下降，而製造過程以外的產品壽命週期成本卻日益增加，且其主要部分發生於產品壽命週期之初。與此相應，成本控制必須重視產品設計階段，重視產品壽命週期成本的計量和報告。

二、戰略成本管理與作業成本管理

戰略成本管理是指管理會計人員提供企業本身及競爭對手的分析資料，幫助管理者形成和評價企業戰略，從而創造競爭優勢，以使企業有效地適應外部持續變化的環境。作業成本管理是一種管理新概念，認為企業中作業的設立是以滿足顧客要求為目的的，由此而設立的前後連續作業集合體，又稱為作業鏈。在作業鏈的連續經營和操作中，因為產品消耗了作業，而作業消耗資源，即每完成一項作業就消耗一定量的資源，同時又有一定價值量的產品被生產出來，作業的轉移實際伴隨著價值的轉移，最終產品既是全部作業的集合，又是價值量的集合。

（一）戰略成本管理與作業成本管理的區別

（1）著重點不一。作業成本法著眼於成本發生的原因，即成本動因，依據資源耗費的因果關係進行成本分析，進而進行成本控制。戰略成本管理的立足點是壽命週期

成本，其重點是在設計開發階段進行科學成本規劃，在成長期迅速將創新成果轉換為生產力，並利用知識產品降低成本的優勢快速占領市場，賺取利潤，收回投資，再用於新一輪的戰略開發。

（2）視角不同。戰略成本管理站在宏觀、全局的角度來進行成本的管理，視野更廣且涉及的領域更大；作業成本管理站在微觀、局部的角度更重視解決經營中的具體問題，注意作業層面。

(二) 戰略成本管理與作業成本管理的聯繫

（1）兩者都是採用價值鏈分析法。戰略成本管理採用價值鏈分析方法對企業的上下游環節進行分解和分析，從而發現企業可以改進的環節，同時對企業實施戰略成本管理，以提高整個企業的持續競爭優勢。價值鏈與作業鏈相關性很大，作業成本管理實際上是價值鏈分析在企業內部成本管理中的運用。

（2）兩者都實施動因分析，但分析的角度不同。作業成本管理是實施作業成本動因分析，即執行成本動因的分析。戰略成本管理是實施結構成本動因分析。戰略成本動因分析與作業成本動因分析的源流管理思想是一致的。成本控制內容的重點是在成本發生的源流上。從業務流程看，由於既定的條件限制了成本降低的最低限度。因此，成本進一步降低只能靠改變成本發生的基礎條件。從空間即外部環境看，成本控制焦點應轉向企業戰略目標的實現，轉向企業內部資源與外部機會的最大限度利用。從時間上看，成本控制重點是事前成本控制，特別是利用先進技術降低成本。使成本不斷降低的源泉來自於對成本所依託的基礎條件進行不斷的改進；技術裝備水平、工藝過程的改進，產品結構與性能的變化，新技術、新材料的開發和應用是成本降低的前提。

三、成本企劃與作業成本管理

成本企劃源於日語的「原價企畫」。1996年，日本會計學會在對成本企劃進行系統的分析、調查、總結和評價的基礎上，出版了相關的研究報告《成本企劃研究的課題》，明確提出成本企劃作為一種綜合性的利潤管理活動，對提高日本企業的競爭能力具有重要作用。

作業成本管理雖然在成本核算方法上有了實質性突破，但在成本控制方面仍屬於傳統體系。成本企劃本質上是一種成本控制方法，但在成本核算方面仍然運用傳統方法。如何整合這兩種先進的成本管理方法，是目前管理會計理論和實務研究的重點之一。

(一) 作業成本管理與成本企劃的共同點

（1）成本管理目標定位於「顧客滿意」的效果性。傳統成本管理的目標是通過最大限度地避免成本這種價值犧牲的產生而獲取企業利潤的最大化。作業成本管理和成本企劃適應現代競爭環境的變化，把成本管理的目標均定位於「顧客滿意」，包括質量、交貨期、售價和售後服務等方面。

（2）將成本管理範圍由產品生產成本擴展為全生命週期成本。傳統成本管理範圍局限於生產過程中發生的成本，即產品生產成本。作業成本管理和成本企劃秉承了新的企業觀，即把企業看成是為滿足顧客需要而設計的一系列有密切聯繫的集合體，設計、生

產、銷售等作業形成一個起始於企業供應商，經過企業內部，最後為顧客提供產品或服務的由此及彼、由內到外的作業鏈。在這種企業觀下，作業成本管理與成本企劃包括了開發設計、製造、物流、銷售以及銷售階段的合作和維護的「全生命週期」。

(3)「資金運動」與業務過程並重。傳統成本管理把抽象的「資金運動」或「現金運動」作為控制對象，局限於價值信息；而作業成本管理和成本企劃呈現出將抽象的「資金流動」與其實體依託——業務過程相結合的、價值控制與實體控制並重的一體化控制趨勢，將傳統的靜態產品成本管理發展成為動態的對業務過程的管理。

(4) 成本控制的重點深入到作業或工序。在傳統成本管理中，產品生產成本中的變動成本是管理的重點。作業成本管理以「作業」為核心和起點，把重點放在每一項作業的完成及其所消耗的資源上。相似地，成本企劃強調「成本注入」認為在將原材料、部件等匯集並裝配成產品的同時，也將成本一併「裝配」了進去，故將整個裝配過程的各個工序作為管理的重點。

(5) 強調了「源流管理」，重視產品設計成本。傳統成本管理總是基於現實來考慮，卻忽略了產品的企劃、設計階段。而在這一階段，60%左右的成本已經被決定，即無法在后續階段更改了。作業成本管理和成本企劃都溯本求源，根據技術與經濟相統一的原則，把管理的重點從傳統的生產現場轉移到了產品的企劃、構想與設計階段。

(二) 作業成本管理與成本企劃的不同點

(1) 成本管理的立足點不同。作業成本管理是基於財務成本信息的管理，即借助財務會計的成本資料，運用管理會計的信息處理方法，對生產經營過程中發生或可能發生的成本的數額與形態進行控制、分析和評價。成本企劃卻認為成本絕非單純是帳簿的產物，它既然在製造過程中發生，就應該從工程學、技術的層面去把握成本信息，用工程學的方法對成本進行預測和控制。

(2) 成本核算方法不同。作業成本管理在成本分配過程中，對所有成本因素確認因果關係，並以資源流動為線索，以作業為核心，根據資源消耗的因果關係進行成本計算。成本企劃在成本的歸集與分配上，與傳統的成本核算方法是一致的，所不同的是歸集與分配的成本值在成本企劃的成本核算中還存在能否被貫徹的問題。

(3) 成本控制對象不同。作業成本管理與成本企劃雖然都將成本控制的視野由「資金運動」擴展到了業務過程，但是在成本控制對象上，兩者各有側重。作業成本管理側重對有「空間」特性的動態業務過程進行控制，它向外突破單一企業的框架，向內則深入到成本動因與作業間的因果關係。成本企劃側重對有「時間」特性的動態業務過程進行控制，它立足於商品企劃、開發設計階段這樣的源流重心。

(4) 成本控制方法不同。作業成本管理的成本控制，在實質上並沒有突破傳統成本控制制度，只是將控制水平深入到了作業，並進一步設定了鼓勵不斷進步的理想標準。成本企劃本質上是一種創新的成本控制方法，將降低成本的重心由生產階段轉移到了設計階段。它根據市場信息制定出目標成本，並以其為指導，在產品設計階段就在圖紙上「製造」產品進行成本「預演」，並進一步按照功能類和構造類進行層層分解，確保目標利潤的實現。

第十一章　戰略管理會計

案例與問題分析

　　香港某機械工程有限公司廣州銷售部在 1998 年成立,該公司總部設在香港,從事建築機械的代理銷售,最主要的代理產品是法國波坦塔式起重機,業務範圍集中在廣東地區,尤其是廣州市場。該銷售部的行銷組織架構是一個銷售經理和四個銷售推廣員,四個銷售推廣員各自負責兩個地區,直接向銷售經理匯報工作。1998—1999 年這兩年間,該公司只在廣州地區銷售三臺塔式起重機,公司的基本生存受到了嚴重威脅。面對不利形勢,該公司必須採取相對的應變措施去提升自己的競爭優勢。戰略管理會計重視外部環境和市場,注重整體性以及方法的靈活性等特徵,這正符合該公司應變策略的要求,而且,在反應整個公司的經營數據中,會計數據占了百分之六七十。因此,該公司決定從會計方面著手,通過運用戰略管理會計,幫助分析市場環境和自身優勢,制定出符合企業實際情況的行銷發展戰略,並採取一系列有效措施來落實戰略目標。具體做法主要有:分析市場機會;分析客戶盈利能力、選擇目標市場;分析競爭對手;確立行銷組合;對市場行銷活動進行計劃、編製預算、實施監督與控制等。

　　該公司的行銷策略與戰略管理會計的結合,效果較為明顯,產品在廣州地區市場的佔有率達 18%,順利完成了任務,並由此獲得總公司「銷售進步獎」。

　　思考:1. 香港某機械工程有限公司廣州銷售部應用戰略管理會計進行行銷分析對我們有什麼啟示?

　　　　2. 建立健全市場經濟體制,營造一個適合戰略管理會計應用的良好外部環境對企業有什麼作用?

第一節　戰略管理與戰略管理會計

一、戰略管理理論淵源

(一) 企業戰略管理與戰略層次

　　戰略,原為軍事用語,顧名思義就是作戰的謀略。「戰略」一詞來源於希臘語「Strategc」,原意是「將軍指揮軍隊的藝術」。我國自古也有這個概念,大意是指「將

帥的智謀、籌劃以及軍事力量的運用」。通俗地講，戰略是要實現的目標以及實現目標的方法的統一體，其基本性質包括全局性、長遠性和抗爭性等。《辭海》中對「戰略」一詞的定義是：「指導戰爭全局的方略，泛指工作中帶全局性的指導方針。」戰略應用於企業管理領域的時間並不長，1938年，美國經濟學家巴納德（C. Bernard）首次使用戰略概念來闡釋企業發展的各種要素及企業組織決策機制，但此后直到20世紀60年代之後，「戰略」一詞才開始在企業管理領域流行起來，這得益於美國經濟學家安索夫（H. I. Ansoff）的貢獻，他因此被奉為企業戰略管理的鼻祖。

對企業戰略管理的涵義，國內外都有不同的解釋，限於教材重點的考慮，簡單羅列如下：

（1）拜亞斯（Lioyd. L. Byars）在《戰略管理》一書中說：戰略管理涉及對有關組織未來方向做出決策和決策的實施，它包括兩個方面：戰略規劃和戰略實施。

（2）W. F. GLueck 認為：戰略管理是一整套決策和行動，旨在制定和實施有效的戰略以有助於完成公司的目標。

（3）T. L. Wheelen 和 J. D. Hunger 認為：戰略管理是一系列的決定公司長期績效的管理決策和行動，包括戰略的形成、實施、評價和控制。

（4）由羅勃特·莫克勒著、周致等翻譯的《戰略管理》一書認為：企業戰略管理是指在企業總體戰略的形成過程中以及在企業運行時貫徹落實這些戰略的過程中，制定的政策和採取的行動。

（5）由解培才主編的《工業企業經營戰略》一書認為：戰略管理是指對企業戰略的制定和實施進行的管理。廣義的戰略管理是指運用戰略對整個企業進行的管理。

（6）由戴維（David, F. R.）著、李克寧譯、經濟科學出版社2001年10月出版的《戰略管理》一書第8版認為：戰略管理是制定、實施和評價，使組織能夠達到其目標的跨功能決策的藝術與科學等。

就戰略管理在國外，管理學界形成了10個流派。它們分別是：①設計學派，即將戰略形成看成一個概念作用的過程；②計劃學派，即將戰略形成看成是一個正式的過程；③定位學派，即將戰略形成看做是一個分析的過程；④企業家學派，即將戰略形成看成是一個預測的過程；⑤認識學派，即將戰略形成看成是一個心理的過程；⑥學習學派，即將戰略形成看成是一個應急的過程；⑦權力學派，即將戰略形成看成是一個協商的過程；⑧文化學派，即將戰略形成看成是一個集體思維的過程；⑨環境學派，即將戰略形成看成是一個反應的過程；⑩機構學派，即將戰略形成看成是一個變革的過程。以上10個流派雖然探討的是同一事物和過程，但由於學派根基、預期要點、戰略內容和戰略過程、戰略應用環境等方面的差異，導致看問題的角度不同，因而得出的結論也不同。

縱觀中外關於戰略管理的不同觀點，我們應該從廣義和狹義兩個方面去做界定：廣義的企業戰略管理是指應用戰略管理思想對整個企業進行管理；而狹義的企業戰略管理是指對企業戰略的分析、選擇和實施進行管理。人們通常研究的都是狹義的企業戰略管理。

企業內部往往設置若干管理層次，如最高管理層、中間管理層和基層管理層。儘

管戰略管理的最終責任由最高管理層的人員承擔，但其他管理層的管理者也要參與，甚至要制定和實施各自範圍內的某種戰略，這樣便會在企業內形成戰略管理層次。企業戰略管理層次的典型模式為：

第一層次：最高層。這是企業的總體戰略，是對企業全局的謀劃，由最高管理層負責。

第二層次：在特大型企業中往往設有事業部，各事業部應分別制定事業部戰略。這一層次的戰略要接受企業總體戰略的指導，為實現總體戰略服務。

第三層次：無論企業是否設立事業部，各職能系統（如市場行銷、生產、財務、人事等）還必須根據上一層次戰略分別制定職能性戰略。它們接受上一層次戰略的指導，為實現上一層次戰略服務。

第四層次：為次戰略。這是各部門的中間級主管連同其下屬的管理人員負責的，為實現上一層次戰略服務的戰略。

第五層次：這是中間級主管或基層管理層負責的短期的、執行性的方案或步驟，稱為戰術，它是為實現次戰略服務的。

戰略管理的層次複雜，模式也較多，由於企業的大小和性質不同，各企業可靈活運用，但在企業的戰略管理層次中最基本、最重要的還是企業總體戰略、事業部戰略和職能性戰略。

(二) 戰略管理理論發展的新趨勢

戰略管理理論發展的新趨勢表現在以下幾個方面：

(1) 戰略管理理論更加注重強調組織層次的宏大遠景目標、核心價值、使命等對企業變革與長期發展的激勵作用，更加注重戰略的未來導向和長期效果。一般認為，這將是20世紀末21世紀初企業戰略管理理論發展的一個基本趨勢。這一點體現在如下的理論發展中：哈梅爾和普拉哈拉德於1989年提出了「戰略意圖」（Strategic Intent）概念，彼得‧聖吉於1990年提出的共同願景（Shared Vision），柯林斯和泊斯於1994年提出的「願景型企業」（Visionary Company）等。

(2) 戰略管理理論的重點已經由追求短期、外在的競爭優勢轉向追求持久的、內在的競爭優勢，已經由目前的產業與產品競爭轉為創造未來而競爭，戰略管理的均衡與可預測範式開始被不均衡與不確定性所取代。這一趨勢中具有代表性的是倫敦商學院的哈梅爾與密西根大學的普拉哈拉德於1990年在《哈佛商業評論》上發表的文章《公司的核心競爭力》。他們在這篇文章裡提出，核心競爭力是企業可持續競爭優勢與新事業發展的源泉，它們應成為公司戰略的焦點，企業只有把自己看成是核心能力、核心產品和市場導向的事業這樣的層次結構時，才能在全球競爭中取得持久的領先地位。

(3) 在動態環境下，戰略形成與發展理論進一步深化，戰略管理理論也朝著動態化的方向進一步發展，也是戰略管理理論發展的一個重要趨勢。在這種發展趨勢中具有代表性的是布格爾曼和葛洛夫於1996年提出的「戰略轉折點」管理理論，「戰略轉折點」管理理論上的最大貢獻，就是針對動態環境中的新戰略意圖的制定與形成過程，

提出了以戰略矛盾、戰略轉折點、戰略認知為基礎的基本分析框架,明確了高中層管理者在其中的作用方式和適應性學習組織在轉型式戰略變革中的重要性。

(4) 創新和創造未來日益成為企業戰略管理的新重點,戰略管理理論的逐漸豐富和完善,是戰略管理理論發展的又一趨勢。其中,有較大影響和代表性的有德一博諾於 1996 年提出的超越競爭理論(Sur/Petition)、莫爾干於 1996 年提出的企業生態系統使用演化(Business Ecosystem Coevolution)理論、達韋尼於 1994 年提出的超級競爭(Hyprecompetetion)模型等。這些理論從不同的角度提出了自己的觀點。

總之,企業戰略管理的範式正在發生變化,這種「為未來而競爭」新的戰略觀正在形成。傳統的戰略管理理論要求企業通過適應和內部調整的方式去面對競爭性挑戰,而這種新的戰略觀要求企業具備更前瞻的眼光和更強的戰略主動性;傳統的戰略管理理論要求企業通過定位和戰略規劃去發現未來,而新的戰略觀要求企業勇於預見、善於預見並積極構造戰略架構,傳統的戰略管理理論要求企業通過能力配合和資源分配方式動員起來面向未來,而新的戰略觀要求企業更加關注能力發展和資源累積;傳統的戰略管理理論要求企業通過適應現有規則、在產品上領先或作為單個實體參與競爭等的方式領先到達未來,而新的戰略觀要求企業塑造新的產業規則、在核心競爭力方面領先、合作與競爭並重等。

二、戰略管理會計的基本特徵

(一) 戰略管理會計及其基本特徵

進入 21 世紀以來,管理技術、生產技術和信息技術突飛猛進,知識經濟已見端倪,戰略管理的觀念和技術日益受到矚目。但是,強調會計信息使用者內向性的管理會計,卻仍使用傳統的成本會計制度作為分析的基礎,並沒有特別注意如何使用會計信息支持戰略管理。波特曾批評傳統會計系統對價值鏈分析沒有幫助。直到 20 世紀 80 年代后期,在英、美、日等國學者的大力倡導下,管理會計才開始與戰略相結合,形成了以戰略為重點的管理會計——戰略管理會計。管理會計發展史上的這一飛躍,必將成為其未來發展的新趨勢。

關於戰略管理會計,最早是由英國學者 Stmmonds 於 1981 年在「戰略管理會計」一文中提出來的。在該文中,他將戰略管理會計定義為:「戰略管理會計是用於構建與監督企業戰略的有關企業及其競爭對手的管理會計數據的提供與分析。」從此以後,人們沿用了這一名稱,但對其定義卻未達成統一的共識。Wilson 等人在《戰略管理會計》一書中,更加明確地將其定義為:「戰略管理會計是明確強調戰略問題和所關注重點的一種管理會計方法。它通過運用財務信息來發展卓越的戰略,以取得持久的競爭優勢,從而更加拓展了管理會計的範圍。」換句話說,戰略管理會計以企業價值最大化為最終目標,運用「競爭者會計」「相對成本動態分析」「顧客盈利性動態分析」以及「產品盈利性動態分析」等具有鮮明特色的技術方法和手段,提供有關企業產品勞務市場、競爭者成本資源與成本結構等財務信息,並進行深入分析,以便監視各個期間企業及競爭者的戰略。它能夠從戰略高度正確評價企業經營業績的是非、得失與功過等,從

而力求高屋建瓴地確立企業在國際市場競爭中的戰略優勢地位。

戰略管理會計的發展事實上並沒有改變管理會計的性質和職能，其基本特徵具體表現為：

（1）戰略管理會計重視企業與市場的關係，具有開放系統的特徵。傳統的管理會計主要針對企業內部環境，如提供的決策分析信息主要依據企業內部的生產經營條件，業績評價主要考慮本身的業績水平等，因此構成一個封閉的內部系統。而戰略管理會計要考慮到市場的顧客需求及競爭者實力，這種市場觀念一方面表現為管理會計信息收集與加工涉及面的擴大及控制視角的擴展，如戰略決策分析要考慮到顧客需求和競爭者信息，成本控制要擴展到產品的整個生命週期，而且在標準制定、業績評價中也要考慮到同行業的平均或先進水平等。從這方面說，市場觀念使管理會計的視角由企業內部拓展到企業外部。另一方面戰略管理所倡導的市場觀念的核心是以變應變，在確定的戰略目標要求下，企業的經營和管理都要適應動態市場的需要及時進行調整。這種「權變」管理的思想對於管理會計的方法體系同樣產生了深遠的影響，它要求管理會計必須改變傳統分析中諸多的靜態假設，在變動的外部環境條件下進行各項決策分析。例如，上述戰略成本分析中的價值鏈分析要討論企業與供應商及顧客之間的關係，考慮上、下游相關企業的兼併問題，而不是以企業現有的經營格局為前提，產品定價決策要面向市場，首先考慮的不是生產成本，而是市場（顧客）為特定產品的功能所願意支付的價格等。戰略管理會計所具有的開放性，縮小了管理會計模型和實際環境之間的差距，增強了管理會計信息的相關性和準確性。

（2）戰略管理會計將視角擴大到企業整體，具有結果控制與過程控制相結合的特徵。戰略管理強調戰略目標的合理確定，並從企業管理的各個環節和各個方面來保證其最終實現。這種整體觀念有利於增強企業內部的協調運作，保證內部組織間的目標一致，減少內部職能失調。這就要求管理會計的控制不能僅僅停留於對結果的分析，而且要通過對過程的控制使企業生產經營的各個環節都和企業整體目標相聯繫，以對過程的控制實現對結果的影響和保證預期結果的實現。這些年發展起來的作業成本法、生命週期成本法將分析的視角由結果追溯到與產品價值相關的各個環節，撬開了在傳統的管理會計分析中視為「黑箱」的生產經營過程，充分體現了戰略管理會計將結果控制與過程控制相結合的特徵。這一發展趨勢使管理會計系統更多地融入企業的生產經營活動全過程，具有更多的非財務性質。因此，不僅要求管理會計人員和技術、生產、管理各領域人員密切配合，而且對管理會計人員的知識結構有了更高的要求。

（3）戰略管理會計重視企業組織及其發展，具有動態系統特徵。企業戰略目標的確定是和特定的內外部環境相適應的，在環境發生變化時還要相應地做出調整，所以，戰略管理是一種動態管理。處於初創期、發展期、成熟期或衰落期等不同發展階段的企業，必然要採取不同的企業組織方式和不同的戰略方針，並且要根據市場環境及企業本身實力的變化相應地做出調整。例如，比較處於發展期和處於成熟期的企業，前者可能注重行銷戰略，以迅速占領擴大市場，企業組織相應較為簡單，內部控制較為鬆散；而后者一般規模較大、組織結構複雜、面對的是成熟的市場，因此必須通過加強內部控制來降低成本、增強競爭優勢，同時注重新產品的開發。這種和企業組織發

展階段相對應的戰略定位又必然隨著企業由發展期向成熟期過渡而做出調整。和企業組織發展階段相對應的戰略定位及其動態調整，必然要求管理會計系統不僅能夠適應特定階段的戰略管理要求，而且能及時地做出調整。這種動態系統的特徵在滿足戰略管理會計對於管理會計系統的要求的同時，也對管理會計人員的環境認知能力及系統設計能力提出了更高的要求。

（4）戰略管理會計重視企業文化，具有個性特徵。戰略目標的確定、實施和實現過程，實際上是企業文化的發現、創造過程。企業戰略目標、實施方案等的確定及其確定方式，不僅要考慮到現有的企業文化，而且要主動地創造企業文化。例如，企業戰略目標的確定可以採用「自上而下」或「自下而上」的方式，這兩種方式的選擇首先受到現有企業文化的制約：較多地講究民主管理的企業可能選擇後者，而長官意志起主要作用的企業可能選擇前者。企業也可能在這一過程中並未確立明顯和強烈的文化特徵，但後來改變了原有的文化氛圍，創造了全新的企業文化。戰略管理中這種企業文化的確立和創造必然對管理會計控制系統的設計帶來重要影響，促使管理會計的系統設計更多地考慮到人的因素，以適應本企業戰略管理所需要的文化氛圍，有效地實現其過程控制。例如，企業預算編製程序的選擇，不僅要考慮企業戰略管理中所形成的企業文化，而且在此過程中要進一步得到加強，由此形成的管理會計系統必然帶有更強的個性特徵。

（5）收集、處理和應用信息必須遵循合法性、科學性和藝術性相結合的原則。與戰略有相關性的信息，是以外向型為主體的多樣化信息。這種類型的信息，可從企業外部多種渠道獲得，如公開的財務報告、競爭對手的廣告、行業分析報告、貿易金融報導、政府統計公告、銀行金融市場、商品市場、產品技術分析、競爭對手的前雇員、行業協會、競爭對手團體中的其他成員、實地考察、本企業雇員、行業專家顧問、共同的顧客、共同的供應商等，實際上相關的多樣化信息來源是不勝枚舉的。即使在日常公開出版的報紙、雜誌和其他的公開出版物中，也包含了大量相關信息資源的原始材料，必須把它們視為極為重要的信息寶藏。

多樣化信息的收集，可以由企業的信息機構和人員去做，也可委託企業外部專職化管理諮詢機構去做。同時，也應注重第一手材料的掌握，以增強對有關信息源的洞察與感悟能力，這對提高相關信息的決策有用性是非常重要的。

此外，還可直接運用當代先進的科學技術，為採集多樣化的信息服務。例如，請相關的技術專家拆解競爭對手的產品，借以較詳細、深入地瞭解其結構和功能及其整體上的獨特之處。又如請冶金專家研究競爭對手的主要運貨鐵道的生鏽程度，借以判斷其生產經營的盛衰情況，以便據以採取相應的對策等，都可以為企業提供大量戰略相關性的信息。

通過多樣化的方法和手段，所取得的多樣化的信息資料，還只是屬於原始性的材料，並不直接具有戰略的相關性與有用性。這是因為：它們表現為既數量龐大、形式多樣，又雜亂無章，只有以科學的態度、靈活的技巧，對它們做進一步的篩選、加工、分類和整理，通過去粗取精、去偽存真，形成既反應社會的物質層面、又反應社會的精神層面。這一過程可簡稱為信息的處理過程。它所取得的成果是信息處理人員科學

精神和藝術修養相結合的產物。

(二) 戰略管理會計與傳統管理會計

戰略管理會計是為企業戰略管理服務的會計，它從戰略的高度，圍繞企業、顧客和競爭對手組成的「戰略三角」，既提供顧客和競爭對手具有戰略相關性的外向型信息，也對企業的內部信息進行戰略審視，幫助企業的領導者瞭解情況，進行戰略思考，進而據以進行競爭戰略的制定和實施，借以最大限度地促進企業「價值鏈」的改進與完善，保持並不斷創新其長期競爭優勢，以促進企業長期、健康地向前發展。由此可見，配合企業戰略管理的興起而形成和發展起來的戰略管理會計，是一種具有真正創新意義的新型管理會計，它突破了原有的基礎性管理會計的局限，另闢蹊徑、別開生面所形成的信息系統，構成企業戰略管理的中樞神經系統，它貫穿於企業戰略管理的始終。

戰略管理會計與傳統管理會計不同，在於后者只著重服務於企業內部的管理職能，基本上並不涉及「戰略三角」中的顧客和競爭對手的相關信息，因而是一種內向型的管理會計，當企業之間的競爭尚處於較低層次的產品行銷性競爭階段，它提供的信息對於促進企業正確地進行經營決策，改善經營管理職能發揮有重大作用。但隨著現代市場經濟體系全球化的迅速發展，企業之間的競爭已從低層次的產品行銷性的競爭發展到高層次的全球性戰略競爭，競爭戰略上的成功已成為企業在全球性激烈競爭中求生存、謀發展的關鍵所在。基於社會經濟發展的新形勢，企業戰略管理及為其提供信息與智力支持的戰略管理會計的興起，就成為歷史的必然。據此人們可以看到，基礎性內向型管理會計與戰略管理會計的不同，是源於它們據以形成的社會經濟發展的階段性不同；但是，無論從全球的各個國家看，或同一個國家的各個地區看，社會經濟發展的不平衡性（非同步性）是普遍存在的。因此，不能認為，戰略管理會計的興起是對原有基礎性管理會計的否定或取代，而應把前者視為適應社會經濟環境條件的變化對後者的豐富和發展。後者在與其相適應的經濟大環境中以及現代農業在競爭戰略已定條件下的基礎性內部管理方面仍具有廣泛的適用性。因此，不應把它們之間的關係看成是非此及彼、相互排斥的關係，而應把它們看成是不同層次（戰略、戰術層次）的互補關係。

近幾年國外對戰略管理會計的研究，主要有：

（1）價值鏈分析。美國學者波特（Porter）將企業行為分成相關的九種活動，包括：一般管理、人力資源管理、技術發展、採購、內勤、經營、外勤、行銷和服務。通過分析企業價值鏈上所有活動的累計總成本與競爭對手的相應指標比較，判斷企業是否具有競爭優勢。波特還將企業所處的整個行業進行價值鏈分析，判斷企業是否有必要沿價值鏈向前延伸或向后來提高整體的盈利水平。

（2）市場戰略對利潤的影響，簡稱 PIMS 研究。該研究認為，競爭地位（以市場份額與相對產品質量表示）、生產結構（指投資強度與生產能力）及市場吸引力（即增長率與顧客特性）影響一個企業的盈利能力，投資報酬率隨市場份額的增加而穩步增長。具有相當大市場份額的企業，易於有一個超過平均水平的投資報酬率，其行銷費

用與銷售收入之比也較低。

（3）西蒙德斯方法。此方法強調企業競爭水平、競爭地位的重要性，認為競爭地位是未來利潤與企業價值的基本決定因素。傳統管理會計重視數據，而戰略管理會計必須重視「信息導向」，因此工作重心應從成本分析轉移到信息的利用價值上來。需要有一系列的戰略性業績指標來幫助決策者瞭解自身及其競爭對手的地位、狀況，包括成本優勢、價格優勢、市場份額大小等。不僅要進行本企業的量本利分析，還要對競爭對手進行同樣的財務資源分析。

（4）西蒙方法。此方法突出強調戰略管理與管理控制，它把戰略管理分為三種類型：①預期者——市場投入物隨時改變，不斷尋求新的市場機會以保持領先於競爭對手；②防守者——市場投入物相對穩定，競爭基於成本優勢、質量與服務；③分析者——以上兩者的混合型。西蒙認為，企業的控制系統應與戰略一致。因此，防守者強調成本控制和監控的有效性；而預期者更依賴於掃視環境，尋找機會，採用綜合計劃及相對主觀的經營措施。所以，預期者總是有限地利用會計控制，儘管會計控制在防守者那裡很重要。業績好的預期者（企業）很重視預測數據，嚴格的預算及其執行，經常性地提供報告；而防守者傾向於採用控制系統，所以有必要深入研究戰略與控制之間的聯繫。

從以上已有的戰略管理會計研究成果來看，戰略管理會計是由傳統管理會計發展而來，前者克服了后者的一些缺陷，是后者的補充與延伸。但是，傳統管理會計仍有存在的必要。它們兩者：一個是戰略，一個是戰術，相輔相成，缺一不可。戰略離不開戰術來實現預定的目標，沒有戰略的戰術只是無遠大理想的行動。一些會計方法，如本量利分析、定價策略、成本控制等是兩者共同的方法，既應用於傳統管理會計，又運用於戰略管理會計。傳統管理會計與戰略管理會計都服務於企業管理決策者。

第二節　戰略管理會計基礎

一、戰略管理會計的目標

正確的目標是系統良性循環的前提條件。戰略管理會計的目標對戰略管理會計系統的運行也具有同樣意義。戰略管理會計的目標可以分為最終目標和具體目標兩個層次。

戰略管理會計的最終目標應與企業的總目標具有一致性。傳統管理會計的最終目標是利潤最大化。利潤最大化雖然能夠促使企業講求核算和加強管理，但是，它不僅沒有考慮企業的遠景規劃，而且忽略了市場經濟條件下最重要的一個因素風險。為了克服利潤最大化的短期性和不顧風險的缺陷，戰略管理會計的目標應立足於企業的長遠發展，權衡風險與報酬之間的關係。自20世紀中期以來，多數企業把價值最大化作為自己的總目標，因為它克服了利潤最大化的缺點，考慮了貨幣時間價值和風險因素，有利於社會財富的穩定增長。企業價值是企業現實與未來收益、有形資產與無形資產

等的綜合表現。因此，企業價值最大化也就是戰略管理會計的最終目標。

戰略管理會計的具體目標主要包括以下四個方面：①協助企業管理當局確定戰略目標；②協助企業管理當局編製戰略規劃；③協助企業管理當局實施戰略規劃；④協助企業管理當局評價戰略管理業績。

二、戰略管理會計的主要內容

戰略管理會計究竟包括哪些內容，目前還沒有統一的說法。一般認為，目前戰略管理會計的主要內容應包括以下五個方面：

(一) 戰略目標的制定

戰略管理會計首先要協助高層管理者制定戰略目標。企業的戰略目標可以分為三個層次，即公司戰略目標、競爭戰略目標、職能戰略目標。公司戰略目標主要是確定經營方向和業務範圍方面的目標。競爭戰略目標主要研究的是產品和服務在市場上競爭的目標問題，需要回答以下幾個基本問題：企業應在哪些市場競爭？要與哪些產品競爭？如何實現可持續的競爭優勢？其競爭目標是成本領先還是差異化？是保持較高的競爭地位還是可持續的競爭優勢？職能戰略目標所要明確的是，在實施競爭戰略過程中，公司各個部門或各種職能應該發揮什麼作用，達到什麼目標。戰略管理會計要從企業外部與內部收集各種信息，提出各種可行的戰略目標，供高層管理者選擇。

(二) 戰略成本管理

成本管理是管理會計的重要內容之一。它是一個對投資立項、研究開發與設計、生產、銷售進行全方位監控的過程。戰略成本管理主要是從戰略的角度來研究影響成本的各個環節，從而進一步找出降低成本的途徑。作業影響動因，動因影響成本。成本動因可以分為兩大類：一類是與企業生產作業有關的成本動因，如存貨搬運次數；另一類是與企業戰略有關的成本動因，如規模、技術、經營多元化、全面質量管理以及人力資本的投入。相對於作業成本動因而言，戰略成本動因對成本的影響更大。因此，從戰略成本動因來進行成本管理，可以避免企業日後經營中可能出現的大量成本浪費問題。一般來說，企業可以通過採取適度的投資規模、市場調研、合理的研究開發策略等途徑來降低戰略成本。

(三) 經營投資決策

戰略管理會計是為企業戰略管理提供各種相關、可靠信息的。因此，它在提供與經營投資決策有關的信息的過程中，應克服傳統管理會計所存在的短期性和簡單化的缺陷。它應以戰略的眼光提供全局性和長遠性的與決策相關的有用信息。為此，戰略管理會計在經營決策方面應摒棄建立在劃分變動成本和固定成本基礎上的本量利分析模式，採用長期本量利分析模式。長期本量利分析是在企業的產品成本、收入與銷售量呈非線性關係，固定成本變動及產銷量不平衡等客觀條件下，來研究成本、業務量與利潤之間的關係。其關鍵是應用高等數學、邏輯學建立成本、業務量與利潤之間的數學模型與關係圖，從而確定保本點、安全邊際等相關指標，進行利潤敏感性分析。

在長期投資決策方面，應突破傳統的長期投資決策模型中的兩個假定：①資本性投資集中在建設期內，項目經營期間不再追加投資；②流動資金在期初一次墊付，期末一次收回。把資本性投資與流動資金在項目經營期間隨著產品銷量的變化而變動的部分也考慮在內，此時的現金流量與傳統的現金流量有所不同。其計算公式為：

第 t 年的現金流量 ＝ 第 $t-1$ 年銷售收入 × (1 ＋ 第 t 年銷售增長率) × 第 t 年銷售利潤率 × (1 － 第 t 年所得稅稅率) ＋ 第 t 年折舊額 －(第 t 年銷售收入 － 第 $t-1$ 年銷售收入) × (第 t 年邊際固定資產投資率 ＋ 第 t 年流動資金投資率)

將上述現金流量折現就可得出企業長期投資的預期淨現值。戰略管理會計以現實的現金流量為基礎，更能反應企業投資的實際業績，為企業注重持續發展提供有用的信息。

(四) 人力資源管理

人力資源管理是企業戰略管理的重要組成部分，也是戰略管理會計的重要內容。它包括為提高企業和個人績效而進行的人事戰略規劃、日常人事管理以及一年一度的員工績效評價。前者主要是人員招聘和員工培訓方面的規劃。戰略管理會計的核心是以人為本通過一定的方法和技能來激勵員工以獲取最大的人力資源價值，並採用一定的方法來確認和計量人力資源的價值與成本，進行人力資源的投資分析。

(五) 風險管理

企業的任何一項行為都帶有一定的風險。企業可能因冒風險而獲取超額利潤，也可能會招致巨額損失。一般而言，報酬與風險是共存的，報酬越大，風險也越大。風險增加到一定程度，就會威脅企業的生存。由於戰略管理會計著重研究全局的、長遠的戰略性問題，因此，它必須經常考慮風險因素。其對風險的管理主要是在經營與投資管理中採用一定的方法，如投資組合、資產重組、併購與聯營等方式分散風險。

三、戰略管理會計的基本方法及其應用

為使戰略管理會計理論在企業會計實踐中得到成功應用，還須有一定的方法加以保證。戰略管理會計的基本方法主要有：

(一) 作業成本和戰略性成本的計算與定價

20世紀80年代以來，為了適應製造環境的變化，作業成本法應運而生。它是一個以作業為基礎的信息加工系統，著眼於成本發生的原因成本動因，依據資源耗費的因果關係進行成本分析。即先按作業對資源的耗費情況將成本分配到作業，再按成本對象所消耗的作業情況將作業分配到成本對象。這就克服了傳統成本計算系統下間接費用責任不清的缺陷，使以前的許多不可控間接費用在作業成本系統中變成可控。同時，作業成本法大大拓展了成本核算的範圍，改進了成本分攤方法，及時提供了相對準確的成本信息，優化了業績評價標準。

關於戰略性成本的計算與定價方法包括：

1. 產品屬性成本計算。

產品屬性成本化是將吸引顧客特定產品屬性成本化的過程。可以進行成本化的產品屬性包括：經營行為的多樣性，產品的可靠性，擔保的安排、完工和齊備的程度，供應的保障及售後服務等。產品是由大量的屬性構成的，正是產品的不同屬性造成了產品之間的區別，而產品屬性對消費者品位的迎合程度恰恰決定了企業的市場份額。

2. 產品生命週期成本計算

它是指基於產品或勞務生命週期中各階段的長度進行的成本評估。在此，我們不再以年度為基準評估成本，生命週期成本化的時間框架基於產品生命週期中各個階段的長度。這些階段包括設計、推廣、發展、成熟、衰落直至廢棄。對這種方法的評述一致認為，該方法能夠避免短期行為的管理傾向。在產品設計階段累積下來的年度虧損用傳統財務會計方法加以確認，由此產生的壓力會促進產品成熟之前的市場推廣。如果企業管理當局相信生命週期成本化理論，他們就能夠認識到，為了產品整個生命週期內的盈利能力，有必要實施一個全面的研究和設計階段。

3. 質量成本分析

全面質量管理制度的實施，尤其是近二十年來，電腦化設計和製造系統的建立與使用，帶來了管理觀念和管理技術的巨大變化，適時制採購與製造系統應運而生。在此系統下，為了使產品達到零缺陷，企業非常重視質量成本分析。質量成本分析是指從產品的研製、開發、設計、製造，一直到售後服務整個壽命週期內的質量成本分析方法。它主要分析質量成本的四個部分，即預防成本、鑒定成本、內部質量損失和外部質量損失。只有全面掌握與質量有關的成本信息，管理者才能進行正確的質量成本預算，借以轉變目前重產量輕質量的觀念。

4. 戰略成本計算

它是根據戰略和市場信息，利用成本指標開發並確定能夠保持相對優勢的最佳戰略的過程。為了使成本分析有助於追求競爭優勢這一目標，必須仔細考慮戰略結局。最初的研究者曾使用案例分析的方法，集中說明一項由使用傳統成本化方法（即從相關成本和短期視角出發開展的分析）帶來的次佳戰略。通過對戰略結局的考慮，並利用市場學和競爭戰略有關文獻提供的概念進行分析，可以看到該戰略方案產生的過程。

5. 戰略定價

它是指在定價決策中對戰略因素的分析。利用競爭導向分析進行戰略定價，會帶來正確的定價決策。在這些分析中應予評估的因素包括：競爭對手的價格回應、價格彈性、市場的成長、規模的經濟性和經驗。在此類分析的過程中，市場行銷人員發現了會計信息在與價格決策相聯繫，發揮了巨大的潛在作用。

6. 目標成本計算

這是一種用於產品和程序設計階段的成本估算方法，具體是通過用估計（或基於市場）的價格減去需要的目標利潤，以得到所需要的生產、工程或市場成本。然後，該產品按滿足該成本的方式設計。目標成本化主要應用於製造程序中的開發階段和設計階段。與目標成本化密切相關的是 Kaizen 成本化。該方法也應用於產品的製造階段，因而將目標成本化引導到設計階段和開發階段之外。Kaizrn 成本化要求為保證進一步的

節約而進行持續不斷的努力。這些理論將成本化從追求精確的監督轉化為具有前瞻性的成本化理論，從而與追求競爭優勢密切聯繫起來。

7. 價值鏈成本計算

這是一種作業基礎的成本化方法，該成本被分配到設計、採購、生產、市場、分配和產品或勞務的服務這些必要的作業當中，這種方法建立在價值鏈分析基礎之上。市場上的競爭優勢最終來自於以相等的成本提供較高的顧客價值，或來自於以較低的成本提供相同的顧客價值。在產品的設計與分配之間發生的一系列活動，如同鏈條上的環節，正是這一思路產生了價值鏈分析。這一研究證實了在企業價值鏈的各有關部分中，顧客價值可以在哪個環節提高，或成本可以在哪個環節降低。價值鏈成本化使傳統的成本分析得到了有效的延伸。傳統管理會計由於僅僅關注增值，缺乏對包含在企業與供應商和顧客的聯繫當中潛在的利益和潛在成本節約的探求，因而出現停滯不前的局面。

(二) 競爭對手分析

競爭對手分析主要是從市場的角度，通過對競爭對手的分析來考察企業的競爭地位，為企業的戰略決策提供信息。競爭對手分析主要涉及：

1. 競爭對手成本評估

競爭對手成本評估是基於對競爭者的設計、技術、經濟規模等的評估，定期更新對競爭對手的推測。當然，通過競爭對手成本評估得到的具有重大影響的結果，有時可能是因追加技術進步投資而引起的。於是，與這種投資相關的長期影響及投資顯現出的競爭對手對提升競爭地位的追求，更助長了企業瞭解競爭對手成本的需要。競爭對手成本評估的系統性方法是：評估競爭對手的製造設施、經濟規模、政府關係和技術產品設計。除這些方法之外，還有一些關於競爭對手信息的非直接來源，如實地觀察、共同的供應商、共同的顧客和雇員（特別是競爭對手的前雇員）。

2. 競爭地位監督

競爭地位監督是在行業內部通過評價和監督競爭對手的銷售收入、市場份額、銷售量、單位成本和銷售收益率，分析競爭對手的狀況。這一信息可為評估競爭對手的市場戰略提供參考。競爭地位監督是競爭對手評估的一種更為權威的方法，它將分析擴大到評價主要競爭對手的銷售收入、市場份額、銷售量、單位銷售成本和收入。這些會計計量是具有廣度的，因為它們提供了比僅僅簡單地基於市場份額所進行的評估更多的關於競爭對手的情況。競爭對手單位成本的增加可能原本是一個好的徵兆，然而，如果這種增加是由追加對廣告費用的投入以增強品牌知名度，或是由投資新產品開發造成的，則變動的成本結構則可能意味著競爭對手正在保持較強勢的競爭地位。

3. 基於公開財務報表的競爭對手評價

它是指對競爭對手公開的財務報表進行的數字性分析，作為對競爭對手競爭優勢評估的一部分。實際上，這是基於對公開財務報表的解釋而進行的競爭對手業績評價。與前面的方法不同，對公開財務報表的解釋包含了受傳統會計教育的會計師所熟知的一切技術，運用這種分析模式評估競爭對手競爭優勢的關鍵來源，可獲得具有戰略意義

的結果。分析的內容包括監測銷售趨勢、利潤水平、資產和負債運作。

(三) 預警分析

從戰略的角度看，在不斷變化的競爭環境中，企業能否成功在一定程度上取決於它能否相對準確的預測企業內外部環境的變化，從而採取相應的戰略適應未來的挑戰。因此，能熟練預測內外部環境變化的企業顯然易於把握競爭的先機。戰略管理會計中的預警分析法便是一種有助於預測這種變化的分析方法。該方法在分析研究企業競爭狀況的影響因素的基礎上，建立企業競爭狀況監測指標，通過對其影響因素的監測來對其採取前饋控制，利用預警結果採取相應的防範措施，將企業的危機或失敗的隱患扼殺在萌芽狀態，使企業經營狀況沿著良好的方向運行。

在預警分析中，預警指標的選取是進行預警分析的重要步驟。因為預警指標是建立預警分析方法的基礎，選擇合理的指標可為預警分析提供全面、準確的信息，提高預警分析的準確性、可靠性；反之，如果選擇了無效的指標則會提供冗余、滯後的信息，或者信息不完備造成預警分析的延遲、誤判，從而增加預警分析的成本和風險。

對預警指標的定義是進行預警指標選擇的關鍵，也是決定預警分析內容的主要因素。預警指標應是決定企業能否成功的關鍵因素，這些因素既與外部競爭機遇與問題有關，又與企業內部的生產、技術等方面的優勢和劣勢密不可分。由於每個企業所處行業及自身的特點不同，其成功所涉及的關鍵因素也不同，因此預警分析沒有通用的計量指標，所選指標應對企業內外部環境變化情況能準確、科學、及時地反應，具有較強的敏感性，使其成為反應企業競爭地位的「晴雨表」。此外，預警指標的選擇應考慮成本效益原則，比較選取某些指標增加的預警精度和其獲取成本的高低，以篩選出對企業合理、有效的指標。同時，還要注意內外兼顧，長短結合。

一般來說，預警指標應包括財務指標和非財務指標，所反應的內容應涉及對本企業、競爭對手、客戶及國內外經濟環境的分析、評價及預測的信息。財務指標可選擇淨資產收益率、銷售利潤率、投資報酬率、成本費用利潤率、現金流量淨額等具有代表性的指標；非財務指標包括組織效率、市場份額增長率、客戶滿意度、員工滿意度、產品質量、產品性能價格比、售後服務貢獻率、供應與協作能力、技術創新投入率、市場與客戶消費趨勢等內容。

為了提高預警分析的準確性，應根據預警分析結果與實際情況的相互比較以及企業戰略和內外部環境的變化，及時對所選取的預警指標的有效性進行檢驗，對無效的指標進行調整，促進預警指標設置的科學性和合理性。總之，企業在選擇預警指標時，應該針對企業的具體特點，具體問題具體分析，通過反覆的篩選、檢驗，從而建立起適合企業自身的預警指標體系。

預警指標的計量多採用比率法，不論是內部和外部的、財務和非財務的指標均可以比率的形式進行計量。比率指標便於進行比較分析和趨勢分析。

(四) 戰略投資評價矩陣

按照戰略管理會計的要求，投資評價可以採用一種新方法——戰略投資評價矩陣。此方法將項目執行過程中的風險和項目對公司總體戰略的影響充分考慮在內，克服了

傳統管理會計的不足，如圖11-1所示。

戰略符合系數

有條件選擇	接　　受
拒　　絕	有條件選擇

風險調整系數

圖11-1　戰略投資評價矩陣

　　戰略投資評價矩陣的四個區域中顯示出一個接受區域和一個拒絕區域，而處於另外兩個區域的方案則有可能因為在財務上或者戰略上的原因而被採納，這由企業的決策者根據具體情況選擇。

　　戰略投資評價矩陣的橫軸表示風險調整系數，這一系數綜合了傳統的財務評價和項目的風險因素。首先在計算這一系數之前，必須承認對於不同的項目有著不同的風險，因此需要用不同的系數對項目的財務評價進行風險調整，在這裡用不同的資金成本做調整顯然是不合理的，必須採用一種不同的方法。

　　對淨現值或者內部收益率的風險調整可以採用一種加權的方法，即給項目的不同風險因素賦予不同的權重，這需要將項目的風險做分解。如表11-1所示。

表11-1　　　　　　　　　　建立風險調整系數

風險種類	權重(%)	10	20	30	40	50	60	70	80	90	100	風險系數(%)
技術	50									√		45
市場	25								√			20
成本	15						√					9
資源	10						√					6
合計	100							風險調整系數				80

　　為了使項目的評價具有可比性，戰略管理會計應對同一企業的不同種類的風險賦予不同的風險權重，而這種權重應該反應企業控制各種風險的能力。如果企業有著行之有效的項目成本管理系統，則可以給企業的成本風險賦予較低的權重；如果企業曾經錯誤的估計競爭對手的反應，則應該給企業的市場風險賦予較高的值。在上面的例子中，技術是問題較多的環節，因此技術的風險的權重最高，為50，其次是市場、成本和資源風險，分別是25、15和10。這樣，企業的各種風險權重的總和是100%。

　　在對企業不同的風險類型賦予不同的權重后，則應對企業不同的項目進行再次加權。其方法是：如對項目A來說，如果與企業的其他項目來說，技術風險程度較低，則應給該項目的技術風險以較高權重，如本例中，這個權重是90%；而項目A在企業的不同項目中有中等的資源風險，則資源的風險權重為60%，依此類推，可以得到項目其他風險類型的權重。這樣，經過企業和項目兩個層次的風險加權后，我們可以得

到項目 A 的風險調整系數，即 80%。

風險調整系數的作用是對傳統管理會計得到的項目評估結果進行風險調整。例如，項目 A 的內部收益率為20%，而通過風險調整系數的調整，即得到風險調整後的內部收益率16%。值得注意的是，風險調整系數不僅可以對內部收益率這一指標進行調整，還可應用於其他指標，如淨現值等。

戰略投資評估矩陣的縱軸表示項目的戰略符合性系數。戰略符合性系數表示待評估項目符合公司的使命和目前的經營戰略的程度。企業的戰略因企業的不同而各異，但一般來說，很多戰略為大多數企業所採納，如投資於能夠帶來高附加值的新技術、建立並維持企業的客戶群體、發揮核心競爭力、建立長期行業進入障礙、與供應者建立良好關係等。與計算風險調整系數的過程一樣，在計算戰略符合性系數時我們要用到加權法。這一過程如表 11－2 所示，該圖使用了對於多數企業都適用的企業戰略。

表 11－2　　　　　　　　　　計算戰略符合性系數

戰略類型	權重(%)	10	20	30	40	50	60	70	80	90	100	戰略符合性系數(%)
市場開發	40							√				28
核心競爭力	30				√							12
建立品牌	20									√		18
與供應者的關係	10							√				8
合　計	100						戰略符合性系數					66

與企業的使命和整體戰略符合程度較高的項目的權重也較高，如項目 A 符合企業建立自身品牌，形成長期行業壁壘的經營戰略，因此權重也較大（為90%），其他的可以此類推。如對項目 A 來說，經過加權所得的戰略符合性系數為66%。

戰略投資評價矩陣使用中應注意的是，大量的數據需要管理層根據本企業的具體情況和管理層的經驗做出主觀判斷，在此過程中應該防止操縱這些數據。同時，應該改變「投資評價是會計人員的事」這一錯誤觀念。顯然，在這一方法的使用過程中，需要大量其他方面的人員大力配合，如戰略管理人員、技術人員、行銷人員、採購人員等。因此，在使用這種方法的過程中，應由這些方面的人員組成戰略項目投資評價小組，集思廣益，做出科學的評價。這也正是戰略管理會計特別強調的一種研究方法。

另外，在項目實施以後，還應對項目實施的結果進行回顧，如果項目達到了預期的效果，則應總結經驗；如果項目沒有達到預期效果，則應檢查是在項目執行過程中還是在項目的評估過程中出現了問題，如果是在評估過程中出現了問題，應對評估過程進行反省，以避免發生類似的問題。

(五) 平衡記分卡法

平衡記分卡是由美國著名的管理大師羅伯特‧卡普蘭（Robert S. Kaplan）和復興方案國際諮詢企業總裁戴維‧諾頓（David P. Norton）在總結了 12 家大型企業的業績

評價體系的成功經驗的基礎上，提出的具有劃時代意義的戰略管理業績評價工具。

平衡記分卡的內容主要包括以下四個方面：①財務方面。平衡記分卡仍保留了財務方面的指標作為業績評價的內容，因為財務指標是對過去業績的總結和評價，反應了企業的財務狀況、經營成果和現金流量，並且財務指標能顯示企業的經營戰略及其執行是否正在為最終經營成果的改善做出貢獻。財務計量的典型指標有利潤、現金流量、資本報酬率、銷售增長率以及經濟增加值等。②顧客方面。平衡記分卡對顧客方面的計量主要針對為企業提供長期盈利能力的顧客群，既包括現有顧客，又包括潛在顧客。評價時主要衡量企業吸引和保持顧客的程度。因為企業只有努力提高顧客價值，才能吸引和保持顧客，獲得長期競爭優勢；只有顧客滿意，才能實現企業的長期成功，並增進企業全體員工及社會的利益。對於顧客的計量指標主要有顧客滿意度、顧客保持率、新顧客的獲得、顧客盈利性和在目標市場上所占的份額等。③內部經營過程方面。平衡記分卡在內部經營過程方面的計量重視的是對顧客滿意程度和實現組織財務目標影響最大的那些內部過程，包括長期革新和短期經營。革新過程著眼於研究現有顧客的潛在需求，或者潛在的顧客和市場，並生產出滿足這些需求的產品。革新過程代表了企業價值創造的長波。經營過程是從接受顧客訂單開始到交付產品為止的整個過程，是把現有的產品生產出來交給顧客的過程，它代表了企業價值創造的短波。平衡記分卡把革新過程引入到內部經營過程之中，要求企業創造全新的產品和服務，以滿足現有和未來的目標客戶的需求。這些過程能夠創造企業未來的價值，提高企業未來的財務績效。④學習和成長方面。企業為了實現長期的目標，滿足顧客需求，只利用現有的技術和能力是不夠的，需要改善。而財務、顧客和內部經營過程的計量，可使企業發現現有能力和要達到的目標之間的差距，這個差距就要依靠不斷學習和成長來彌補。學習和成長主要來源於員工的再培訓和企業組織程序的改善等方面。對員工的計量包括員工的滿意度、員工保持率和員工技能水平等。對企業組織程序的計量主要是檢驗員工的合作和交流等情況，可以通過內部過程的改善率來衡量。平衡記分卡管理體系使整個公司把焦點集中在戰略上，並且以支持戰略所需要的團隊努力為核心，提供了一種能夠引發和指導變化過程的機制。由於平衡記分卡的應用，創造了一種基於戰略要求的新型組織形式——以戰略為核心的組織。其特點是把戰略放在變化和管理過程的核心地位。企業通過清晰地定義戰略，始終如一地進行組織溝通，並將其與變化驅動因素聯繫起來，把每個人和每個部門都與戰略的獨特特徵聯繫起來。

實踐表明，平衡記分卡有許多優越性，它是一種能體現知識經濟時代特徵、更好地促進企業長遠發展的業績評價方法。其優越性體現在：

（1）有利於加強企業的戰略管理能力。在知識經濟時代，企業的經營環境更加動盪多變，加強企業戰略管理變得越來越重要。確定了正確的發展戰略之後，在實際工作中能否順利達到戰略目標，關鍵在於對戰略實施有效管理。平衡記分卡把業績評價工作納入戰略管理的全過程，通過建立與整體戰略密切相關的業績評價體系，把企業的戰略目標轉化成可操作的具體執行目標，使企業的長遠目標與近期目標緊密結合，並努力使企業的戰略目標滲透到整個企業的架構中，成為人們關注的焦點與核心，實現企業行為與戰略目標的一致與協調。

（2）能促進經營者追求企業的長期利益和長遠發展。知識經濟時代，決定企業競爭勝負的關鍵因素大多是非財務指標。平衡記分卡注重非財務指標的運用，如根據客觀需要選擇顧客滿意度、員工滿意度、市場佔有率、產品質量、行銷網路、團隊精神等作為業績評價指標。同時，還將財務指標與非財務指標有機結合，綜合評價企業的長期發展能力。這有利於把企業現實的業績與長遠發展和長期獲利能力聯繫在一起，增強企業的整體競爭能力和發展后勁，有效地避免了為了追求短期業績而出現的短期行為。

（3）有利於增強企業的應變能力。在知識經濟時代，管理方法要適應企業內外部環境的不斷變化，提高企業的適應能力。平衡記分卡就是一種動態的業績評價方法，它不僅評價過去，而且更強調未來，是一種具有前瞻性的動態評價方法，因此，更符合新時代要求。

（4）有利於提高企業的創新能力。在知識經濟時代，經濟發展的核心特徵是不斷創新，創新能力是企業核心競爭力的主要內容。平衡記分卡將創新能力納入業績評價體系，鼓勵經營者在追求短期利益的同時，應充分考慮企業的長遠發展。為了促使企業獲得長期成功，經營者必須不斷提高企業的產品創新、服務創新、市場創新及管理創新能力，以更好地滿足現實的與潛在的消費需求。創新的過程是創造企業未來價值，提高未來財務績效的過程。平衡記分卡對傳統業績評價體系的創新，有助於增強企業的核心競爭力，提高企業的價值。

第十二章　質量成本會計

案例與問題分析

眾所周知，我國乳製品業發生的三聚氰胺超標問題，從表面上看是一個弄虛作假的問題，但從經濟學的角度看則與質量成本有著廣泛深入的聯繫，導致為了降低預防成本最終付出了高昂的損失成本。

質量成本問題是企業生存和發展中遇到的必須解決的經常性問題。分析這類問題，既要弄清質量與成本的關係，又要掌握科學的方法，為此，本章就有關質量成本控制的基本理論與基本方法做如下的探討。

第一節　質量成本概述

一、質量成本控制的意義

現代社會所需要的產品結構越來越複雜，對產品質量的要求愈來愈高，由此所產生的質量成本將占到銷售額的7%～10%。企業要在激烈的市場競爭中生存和發展，就必須在質量和成本兩個方面都占據優勢地位。產品或服務質量的高低是企業在激烈的市場競爭中取勝的關鍵因素。一般來說，高質量的產品和服務能讓顧客的滿意程度提高，擴大市場佔有率，提高企業的聲譽和形象，增加銷售量和利潤。但產品或服務的質量高低又是與付出成本的多少密切相關的，如果企業為追求不必要的過高質量，使產品價格因成本的大幅提高而上升，可能會引起產品需求量的降低，致使企業遭受不必要的損失，則是得不償失的。

因此，對產品質量成本的控制問題進行分析研究是十分必要的。

二、質量成本的構成

(一) 質量的內涵

要明確質量成本的概念，首先應當先明確什麼是質量。本章所述及的質量是指產品或服務使消費者使用要求得到滿足的程度，主要包括設計質量和符合質量兩項內容。

設計質量是指產品設計的性能、外觀等指標符合消費者需求的程度。

符合質量是指實際所生產的產品符合設計要求的程度。

設計質量與符合質量體現了產品或服務的性能和效果。兩者是一個有機的統一整體。高質量的產品或服務不僅要在性能上滿足顧客的需求，還應該在性能的實際效果上達到顧客的要求。一般來說，質量較高的產品或服務，其成本較高，相應的市場價格也較高。

(二) 質量成本及其構成內容

質量成本是指企業為保持或提高產品質量所發生的各種費用和因產品質量未達到規定水平所產生的各種損失的總稱。質量成本一般包括兩方面的內容：一是預防和檢驗成本；二是損失成本。

1. 預防和檢驗成本

預防和檢驗成本是指企業在主觀上為確保產品質量主動採取行動而發生的各種費用。它包括預防成本和檢驗成本兩部分內容。

預防成本是指企業為保證產品質量達到一定水平而發生的各種費用。它包括質量計劃工作費用、產品評審費用、工序能力研究費用、質量審核費用、質量情報費用、人員培訓費用和質量獎勵費用等內容。預防成本的支出可以防止或杜絕次品、瑕疵、廢品等質量問題的發生，減少因產品不符合質量而產生的損失。

檢驗成本是指為評估和檢查產品製造質量而發生的費用。它包括原材料驗收檢測費、工序檢驗費、產品的檢驗費、破壞性試驗的產品試驗費用、檢驗設備的維護、保養費用及質量監督的成本等內容。

2. 損失成本

損失成本又稱為缺陷成本，是指由於產品出現各種質量問題給企業所造成的各種損失。它包括內部質量損失成本和外部質量損失成本兩部分內容。

內部質量損失成本是指生產過程中因質量問題而發生的損失。它包括產品在生產過程中出現的各類缺陷所造成的損失，以及為彌補這些缺陷而發生的各種費用支出，如報廢損失、返修損失、復檢損失、停工損失、事故分析處理費用、產品降級損失等。

外部質量損失成本是指產品銷售後，因產品質量缺陷而引起的一切費用支出，如支付用戶的索賠費用、退貨損失、保修費用、折價損失及企業信譽的損失等。

3. 預防和檢驗成本與損失成本的區別

產品質量成本中的預防和檢驗成本與損失成本是兩類性質不同的成本。

預防和檢驗成本屬於不可避免成本，是企業主動採取積極措施的產物。從定性的角度看，它與產品質量為因果關係；從定量的角度看，其發生額的多少與產品質量的高低呈同方向變動的關係；從變動趨勢看，隨著預防和檢驗成本的不斷增加，產品的質量水平將會逐漸提高。

損失成本屬於可避免成本，對企業而言是被動發生的。從定性的角度看，產品質量與損失成本為因果關係；從定量的角度看，產品質量的高低與其發生額的多少成反方向變動的關係；從變動趨勢看，隨著產品質量的不斷提高，損失成本將會逐漸降低。

三、質量標準的選擇

提高產品質量，降低成本是質量控制的核心，為此，企業首先應選擇合理的質量標準，對質量成本進行科學計量，採取適當措施改進和提高產品質量。

在選擇質量標準時，有兩種不同的觀念，即傳統質量觀和現代質量觀。

(一) 傳統質量觀

傳統質量觀又稱為可接受的質量水平模式。這是美國學者提出的質量標準。他們認為，恰當的質量標準，應是可接受的質量水平（Acceptable Quality Level，以下簡稱AQL）。AQL允許生產並銷售一定數量的缺陷產品。如果在實際工作中對質量的要求超過「可接受的質量水平」就必然要增大成本，企業往往會得不償失。因此，對產品的瑕疵率應採取這種被動接受態度。如採用AQL標準，只有當產品未能達到設計要求時才會發生損失成本，而且預防和檢驗成本與損失成本之間存在一個最優的選擇問題。

AQL允許生產一定數量的缺陷性產品，如果一個產品的質量超出質量特徵的容忍範圍，則可以斷定該產品是有瑕疵的或有缺陷的。AQL是根據數理統計方法制定出來的，並以此作為控制質量的標準。在20世紀70年代，質量控制中較多地應用AQL模式。如國內某企業設定其產品的AQL為5%，則在任何總量的產品中，只要有95%的產品符合質量要求即可。由於AQL模式不利於企業改進經營缺點，到20世紀70年代後期，AQL受到零缺陷模式的挑戰。

(二) 現代質量觀

現代質量觀是日本學者提出的質量標準。這種觀念包括零缺陷模式和健全質量模式。

零缺陷模式要求將不符合質量要求的產品降低到零。「企業管理之神」松下幸之助先生曾提出「1%＝100%」的著名公式，即從企業角度來看，生產1%的次品不算多，但從消費者角度來看，買到任何一件次品都會感受到沮喪，因為它就是100%的次品。因此，日本企業提倡「零瑕疵、高質量」。雖然企業為減少瑕疵，會引起近期成本的增加，但其競爭能力和生產效率卻會因此而提高，從而促進企業長期效益的大幅度提高。

進入20世紀80年代後，人們又在零缺陷模式的基礎上，提出了健全質量模式。

健全質量模式認為，即使實際產品與設計要求之間的偏差在設計允許範圍內，仍會因產品的生產而產生損失。生產不符合目標價值的產品就會招致損失，偏離理想目標就要付出代價。因此，零缺陷模式低估了質量成本，採用零缺陷模式仍有通過努力改進質量以形成節約的潛力，而健全質量模式更新了人們的質量成本觀念，為企業經營帶來了更大的競爭優勢。在健全質量模式下，企業應進一步減少缺陷性產品的數量，以便降低其質量成本總水平。

第二節　質量成本會計管理

一、在傳統質量觀指導下的質量成本控制

(一) 傳統質量成本控制的內容

傳統質量成本控制主要包括兩方面的內容：①尋找使企業經濟效益最大化的最適宜質量水平；②尋找在最適宜質量水平下的最低質量成本。

1. 確定最適宜的質量水平

產品質量水平的高低通常用產品合格率來表示。根據優質優價的原則，企業生產質量水平較高的產品，可以獲得較高收入，但同時也要為此付出較高的成本；在產量相同的條件下，產品銷售收入隨著質量水平的提高而增加，產品的成本也隨之增加。若設 $C(Q)$ 為質量成本曲線，$R(Q)$ 為質量收入曲線，$P(Q)$ 為質量利潤曲線，Q 為質量水平（用產品合格率表示），則產品銷售收入、成本和質量水平的關係如圖12-1所示。

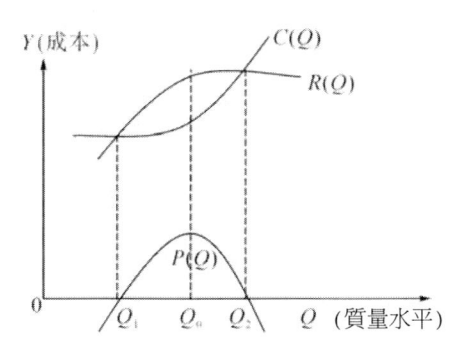

圖12-1　成本與質量水平關係示意圖

從圖12-1中可以看出，當質量過低，小於 Q_1 點時，產品銷售收入小於成本，出現虧損；當質量過高，大於 Q_2 時，產品銷售收入小於成本，也出現虧損；當質量水平在 Q_1 和 Q_2 之間時，產品銷售收入大於成本，為盈利區域。

質量成本管理的目的，是在保證質量的前提下降低成本，提高經濟效益，因而應尋找最適宜的質量水平。

$$P(Q) = R(x) - C(Q) \qquad 式（12-1）$$

當 $\dfrac{dP(Q)}{dQ}=0$，即 $\dfrac{dP(Q)}{dQ} = \dfrac{dR(Q)}{dQ} - \dfrac{dC(Q)}{dQ} = 0$ 時，可實現利潤最大化。

因此，當質量水平為 Q_0 時，為最適宜質量水平。

2. 確定最優質量成本

產品質量成本線是一條由兩類不同性質的成本構成的曲線，各項質量成本之間是

相互聯繫、相互影響的，質量成本管理不可能使各項質量成本同時減少，更不可能把質量成本減少到零。最優質量成本既不是在產品質量最高時，也不是在產品質量最低時，而是在保證最適宜的質量水平的前提下，使質量成本四項內容之和最低時的水平上。設 $C_1(Q)$ 為質量損失成本，$C_2(Q)$ 為預防和檢驗成本，$C(Q)$ 為質量總成本。

在最適宜的質量水平下，使質量成本最低。

$$C(Q) = C_1(Q) + C_2(Q) \quad\quad 式（12-2）$$

$$\frac{dC(Q)}{dQ} = \frac{dC_1(Q)}{dQ} + \frac{dC_2(Q)}{dQ} = 0 \quad\quad 式（12-3）$$

產品質量水平與產品質量成本的關係如圖 12-2 所示。

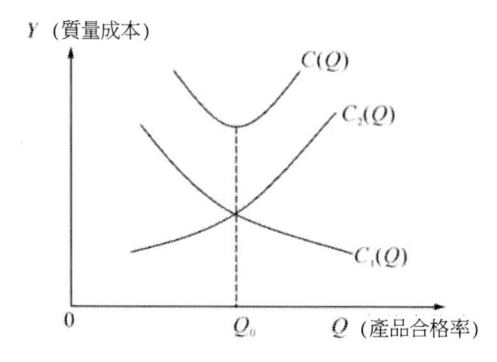

圖 12-2　傳統質量成本示意圖

滿足式（12-3）的產品合格率為 Q_0 點，在這點上質量成本為最佳結構，使質量總成本最低。從理論上講，當單位預防和檢驗成本等於單位質量損失成本時，可找到產品最優合格率和最優質量成本。當最優質量成本確定以後，就應以此作為質量成本控制的目標。

為保證質量成本控制目標的實現，應建立健全質量成本管理的組織體系，以便在質量成本所涉及的供應、生產、銷售、質檢、財會等部門中，劃分職責，歸口控制。要堅持預防為主的方針，在質量成本控制中為保證一定的質量水平，應適當地增大預防和檢驗成本占質量成本的比重，減少事故成本的發生。同時，要對質量成本差異進行計算和分析，以尋找原因，及時採取措施。

(二) 最佳傳統質量成本控制模型

確定最優質量成本可採取邊際分析法和合理比例法。

1. 邊際分析法

邊際分析法又稱為公式法。此方法是微分邊際理論在最優質量成本控制中的應用。如果以產品合格率代表質量水平，則存在能使質量成本最低的產品合格率，即最優質量，此時的質量成本為最優質量成本。

設 F 為單位產品成本的內部質量損失，Q 為產品合格率，$(1-Q)$ 為廢品率，則每

件合格品負擔的質量損失成本 Y_1 的計算公式為：

$$Y_1 = F \cdot \frac{1-Q}{Q} \qquad \text{式（12-4）}$$

設每件合格品負擔的預防和檢驗成本為 Y_2，它與合格品率和廢品率之間的比值存在一定的比例關係。設這個比例系數為 K，即隨產品合格率的變化需要追加的預防和檢驗成本的系數，該系數為一常數，則 Y_2 的計算公式為：

$$Y_2 = K \cdot \frac{Q}{1-Q} \qquad \text{式（12-5）}$$

如果以 Y 表示單位合格產品負擔的質量成本，則：

$$Y = Y_1 + Y_2 = F \cdot \frac{1-Q}{Q} + K \cdot \frac{Q}{1-Q} \qquad \text{式（12-6）}$$

計算 Y 的一階導數，並令 $Y' = 0$，證明過程略，據此可得出以下結論：

（1）當單位預防和檢驗成本等於單位廢品損失成本時，存在最優質量。
（2）最優質量 Q_0 的計算公式為：

$$Q_b = \frac{1}{1 + \sqrt{\frac{K}{F}}} \qquad \text{式（12-7）}$$

【例12-1】某企業上半年鍛件的合格品率為90%，年產量為2,000噸，預防和檢驗成本為80,000元，每噸鍛件的廢品損失成本為440元。

要求：計算最優質量和最優質量成本。

解：依題意 $Q = 90\%$，$F = 440$元。

$$Y_2 = \frac{80,000}{2,000} = 40 \text{（元）}$$

$$K = Y_2 \cdot \frac{1-Q}{Q} = 40 \times \frac{1-90\%}{90\%} = 4.44$$

最優質量 $Q_0 = \dfrac{1}{1 + \sqrt{\dfrac{4.44}{440}}} = 90.91\%$

最優質量成本 $Y_0 = 440 \times \dfrac{1-90.91\%}{90.91\%} + 4.44 \times \dfrac{90.91\%}{1-90.91\%} = 88.39$（元/件）

可見，當合格品率為90.91%時，質量成本最低，單位質量成本為88.39元/件，企業應以此作為最優質量成本控制的目標。

2. 合理比例法

合理比例法，是根據質量成本各項目之間的比例關係，確定一個合理的比例，從而找出質量水平的適宜區域，而不是確定最優質量。因為達到某一點的合格率不易保持，而使合格品率保持在某一範圍內是比較容易做到的。此方法將質量總成本曲線分為改善區、適宜區和至善區三個區域，如圖12-3所示。

如果產品質量處於改善區，說明產品質量水平較低，損失成本較高，企業應盡快採取措施，追加預防和檢驗成本支出，以保證產品質量；如果產品質量處於至善區，

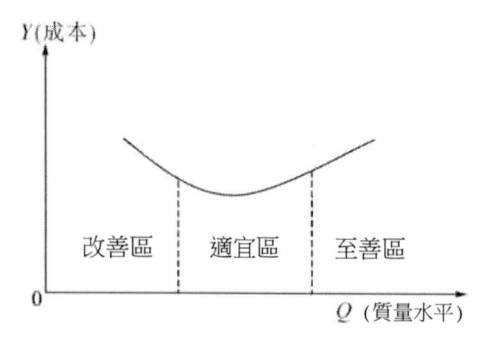

圖 12-3 合理比例示意圖

說明產品質量水平很高，且超過用戶的需要，出現不必要的質量成本損失，這也是不可取的，這時企業應控制預防和檢驗成本支出。理想的質量水平區域是適宜區，在這一區域內，質量適當，經濟效益高。

在質量成本的各項目之間，客觀存在著一個合理的比例。當質量成本達到這一比例時，就可以認為質量水平處於適宜區。一些國外專家認為，在一般情況下，質量成本中的預防成本占10%左右、檢驗成本占30%左右、損失成本占60%左右。我國某企業根據本企業的實際確定的比例是：預防成本占15%；檢驗成本占25%；廢品損失成本占60%。當然，對於質量成本各項目之間的比例不能做絕對的理解，應結合企業自身的具體情況來確定。

二、在現代質量觀指導下的質量成本控制

(一) 現代質量成本控制的內容

在健全質量模式下，由於緊縮了缺陷性產品的定義，只要產品生產偏離目標價值，就存在損失成本。因此，質量成本的最優水平存在於產品達到目標價值之處，不必像可接受的質量標準下需要在各種質量成本之間進行權衡選擇。

各種質量成本關係的變化情況如圖12-4所示。

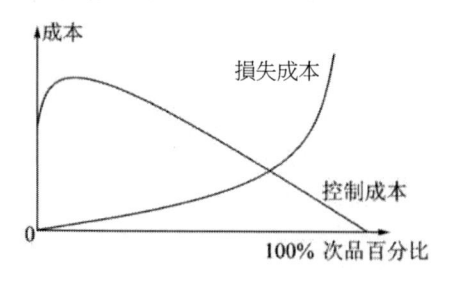

圖 12-4 現代質量成本示意圖

圖12-4可以反應出以下規律：①在一定範圍內，隨著預防和檢驗成本的增加，產品質量水平在提高，當達到某一質量水平時（如實際產品與設計要求的偏差在設計

允許的範圍內），即使適當減少預防和檢驗成本，仍會提高產品質量水平；②即使在較高的質量水平下，只要實際產品偏離理想目標，仍會存在損失成本；③質量總成本的最優水平存在於所生產產品達到目標價值之處。

從這裡可以看出，現代質量成本與傳統質量成本的函數關係是一致的，預防和檢驗成本與損失成本仍是此消彼長的關係。兩者的主要區別在於：質量控制計劃的實施效果有一個時效問題，成本發生后（如審查供應商、與供應商溝通等），要經過一段時間總成本的降低才會顯現出來，因此，當產品接近質量穩固狀態時，控制成本不是無限制地增加，而是呈現出先增后減的趨勢。

總之，在現代質量觀的指導下，加強質量成本控制應不斷地調整預防和檢驗成本，在提高產品質量的同時，降低質量總成本。

(二) 質量成本的計量

質量成本按其表現形式可以進一步劃分為顯性質量成本和隱性質量成本。

顯性質量成本是指可以直接從企業會計記錄中取得數據的成本，如預防成本、檢驗成本、內部質量損失成本。

隱性質量成本是指由不良質量而形成的不列示在會計記錄中的機會成本，如外部質量損失成本。

現代成本管理系統可以對那些顯而易見的質量成本進行計量，而對外部質量故障所引起的顧客不滿、市場份額的損失及投訴的協調等成本卻很難計量，只能予以估計。雖然這會影響隱性質量成本的準確性，但通過適當的方法做出相應的估計卻是非常必要的。常用的方法有乘數法和市場研究法。

1. 乘數法

乘數法（The Multiplier Method）是指假定全部質量損失成本是已計量損失成本的某倍數的一種方法。其計算公式為：

外部質量損失成本總和 = 已計量外部質量損失成本 $\times K$ 式（12-8）

式中，K 為乘數，應根據經驗確定。

將隱性成本計算到外部缺陷成本的估計數中，使企業管理當局可以準確地確定用於預防和評估質量作業所耗資源的水平，制定正確的控制成本方面的投資決策。

【例 12-2】某公司已計量的缺陷成本為 60 萬元，最小的 K 值為 2，最大的 K 值為 3。要求：用乘數法估算外部質量成本。

解：最小的外部質量損失成本 = 60 × 2 = 120（萬元）

   最大的外部質量損失成本 = 60 × 3 = 180（萬元）

由此可見，該企業估計外部質量損失成本在 120 萬 ~ 180 萬元之間。

2. 市場研究法

市場研究法（Market Research Method）是指在市場調查的基礎上利用統計推斷和相關分析等技術考察不良質量對銷售和市場份額影響的一種方法。

市場研究法的分析結果可用於預計未來不良質量所帶來的利潤流失數。

(三) 作業管理條件下的質量成本控制

健全質量模式是對傳統質量模式的挑戰。為降低質量成本，企業不僅要生產符合顧客需求的產品，以品種多、質量優、功能強的優勢去爭取顧客，還應採用適時制的生產方式，有效地組織和協調產品的生產工作。這就要求把企業內部不同工序和環節視為對最終產品服務的作業，把企業看成是為最終滿足顧客需要而設計的一系列作業的集合。

作業管理將作業區分為增加價值作業與非增加價值作業兩大類，並努力保留增加價值作業，盡可能減少非增加價值作業。這一原理與全面質量管理的觀念是一致的，即強調顧客滿意，並把管理重點放在滿足顧客需求，消除不能增加產品價值的一切浪費、缺陷和作業上。

因為在適時生產系統下，企業實行零存貨管理，生產經營中任何質量都將造成作業鏈的紊亂。因此，要求企業在每一個環節都嚴格把握質量關，使之達到「零缺陷」，從而消除因質量問題而引起的一切不必要作業，優化企業的作業鏈──價值鏈。

如前所述，質量成本可以分為預防和檢驗成本與質量損失成本兩大類，與之對應的作業也可以確認。因此，可利用作業成本法將這些作業區分為增加價值作業和非增加價值作業。一般來說，內部質量損失作業和外部質量損失作業及其相關的成本均為非增加價值作業，應盡可能減少或消除；預防作業因其能增加產品價值應作為增加價值作業努力予以保留。檢驗作業可分為兩類：一類是為預防作業而必需的，如質量審計，應作為增加價值作業；另一類則是與增加價值無關的其他檢驗作業。

在進行各種作業分類之後，即可根據資源動因將成本分配到各種作業中去，尋求降低質量成本的途徑。

在作業管理條件下，通常按以下步驟進行質量成本的計算與控制：

(1) 確認與質量相關的所有作業並建立作業成本庫。
(2) 確定每一質量作業成本分配基礎（成本動因）的數量。
(3) 計算每一分配基礎的分配率。
(4) 按分配率和分配基礎的實際數量分配質量成本。
(5) 計算產品各類質量成本總額，並計算質量成本占銷售總成本的比重，編製質量成本報告。
(6) 進行質量成本評價。

對質量成本的評價，通常將質量成本的結構同預算標準或以前年度進行比較，分析質量成本構成對產品質量的影響，從而確定合理的質量成本結構，以最少的質量成本向客戶提供最優質量的產品或勞務。

【例12-3】某公司201×年根據有關的質量成本資料為依據編製的質量成本報告見表12-1。

表 12－1　　　　　　　　　　201×年某公司質量成本有關資料

質量成本類別	分配基礎（成本動因）數量	分配基礎（成本動因）分配率	分配成本（元）	占銷售成本（％）
預防成本： 　設備維護 　人員培訓 　預防成本合計	800 小時 900 小時	100 元/小時 80 元/小時	80,000 72,000 152,000	1.33 1.20 2.53
檢驗成本： 　檢驗 　測試 　檢驗成本合計	2,800 小時 1,600 小時	50 元/小時 60 元/小時	140,000 96,000 236,000	2.33 1.60 3.93
內部質量損失成本： 　返工 　內部質量損失成本合計	500 件	500 元/件	250,000 250,000	4.17 4.17
外部質量損失成本： 　客戶服務 　退貨運費 　維修保證 　外部質量損失成本合計	400 件 400 件 600 件	40 元/件 50 元/件 450 元/件	16,000 20,000 270,000 306,000	0.27 0.33 4.50 5.10
質量成本合計			940,000	15.73

　　該公司銷售總成本為6,000,000元，質量成本分別按不同質量作業設成本庫歸集分配，如按設備維護、人員培訓按時間分配，檢驗和測試成本亦按時間分配，返工成本按返工產品數量分配，客戶服務、退貨運費、維修保證按修復產品的數量分配。

　　根據企業有關資料編製質量成本分析表，見表12－2。

表 12－2　　　　　　　　　　質量成本分析表

質量成本	2010 年度 金額（元）	2010 年度 占質量成本的比重（％）	2011 年度 金額（元）	2011 年度 占質量成本的比重（％）
預防成本	82,200	6.85	152,000	16.10
檢驗成本	114,720	9.56	236,000	25.00
內部質量損失成本	382,920	31.91	250,000	26.48
內部質量成本合計	579,840	48.32	638,000	67.58
外部質量損失成本	620,160	51.68	306,000	32.42
質量總成本	1,200,000	100	944,000	100
銷售總成本	5,000,000		6,000,000	
質量成本占銷售成本的比重(％)	24		15.73	

表 12-2 表明，該公司 2011 年度的質量成本比 2010 年度的質量成本有了較大的降低，質量成本占銷售成本的比重由 24% 下降到 15.73%。比較兩年的質量成本數據可以看出，由於 201×年度增加了預防成本和檢驗成本的支出，提高了產品質量水平，降低了損失成本的發生，從而使質量總成本得以降低。

第十三章　資本成本會計

案例與問題分析

　　MN 公司為了擴大經營活動的規模,需要追加大量資本。但是,以不同取得形式獲取不同渠道的資本,既存在風險不同的問題,也存在代價不同的問題。通常,以借貸方式獲取的資本,存在還本付息的壓力,即財務風險較大,但是使用資本的代價較低。公司既可以使用借貸方式獲取所需發展的資本,也可以使用吸收權益資本的方式來實現同樣的目的。該公司該如何決策呢?

　　解決這一問題,關鍵是瞭解公司在使用這些資本時,需要考慮哪些相關因素。顯然,與此問題相關的基本因素是與所籌集資本直接相關的風險和代價。所謂代價就是資本成本。該公司必須在風險和代價之間進行權衡,從而找到一個方案,使得其風險程度可以接受,同時又使資本成本可以降到最低。這就需要公司決策者應該瞭解和把握關於公司資本成本水平的計量和確認。

第一節　資本成本的經濟意義

一、資本成本的定義

　　資本成本是籌集並使用一定量的資本而發生的代價。

　　從資本成本的內容來看,可以從兩個角度來對資本成本進行分類認識。①資本成本本身的內容板塊構成,包括籌資成本和用資成本;②依據導致資本成本發生的不同部分資本,包括權益資本成本和債務資本成本。將資本成本劃分為籌資成本和用資成本,旨在揭示資本成本的不同部分具有不同的功能;而將資本成本劃分為債務資本成本和權益資本成本,則在於揭示不同部分的資本成本的經濟性質的差異。

　　在資本成本的形成上,還應該注意如後的兩個關於外延的規範性慣例。首先是關於債務資本成本的問題。從嚴格的理論規範上說,債務資本成本是包括所有債務的代價,即流動負債和長期負債的成本,都應該被包括在債務資本成本中。但是,在實踐中基於流動負債的期限短、利息率低,於是形成的變通做法就是將其忽略。而事實上如果僅僅考慮利息支付,則流動負債的利息對整個資本成本的影響並不大,因而在確

認和計量資本成本時，通常是指將長期負債的利息作為資本成本加以考慮。其次是關於權益資本成本的問題。在權益資本成本上容易形成的誤解是將全部當期的稅後淨利都作為資本成本。事實上，權益資本成本僅僅只是指作為現金紅利分配給所有權人的那一部分淨利潤。

另一些財務學家對於債務資本成本的外延範圍，表示了不同的看法。他們認為，流動負債雖然利率低，但是對於企業的財務活動來說其償債壓力是很大的，從而企業在流動負債上承擔著頗為嚴重的財務風險。因此，對在資本成本中是否應該忽略短期債務的成本，表示了相反的看法。

二、資本成本的經濟實質

資本成本是資本使用權的買價。

將資本成本的實質確定為價格，這是一種以財務活動是一種市場活動的理念作為其存在前提的重要命題。在資本成本中，雖然包含著權益資本成本和債務資本成本，但對每一部分的內容以及形成機制分析，證明上述結論適用於任何一部分內容。

債務資本成本，表現出典型的價格特徵。無論是發行企業（公司）債券，還是從銀行借貸貨幣資本，抑或是融資租賃等，實質上都是一種買賣行為。就融資一方而言，這些行為在於購買一定量資本在一定時段內的使用權，或者說使用價值。尤其是這些行為都必須借助金融市場這一平臺才能實現。既然是買賣行為，當然買方就要支付購買價格。而銀行借款的利息、發行債券的債息、融資租賃的租金，這些外在形式多種多樣的內容，實質上就是上述購買行為的具體買價。

而權益資本成本，就其經濟實質而言，也仍然表現出價格屬性。首先，資本成本所體現的是兩個平等市場主體之間的經濟利益相關關係。作為這一關係的一極，企業是一個是典型的主體。因為無論是何種組織形式的企業，都具有主體意志，包括目標和實現目標的手段。雖然，就法理形式而言，僅僅只對公司制企業賦予人格從而形成法律主體即法人，但是從經濟邏輯來看，任何企業都具有經濟人格的本質特徵。而企業的經濟人格特徵只能在市場活動中得以體現。以支付一定代價的形式獲取一定資本的使用權，這實質上就是企業為實現自身目標而進行的一種商業活動。不論這一活動的法理形式有何種差異，其經濟實質卻是唯一和確定的。作為前述關係的另一極，是企業的所有者。企業的所有者是在對企業進行投資時才形成的。所以，企業的所有者，不論其外在形式是一般的投資者，還是股東，相對於企業而言，也是一種典型的市場主體。在金融市場上的投資，是一種典型的市場行為。所有者正是憑藉這一市場行為，才獲得了從企業獲取相應報酬的可能。這種報酬是基於市場投資行為而獲得，所以其市場屬性即價格屬性是顯然的。綜上所述，企業在金融市場上以支付一定代價而獲取一定資本的使用權，其本質就是購買；而企業所有者在金融市場上以獲取一定報酬而讓渡一定資本的使用權，這就正好構成商品交換活動，毫無疑問，企業支付給企業所有者的關於其資本使用權的代價——權益資本成本，其本質就是價格。

三、資本成本的會計性質

(一) 成本概念的內涵

成本是指基於衡量一項事項的經濟可行性而對該事項的實現所發生的全部代價所進行的描述。簡單地說，成本就是為實現一個目標而發生的代價。

在會計理念中，成本與費用的性質是不同的。費用僅僅是為實現當期受益而發生的代價，而且尤其是這種代價的效用對於特定會計主體而言，已經消失。與費用相區別的成本，其使用價值形態對於會計主體而言仍然保持持有或控制。所以，成本是會計主體的現時資產，而費用則是會計主體過去的意義上的資產。

在企業的經營活動中，包含著不同的階段和不同的具體活動，而每一階段都存在著本階段的目標，而每一種具體活動也存在著具體的目標。因此，企業中的成本概念，也就具體包含著不同的具體成本類別。最典型的是產品成本以及以此為中心的採購成本、生產成本等內容。

(二) 資本成本與產品成本的關係

資本成本是籌集和使用資本的代價，符合成本的定義中的核心思想即成本是為一定目標的實現而發生的代價，所以資本成本也是一種成本。

資本成本與產品成本的差異首先是相關對象不同。產品成本的相關對象是一定使用價值形態的產品。在整個產品的生產過程中，其實質內容是一種使用價值形態轉變為另一種預期的使用價值形態。而這一轉變過程，要消耗原使用價值形態，同時還有其他的消耗，如工具性的消耗、條件性的消耗等，這些消耗就形成產品成本。而資本成本的相關對象是一定的資本商品。在資本被作為特定市場活動所作用的對象時，資本已經成為商品。資本這種商品的使用價值只能在特定的經營活動即資本經營活動中被消費。但是，資本這種商品在被取得時要發生代價支出，更為特殊的是，消費資本這種商品還需要支付代價。

傳統的產品成本，發生在產品的產銷活動中，但最終將凝結或物化在產品上，產品成本不能離開產品而獨立存在。並且產品成本是用以確定產品損益、衡量產品的經濟價值的基礎指標。同樣，資本成本也是發生在資本經營活動中，但是資本成本卻是取得尤其是使用資本商品的成本而不是生產銷售資本商品的成本。資本成本並不必然地要凝結在特定的資本商品上，反而總是要與資本商品呈分離的狀態而相對於資本商品獨立地存在。

(三) 資本成本與費用的關係

資本成本具有最典型的費用性質。

根據資本成本並不凝結於特定的資本商品的命題可知，就資本成本的流轉對象而言，資本成本是不能隨同資本商品的流轉而流轉的，從而資本成本就只能按照損益期間來實現流轉。所以，在資本成本中，無論是權益資本成本還是債務資本成本，都具有典型的期間費用的性質。

四、資本成本的理論意義

（一）對成本理論的意義

資本成本概念的提出，對於成本理論而言，最大的意義在於既加深了成本概念的內涵，又拓寬了成本這一概念的外延，使得成本範疇的系統理論化程度得以進一步的完善和提高。

就成本概念的內涵而言，廣義的成本其實應該包括費用。因為費用也是為一個特定目標而發生的資產耗費。只不過狹義的成本在資產被耗費後，將形成特定的另外形態資產。而費用的發生以至於資產被耗費後，是實現企業的銷售收入。如果狹義的成本形成過程可以看成是資產形態在發生變動，則費用的發生則僅僅只表現為企業已經失去了資產的價值和使用價值，也就是企業已經失去了特定資產的所有權和控制使用權。現代會計在完善其體系的過程中，已經逐漸地將一些原屬於分配領域的內容，重新確認為企業的成本費用。最典型的包括將所得稅由原理念中的利潤分配確認為所得稅費用；將權益資本成本由股利分配在理念上確認為成本費用。之所以如此，乃是因為無論是所得稅還是權益資本成本，都是基於企業的市場經營活動而產生的現金流出量。在定義成本時，雖然強調為了某一目標而發生的資產耗費，但是這種資產耗費的本質內容就是現金流出量。當我們如此理解成本概念時，就已經為成本概念的內涵增加了新內容，而這正是權益資本成本被作為成本後，對成本的意義。

就成本範疇的外延而論，資本成本的提出，使得成本範疇增加了全新的內容。這種外延的增加，正是基於上述成本概念的內涵發生改變後的一個必然結果。當權益資本成本也被作為資本成本構成內容之一時，完全意義的資本成本概念得以確立，同時成本概念也得以完善。具體的增加內容，不僅是對業主——股東的利潤分配，還有企業的所得稅。

（二）對傳統損益觀念的意義

資本成本概念對傳統損益觀念的意義在於表現出了對傳統損益觀念的突破。

傳統的損益觀念體現在損益計算式上，即：

收入－費用＝利潤

這一損益計算式其實包含了如下幾個段落：

收入－銷售成本＝毛利

毛利－期間費用（包含債務資本成本）＝經營利潤

經營利潤－所得稅＝淨利潤

傳統損益觀念的特徵是：在扣減資本成本時，僅僅只是扣除了債務資本成本，同時，其損益計算是計算出現行口徑的淨利潤時為止。

當權益資本成本也被作為資本成本構成內容之一時，完全意義的資本成本概念得以確立。而既然權益資本成本作為一種成本費用，當然也應該成為收入的抵扣因素。基於這一理念，形成了如下的損益理念擴展形式：

淨利潤 – 權益資本成本 = 企業留剩權益

從上述計算公式中，首先表達了權益資本成本被作為費用從而在當期收益中得以扣除。同時，因為這一理念的突破，還產生了一個新概念即當期企業留剩權益的新概念。這些都表現出基於理念中關於權益資本成本性質的改變基礎上的理論創新。

第二節　資本成本的管理與核算

一、資本成本的管理

在會計的管理理念中，只是將債務資本成本作為損益當期的費用，而並不將權益資本成本作為當期費用。但是，在財務經濟學，無論是權益資本成本還是債務資本成本，都是資本成本。而且，所有資本成本都具有期間費用的性質。

資本成本在會計和財務兩種活動視野中的差別，導致了其具體管理中的差異。

首先是在損益計算上的差別。由於並不將權益資本成本作為費用，會計學在損益計算時，只計算扣減債務資本成本，而將權益資本成本的發生僅僅視作淨收益的分配。而在財務經濟學的損益理念視野中，這兩種資本成本都是作為費用在當期收益中加以扣減的。

其次是損益抵扣順序的差別。雖然無論是債務資本成本還是權益資本成本，基於所有資本成本都是當期的現金流出，實質上都形成一種對收益的抵扣。但是，在會計的理念中，由於未將權益資本成本視為成本費用，所以如果僅僅從現金流出的意義上將全部資本成本都視為損益抵扣，則在損益中首先抵扣債務資本成本，而在淨利潤確定后，再扣除權益資本成本。而在財務經濟學視野中，並無這種抵扣順序的差別。

而在會計中的抵扣順序先后不同，又導致了一個重要的結果即所得稅抵扣效應問題。在現行的會計損益計算程序上，債務資本成本是在抵扣所得稅之前得以抵扣，通常稱之為稅前抵扣項目。而權益資本成本的現金流量則發生在所得稅抵扣之後，於是習慣上稱謂稅后抵扣項目。由於在所得稅之前抵扣收益，將降低所得稅稅基，從而起到減少應該繳納所得稅的作用。這就是所得稅抵扣效應。

在會計的管理理念中，債務資本成本與權益資本成本的金額存在著金額確定或不確定的問題。在公司的管理理念和制度中，權益資本成本作為一種回報於股東的報酬，是隨公司的收益和當期的分配政策的變動而變動的。因此，權益資本成本具有主觀變動性。也就是說，在各個期間，其權益資本成本的金額是不能確定的，這種現象表明權益資本成本的金額存在或然性特徵。而債務資本成本則是以確定金額而發生的，不存在金額的或然性特徵。債務資本成本的金額確定性是由其法理性質所決定的。

二、資本成本的核算

(一) 資本成本的確認

依據資本成本的定義，可以準確地確定資本成本。資本成本的定義明確了確認的

基本原則，一是為了籌集資本，二是因為使用了資本，基於這兩個基本原因而發生的成本，都應該確認為資本成本。因此，資本成本具體包括籌資成本和用資成本兩個基本類別。如果對於資本成本再按以相關對象為標準進行分類，則同樣的內容又可以劃分為債務資本成本和權益資本成本兩種類別。

(二) 資本成本的計量

1. 資本成本的計量形式

對資本成本進行計量的形式，包括絕對數計量形式和相對數計量形式。

所謂資本成本的絕對數計量形式，是指以非比較的單一數字來對資本成本的規模進行定量表述的形式。在現行的會計損益計算公式中的扣減資本成本數值指標都是以絕對數形式存在的。資本成本的絕對數計量形式主要用於表達資本成本的總量規模。

但是，如果需要對資本成本的發生水平、構成質量的狀況加以描述，則需要相對數計量形式。資本成本的相對數計量形式，是指以資本成本與導致其發生的相應資本額進行分式對比而形成的結果形式。這一形式就是資本成本率。但是，在習慣中也將資本成本率稱為資本成本。

2. 資本成本的基本計算公式

資本成本的相對數計量形式的公式如下：

$$資本成本（率）=\frac{實際資本成本}{實際籌集的資本}$$

在上述公式的形成中，涉及三個指標：籌資成本、用資成本和籌集使用的資本額。在構造資本成本的相對數計量形式的公式時，這幾個指標被置於不同的位置，並且起著不同的作用。

籌資成本，是一種與籌集資本發生於同一時點、但是兩者所導致現金流動方向相反的數據，被作為籌集資本相反的數據處理，即作為籌集資本額的抵扣形式而存在，並因此而獲得實際籌集資本額的概念。

基於籌資成本的處理形式，在資本成本的相對數計量形式的公式中，與實際籌集資本額進行強度對比的，僅僅只是用資成本。特別應該指出的是，用資成本必須採用實際數額形式。這是因為以形式數額出現的兩種用資成本即債務資本成本和權益資本成本，在所得稅抵扣上形成不同的效應，從而具有不同的實際數額。從實際數額上看，權益資本成本的形式數額與其實際資本成本額是相等的。而債務資本成本的實際資本成本數額則應該取決於其名義數額與所得稅抵扣效應系數的乘積。所得稅抵扣效應系數則是常數 1 與所得稅稅率之差。基於上述分析有如下計算公式：

所得稅抵扣效應系數 = 1 − 所得稅稅率

實際支付債務用資成本 = 名義債務用資成本 × 所得稅抵扣效應系數

應該說在現行的會計處理方式下，所有籌資成本都是在稅前處理的，所以所有籌資成本都存在所得稅抵扣效應。

關於實際籌集資本額指標，不同的籌資形式具有不同的結果。以資本證券為籌資形式的方式，存在著折價、平價或溢價的不同結果。而除平價發行的籌資結果是實際

籌資額等於名義籌資額外，折價或溢價兩種形式的實際籌資額都不等於名義籌資額。折價發行的結果是實際籌資額小於名義籌資額；溢價發行的結果是實際籌資額大於名義籌資額。而在資本成本的相對數計量的公式中，必須使用實際的籌集資本額。因為這是為準確表達資本成本水平的需要。

三、資本成本計量的具體公式

(一) 單一籌資形式的資本成本計量的公式

1. 銀行借款形式的資本成本計量公式

在銀行借款籌資形式中，籌資成本的典型內容是手續費，用資成本則是利息，而實際籌資額則是按照借貸雙方借貸合同所規定的借款額。因此，該形式的基本公式為：

$$銀行借款的資本成本（率）= 每期利息 \times \frac{1 - 所得稅稅率}{借貸合同規定的借款額 - 手續費}$$

將本公式右邊的分子與分母各項同除以借貸合同規定的借款額，則上式可以簡化為如下形式：

$$銀行借款的資本成本（率）= 每期利率 \times \frac{1 - 所得稅稅率}{1 - 手續費率}$$

在銀行借款這一形式下，其手續費率極其微小以至於可以忽略，則上式還可以簡化為：

$$銀行借款的資本成本（率）= 每期利率 \times (1 - 所得稅稅率)$$

2. 發行債券形式的資本成本計量的公式

債券的發行分成平價發行、溢價發行和折價發行三種形式。所以發行債券形式的資本成本計量的公式也分成三種形式。

平價發行債券的資本成本計量的公式同銀行借款的資本成本計量的公式在理論技術形式上是相同的，只是其中的具體指標不同。其中，銀行借款利息的每期利息，在債券的資本成本計量的公式中改換成每期債息，借貸合同規定的借款額則改換為債券發行的面值總額，而手續費則改換為發行費。其餘指標並無改變。平價發行債券的資本成本計量的公式如下：

$$平價發行債券的資本成本（率）= 每期債息 \times \frac{1 - 所得稅稅率}{發行債券的面值總額 - 發行費}$$

折、溢價發行債券的資本成本計量的公式同平價發行債券的資本成本計量的公式在理論和技術形式上幾乎是完全相同的，只是其中的債券發行的面值總額應改換為發行債券實際所得資本總額。

$$折、溢價發行債券的資本成本（率）= 每期債息 \times \frac{1 - 所得稅稅率}{發行債券實際所得資本總額 - 發行費}$$

值得注意的是，在債券平價發行的情況下，債券的資本成本計量的公式也可以有同銀行借款形式的資本成本計量的公式一樣的簡化。但是，當債券的發行採用溢價發行和折價發行時，這種簡化就不成立了。

3. 發行普通股份形式的資本成本計量的公式

普通股份形式的資本成本仍然包括籌資成本和用資成本兩部分。但是，發行普通股份形式的資本成本的最大特點是所得稅后的扣減項目，所以，在發行普通股份形式這種典型的主權資本的資本成本計量的公式中，就無須再乘以所得稅效應系數。因此，發行普通股份形式的資本成本計量的公式如下：

$$發行普通股的資本成本（率）= \frac{每期股利}{發行普通股實際籌集資本 - 籌資費用}$$

在上述公式中，發行普通股實際籌集資本的本質就是普通股的現值。普通股的現值由普通股的每期股利以及到期的市值決定。通常，普通股無到期市值，所以普通股的現值就由每期股利決定。而當每期股利呈現為年金形式時，普通股的現值計算就成為一個典型的永續年金計算公式。在這個永續年金計算公式中，解出折現率，就成為上述發行普通股份形式的資本成本計量公式。但是，普通股股利並非就一定會呈現出年金一樣的規則狀態。當股利呈現出按照一定的增長率增加時，則發行普通股份形式的資本成本計量的公式又改變為如下形式：

$$\frac{發行普通股的}{資本成本(率)} = \frac{每期股利}{發行普通股實際籌集資本 - 籌資費用} + 股利增長率$$

在發行普通股的資本成本計量的公式中，同樣存在類似前述公式上的簡化形式問題。當發行股份的形式採取面值發行時，計量公式同樣可以簡化為前述的相應形式。

4. 發行優先股形式的資本成本計量公式

優先股份是一種混合資本證券。在有限股份形式上，既有普通股的性質，又具有公司債券的某些特徵。但就其經濟性質而言，優先股份仍然是一種權益資本。就內容而言，優先股份的資本成本內容仍然包括籌資成本和用資成本兩個部分。一般而言，優先股的股利是固定的。因此，在優先股份上，其用資成本表現出較普通股更典型的年金形式。所以，優先股份的資本成本計量的公式如下：

$$發行優先股的資本成本（率）= \frac{每期股利}{發行優先股實際籌集資本 - 籌資費用}$$

5. 留存收益形式的資本成本計量的公式

留存收益是企業的未分配的利潤留存於企業中，並將被作為資本用於后續經營期間。所以，留存收益是一種典型的內源籌資所形成的主權資本。由於是權益資本，所以留存收益也有同權益資本一樣的用資成本。但是，留存收益由於是在企業內部形成，其權益資本的性質僅僅只需通過會計確認程序就已經得以確認，所以，該形式的資本成本僅僅只包括用資成本而無籌資成本。如果是公司制企業，則留存收益也表現出同普通股本一樣的性質，因而其資本成本的計量的公式除了沒有籌資成本這一因素外，其餘部分就同普通股的資本成本計量的公式幾無二致。留存收益形式的資本成本計量的公式如下：

$$留存收益形式的資本成本（率）= \frac{股利}{留存收益所實際形成的資本}$$

在上式中的股利，僅僅只指對應於留存收益部分資本的股利部分。如果公司是成

長性的，其股利按照某一固定增長率增加，則應在留存收益形式的資本成本計量的公式上加上這一增長率，於是形成如下的形式：

$$\frac{留存收益形式的}{資本成本（率）} = \frac{股利}{留存收益所實際形成的資本} + 股利增長率$$

(二) 綜合的資本成本計量的公式

企業通常會以多種方式籌集所需資本。而以不同形式所籌集的資本，具有不同的風險和不同的成本水平。為了準確表述企業的綜合資本成本水平，必須計算綜合的資本成本。綜合的資本成本水平，通常以加權平均形式計算而成。在這一計算中，權數是各種籌資形式所籌集的資本額所形成的資本結構系數，被平均數則是各該籌資形式所籌集資本的單一形式資本成本率。綜合的資本成本計量的公式如下：

$$\frac{綜合資本}{成本(率)} = \sum (各該籌資方式所籌資本的比重 \times 各相應籌資形式的資本成本(率))$$

(三) 邊際資本成本計量的公式

邊際資本成本是指當所籌集資本總額每增加一個單位而相應增加的資本成本（率）。

當企業採用單一籌資形式時，資本成本率的變化方式是階段式變化。通常是當籌資額在某一數量區間內時，其資本成本率保持不變，而當籌資額增加到超過該區間的上限值後，資本成本率將相應的增加，從而導致資本成本不僅絕對量增加，而且還將使資本成本率也增加。這裡使資本成本率保持不變的資本額度區間的上限與下限，稱為臨界點。

而企業如果採用多種籌資形式籌資，則導致企業資本成本發生變化的不僅是各具體籌資形式的所籌集資本額，各種形式所籌集資本額之間的結構關係即比重，也將會導致企業的綜合資本成本率發生變化。在研究邊際資本成本時，一般是假設融資結構不變，而僅僅只研究籌資額的增加或減少而導致的邊際資本成本的變化。這種變化主要表現為某一籌資形式的籌資額超過臨界點時，該種籌資形式的資本成本率發生變化，從而導致加權平均的資本成本率發生變化。特定融資結構下的加權平均的資本成本率發生變化的總資本額，稱為加權平均的資本成本率的臨界點。

在確定邊際資本成本發生變化時，確定某一單一籌資形式的資本成本率的臨界點以及由此而引起的加權平均資本成本率的變化，是解決這一問題的關鍵。而加權平均資本成本率的臨界點可由下式確定：

$$加權平均資本成本率的臨界點 = \frac{單一籌資形式臨界點資本額}{該種籌資形式資本額的結構系數}$$

上述公式可以確定在籌資總額的增長過程中，各具體籌資方式的臨界點對資本總額增長過程中的資本成本率的臨界點的具體影響。在確定了資本總額的各個資本成本率的臨界點後，資本總額的資本成本率變化也就相應確定了，最終資本總體的邊際資本成本也因此確定了。

第十四章　人力資源成本會計

案例與問題分析

美國著名的微軟公司總資產在短短13年的時間就從143億美元達到2,600億美元。其無形資產價值占微軟公司總價值的99.07%，而且該公司的市場價值已超過美國三大汽車公司的總和。僅以此例，我們就不得不承認，在知識經濟時代中知識已成為具有決定意義的生產要素。在知識經濟時代，企業的競爭力和實力將會由其掌握有形資產的數量轉移到擁有知識的能力和服務能力等無形資產的數量上去。

高新技術產業正成為國民經濟的支柱產業。高新技術產業是知識經濟的標誌性產業，也是知識經濟時代國民經濟的支柱產業。1997年美國以信息技術為主的知識密集服務出口總值已接近商品出口總值的40%，高新技術產業對美國經濟增長的貢獻率已達到55%以上。知識經濟將引起產業結構的大規模調整和產品結構的全方位變化。

可見，知識經濟時代的人力資源成本會計在現代企業管理中的重要地位是毋庸置疑的。

第一節　人力資源會計概述

一、人力資源會計的意義

人力資源會計產生於20世紀60年代，在知識經濟時代更顯示出其重要的作用。知識經濟時代，最需要的資源，不是物質資源，而是智力資源，企業對人力資源的投資將成為企業內部長期投資的主要項目，甚至要超過對廠房、設備等固定資產的投資。

（一）實施人力資源會計有助於正確反應各項收益

在傳統會計中，足球俱樂部不將球員的價值作為一項資產來進行核算，因此所發生的轉會費的收支都直接計入當期損益。這種處理方法，使售出球員的足球俱樂部的財務報告顯示出該俱樂部取得了非常好的業績，而購買球員的足球俱樂部的業績就會大大縮水。在企業會計核算中，如果忽視了人力資源數據的鑑別和核算，會導致企業財務報表中的收益數據失真。

在現代企業管理過程中，實施人力資源發展戰略，進行人力資源管理決策，必須

依靠人力資源會計。在人力資源會計中，區分了人力資源中的收益性支出和資本性支出，使人力資源會計的核算遵循權責發生制原則，從而使企業的收益更加符合配比原則。

(二) 實施人力資源會計有助於抑制管理者的短期行為

經營者在任期內為了達到提高業績的目的，可能採取減少對員工進行教育、培訓方面的開支或低價雇用非熟練工來代替熟練工以減少工資支出等損害企業長遠利益的短期行為來達到減少支出、增加利潤的目的。例如，2008年中國中鐵在杭州地鐵修建過程中出現的垮塌事件就是因為趕工期、降低成本而大量使用未經培訓的工人造成的。

進行人力資源會計核算，一方面外界能夠通過企業在人力資源投資方面的信息瞭解管理者是否重視企業最重要的資源——人力資源素質的提高；另一方面有助於抑制管理者的短期行為，促使他們重視對人力資源的投資，以提高人力資源的質量。

(三) 人力資源會計向投資者、債權人提供制定正確的投資和信貸決策所需的信息

傳統會計報表並不向投資人和債權人提供企業人力資源的變化情況，以及對企業財務狀況和經營成果的影響。在損益表中，傳統會計將人力資源的投資成本列為本期費用，而未予以資本化列為資產，未在預計使用年限內按期攤銷從而歪曲和低估了本期收益。在資產負債表中，傳統會計在企業資產總額中並未包括人力資產從而歪曲和低估了企業實際擁有的人力資產和物力資產總額，以及企業的未來盈利能力。在知識經濟時代，投資者和債權人更關注企業員工素質、構成，特別是企業的技術隊伍和管理隊伍、知識創新能力與技術創新能力等人力資源方面的信息。人力資源會計提供的會計信息，能夠更確切地分析人力資源、物質資源的投資比例和投資效果，能夠更真實地反應出企業總資產中人力資產、物質資產的比例，為投資者和債權人提供正確的決策依據。

(四) 有利於國家有關部門進行宏觀調控

人力資源會計向政府主管部門和社會公眾提供反應企業履行社會責任情況的會計信息。政府主管機構和社會公眾不僅要求企業披露財務狀況和經營成果，還要求企業披露其履行社會責任的狀況。為了創造良好的企業形象，企業在謀求投資者權益最大化的同時，必須兼顧企業職工、消費者和社會公眾的利益。企業社會責任的一個重要內容是對人力資源安排方面的貢獻，企業要為人力資源的載體——勞動者提供就業崗位。人力資源會計是提供企業履行社會責任的一個主要信息來源。

我國還處於介紹和引進人力資源會計的階段，理論界對此研究尚處於起步狀態，實務中也較少得到應用。但會計界對它研究的興趣卻日漸濃厚，對人力資源會計的研究正在不斷深入。

二、人力資源會計的假設

會計假設是組織會計工作必須具備的前提條件，是從會計實踐中抽象出來的，其最終目的是為了保證會計核算資料的有用性、合理性和可靠性。由於人力資源會計的

實踐活動較缺乏，因此現在還不能有效地從人力資源會計的實踐活動中抽象出人力資源會計的假設。目前，在人力資源會計研究工作中許多研究者提出的人力資源會計假設都沒得到普遍的認同，但這些工作對將來人力資源會計假設的確立都具有探索意義。

本章將結合人力資源會計的特點，對傳統會計的四大假設做一個重新認識。

（一）對會計主體假設的重新認識

會計主體假設規定了人力資源會計工作的空間範圍。勞動者作為人力資源的載體，是人力資源產權的最終擁有者，但一旦與企業簽訂合同進入企業成為企業的員工后，企業就擁有或控制了人力資源的使用權、處分權，在合同規定的期限和規定的工作時間內企業能夠運用人力資源的使用權和處分權來為企業創造新的價值。在這種情況下，企業所擁有或控制的人力資源已經成為企業的一種資產。企業應當進行人力資源會計核算，從而也成為人力資源會計的主體。

（二）對持續經營假設的重新認識

持續經營假設使人力資源會計的會計信息收集和處理中所應用的會計程序、會計方法保持穩定，使人力資源的計量和確認成為可能。例如，將在開發人力資源時所發生的支出劃分為收益性支出和資本性支出及對資本性支出的攤銷期限的確定。以工資報酬為基礎的人力資源價值的貨幣性計量方法及該方法中計算年限的確定、人力資產的計量和人力資源權益的確立等，都是以持續經營假設為前提的。

（三）對會計分期假設的重新認識

對於人力資源會計來說，同樣也要進行會計分期。要對在每一個會計期間的人力資源成本、投資進行核算，將開發人力資源所發生的資本性支出在受益期內攤銷，要對每一個會計期間的期初、期末的人力資產、人力資源權益的數量進行核算，確定在該會計期間人力資產和人力資源權益的變化等。會計分期，使得企業能夠將所發生的人力資源成本劃分為收益性支出和資本性支出，為資本性支出攤銷期限的確定提供了依據，使人力資源會計核算建立在權責發生制的基礎之上，並為編製人力資源會計報告提供了較為恰當的時期範圍。

（四）對貨幣計量和非貨幣計量假設的重新認識

傳統會計中，無法用貨幣計量的經濟活動不在會計核算中予以反應。在人力資源會計中，應將傳統會計中的貨幣計量假設擴充為貨幣性計量和非貨幣性計量假設。

因為在人力資源會計核算中，既需要貨幣性的定量的會計信息，如人力資產、人力資源成本、人力資源權益等方面的信息，同時也需要非貨幣性的定性方面的信息。如對人力資源價值進行計量時，有些與人力資源價值有關的特殊因素（如企業員工的進取心、責任感、與各方面的關係、影響力、接受新知識、創新技術的能力等）是無法用貨幣性的計量方法來進行計量的，而只能用非貨幣性的計量方法來進行計量和給出說明。在人力資源會計核算中，貨幣性計量所提供的定量性會計信息和非貨幣性計量所提供的定性會計信息，對於組織內外的信息使用者都是十分重要的。

除了這四個基本假設外，人力資源會計還應有其自身的假設：

（1）人對組織是有價值的資本。人能為組織提供現在和未來的服務，而且這些服務對於企業具有經濟價值。

（2）作為組織的資源的人其價值是其管理方式的函數。人的價值除了來自其自身的技能、受教育程度、才智外，還受管理方式的影響，有效的管理方式可以調動職工的積極性，提高勞動生產率，並使人力資源價值得到增長；反之，人力資源的價值或者難以實現，或者只能維持原狀。

（3）計量人力資源成本和價值所提供的信息對有效地管理人力資源是必不可少的。人力資源會計所提供的人力資源的取得、開發、分配、組合、維護等信息，對於加強人力資源管理、提高組織管理水平非常有益。

三、人力資源會計的基本概念

美國著名人力資源會計學家埃里克·弗蘭霍爾茨認為「人力資源會計是把人的成本和價值作為組織的資源進行計量和報告的活動」。

我國會計界對人力資源會計有不少定義，如「人力資源會計是會計學的一個新興分支，它是測定和報告企業人力資源的變動和現狀，幫助決策者決定行動方針的一門新興會計」。這與弗蘭霍爾茨的定義差不多，只是將「企業」改成了「組織」。還有人認為，「人力資源會計是以金額數字作為反應控制經濟組織中人的成本和價值的管理活動，是會計體系一個新興的分支。」這個定義對人力資源會計的核算對象僅局限於對人的成本和價值中可用貨幣單位計量的部分，對於人力資源的非貨幣性價值，如人力資源的教育程度、經驗、知識水平等則未包括在內。這樣，人力資源價值的計量模式——非貨幣價值模式也就難以找到理論支持了。

我們認為美國會計學會人力資源會計委員會於1973年對人力資源會計所下的定義更適合：「人力資源會計是用來確認和計量有關人力資源會計的信息，並將這些信息傳遞給有關利害關係人的程序。」這一概念將人力資源會計的核算對象、核算方法和核算目標等內容均包容其中，比較全面。

四、人力資源會計模式

現行得到公認的人力資源會計模式有兩種：人力資源成本會計和人力資源價值會計。前者是為取得、開發和重置作為組織的資源的人所引起的成本的計量和報告，是目前可操作性最強的人力資源會計模式。

人力資源價值會計就是將企業所擁有或控制的人力資源作為一種有價值的組織資源，通過對員工運用其所擁有的能力在未來特定時期內為企業創造出價值的計量和報告，從而確定企業的人力資源的一種會計程序和方法。

在計量企業員工的人力資源價值時，應以員工在未來特定時期內為企業創造的價值為依據而不是以過去創造的價值為依據。

在計量企業員工的人力資源價值時，應注意所提供的人力資源價值信息的完整性。那麼，什麼樣的人力資源價值信息才算得上是完整的信息呢？

一般來說，需體現以下幾點：

（1）人力資源價值會計要反應包括補償價值和剩餘價值在內的整個人力資源價值。

（2）應當反應包括基本價值部分和變動價值部分在內的人力資源價值。在這裡，需要指出的是不應忽視自然人力價值的計量。雖然單純的基本價值對經濟增長的作用較小，但這不能成為不予反應的理由。

（3）在計量企業員工的人力資源價值時，應處理好人力資源個體價值和人力資源群體價值的計量問題。人力資源價值會計既要反應企業的某個群體的人力資源價值，也要計量該群體中的每個個體的人力資源價值，並通過對計量結果進行分析做出正確的人力資源組織決策。一般說來，在不存在內耗或內耗影響很小的情況下，人力資源群體價值應當大於該群體的所有個體的人力資源價值之和。這一差額越大，說明組織結構的協同效應越顯著。

（4）企業的人力資源價值會計應當將人力資源價值的貨幣性計量方法和非貨幣性計量方法恰當地結合起來加以運用。

人力資源價值是一個內涵非常豐富的概念，它既可按人力資源載體為企業所創造的價值來確認，也可將支付給人力資源載體即勞動者的工資報酬來確認。並且人力資源的價值是通過人力資源投資不斷變動的。此外，人力資源的實際價值具有不確定性和波動性，它會受到外部的客觀環境和人力資源載體主觀努力程度的影響。

由於人力資源價值計量帶有一定程度上的不確定性和計量方法多選性的問題，所以如何提高人力資源價值計量結果的可靠性，就成為研究者們致力解決的問題。

第二節　人力資源成本會計

一、人力資源成本會計的涵義

弗蘭霍爾茨認為，人力資源成本會計是為取得、開發和重置作為組織資源的人所引起的成本的計量和報告。以後的研究者們突破了弗蘭霍爾茨建立的人力資源成本結構的框架，將勞動者的工資部分作為人力資源使用成本也納入了人力資源成本的核算範圍。定義中的「重置成本」通常既包括為取得和開發一個替代者而發生的成本，也包括由於目前受雇的某一職工的流動而發生的成本，如遣散費，因此，應理解為「替代」「替換」等更為妥當。

在傳統會計中，有關人力資源成本的數據都分散在許多帳戶中，不能提供系統、完整的人力資源成本信息。人力資源成本會計的特點之一，就是要單獨計量人力資源的取得成本、開發成本、使用成本和替代成本。

企業取得的人力資源的使用權，其運用期限在一年或超過一年的一個營業週期以上的，所發生的人力資源的取得成本和開發成本應該視作資本性支出，在資產化處理后在確定的分攤期限內攤銷。企業取得的人力資源的使用權，其運用期限在一年以內或超過一年的一個營業週期以內的，所發生的人力資源的取得成本和開發成本應視作收益性支出，在其受益期內分期攤銷。企業運用人力資源的使用權時所發生的工資、

獎金等支出，則屬於收益性支出，應直接計入當期費用。

二、將人力資源成本中屬於資本性支出部分資產化處理的必要性

在傳統會計中，企業為取得、開發、使用人力資源和為取得及開發替代者以替代企業特定的人力資源的載體所引起的支出都是作為收益性支出，直接計入當期費用。人力資源成本會計則將人力資源成本中屬於資本性支出部分進行資產化處理，在受益期內分期攤銷，這對企業來說是很有必要的。

(一) 它有助於正確地反應企業的實際情況和對企業管理者有關的人力資源決策進行評價

在知識經濟時代，一些人力資本密集的高新技術型企業與傳統產業的大企業相比，從資產、銷售收入來看，只能算是一些小公司。但是，從盈利率、市場價值及市場價值的增長情況來看，它們則處於絕對的優勢地位。

(二) 它更符合權責發生制原則和配比原則

將企業所發生的人力資源成本全部作為當期費用處理，顯然不符合權責發生制原則和配比原則。因為人力資源的取得成本，是企業為了獲得人力資源的使用權、處分權而發生的支出，而在合同期內的規定時間內，企業始終擁有這一使用權、處分權，並在支付使用成本（人力資源使用成本是因企業實際運用人力資源的使用權而給予作為人力資源載體的勞動者的補償）後能運用這一使用權、處分權為企業創造效益。

(三) 人力資源取得成本和開發成本的增長更強化了資產化處理的必要性

全球範圍內的人才爭奪戰使人力資源的取得成本呈直線上升趨勢。企業不但要為所需要的人才提供有吸引力的高薪，還要向獵頭公司支付價格不菲的服務費。在這些情況下，將人力資源的取得成本全部計入當期費用，顯然是不恰當的。

有的人擔心按照人力資源成本會計的模式進行核算，將人力資源的取得成本和開發成本資產化，可能會掩蓋企業的支出發生，從而導致當期盈利的虛增。實際上，站在傳統會計的角度上，會認為人力資源成本會計造成當期盈利的虛增；但如果站在人力資源會計的角度上，則會認為傳統會計多計支出而造成了當期盈利的減少。也有人認為，將人力資源成本中的資本性支出部分進行資產化處理，會使企業喪失這部分支出的抵稅好處（從貨幣的時間價值上來看）。其實，可以在核算企業應納稅所得額時，從利潤總額中將當期作為資本性支出處理的人力資源成本支出扣掉就可以了。這樣，一方面企業的財務報告能反應企業的人力資源成本信息，另一方面也不致因此而影響企業的效益。

為了體現重要性原則，在人力資源的取得成本和開發成本的核算工作中，對於一些數額較小的支出，雖然屬於資本性支出，但也可以將它們費用化處理而直接計入當期費用，以簡化會計核算工作。

三、人力資源成本的構成

人力資源成本項目主要包括取得成本、開發成本、使用成本和替代成本。

(一) 人力資源的取得成本

人力資源的取得成本是指企業在獲得所需要的人力資源的過程中所發生的各種支出。它主要包括：

(1) 招募成本。它主要包括：招募人員的工資，招募過程中發生的場地費、手續費、差旅費、代理費、廣告費、招募材料費以及其他與招募活動相關的管理費用等。招募成本應當做實際受聘人員的取得成本來處理。例如，招聘5名技工，有30名候選人，花費招募成本共1,500元，應將1,500元全部分配給5名受雇者。

(2) 選拔成本。它包括：處理應聘人申請材料的初選費用，對初選合格者進行深入面談、測試的費用，對合格者組織答辯、進行調查的費用、體檢費用等。

(3) 錄用和安置成本。如支付給被錄用人員原所在單位的補償費，企業為安置錄用人員發生的相關行政管理費、臨時生活費、報到交通費、向某些特殊人才支付的一次性補貼等。

企業為獲取人力資源發生的取得成本可以視為企業對人力資源的投資。

(二) 人力資源的開發成本

人力資源的開發成本是企業為了使新聘用的人員熟悉企業、達到具體的工作崗位所要求的業務水平或為了提高在崗人員的素質而開展教育培訓工作時所發生的支出。從本質上來看，人力資源的開發成本是真正意義的人力資源投資。人力資源的開發成本主要包括：

(1) 定向成本。定向成本也稱為崗前培訓成本。它包括教育和受教育者的工資、教育管理費、學習資料費、教育設備的折舊費等。

(2) 在職培訓成本。在職培訓成本是指在不脫離工作崗位的情況下對在職人員進行培訓所發生的費用。在職培訓往往會涉及機會成本問題。

$$\text{在職培訓的投資成本} = \text{受訓人員未能達到標準生產率} \times \text{培訓期間受訓人員工資} + \text{培訓人員未能達到標準生產率} \times \text{培訓期間培訓人員工資}$$

(3) 脫產培訓成本。脫產培訓成本是企業根據生產和工作的需要對在職職工進行脫產培訓時所發生的支出。一些外部脫產培訓成本已達到了相當高的水平，北京大學MBA班中的四川學員，僅一年裡飛到北京參加培訓的交通費就高達三萬多元……這種培訓成本如果不進行資產化處理而直接計入當期費用，顯然是很不合適的。

(三) 人力資源的使用成本

從本質上看，人力資源的使用成本是人力資源的產權主體因企業運用人力資源的使用權而從企業獲得的補償，它是人力資源交換價值的體現。從企業來說，人力資源使用成本屬於收益性支出，應在發生的當期直接費用化。人力資源的使用成本主要包括：

(1) 維持成本。維持成本是為保證人力資源維持其勞動力生產和再生產所需的費用，包括職工的計時工資或計件工資、各種勞動津貼和各種福利費用。

(2) 獎勵成本。

(3) 調劑成本。調劑成本包括職工療養費、職工娛樂及文體活動費、職工業餘社

團開支、職工定期休假費等。

（四）人力資源的替代成本

人力資源的替代成本是指企業發生人員替代的情況下所發生的人力資源成本。它既包括為取得或開發替代者而發生的成本，也包括由於企業的員工離開企業而發生的成本。

四、人力資源成本核算的方法

人力資源成本核算的方法主要有歷史成本法、重置成本法和機會成本法。

（一）歷史成本法

歷史成本法是指以企業取得、開發和使用人力資源時實際發生的支出來計量人力資源成本的一種核算方法。它反應的是企業人力資源的實際成本。這種方法符合傳統會計的核算原則和核算方法，提供的會計信息具有客觀性並易於驗證。歷史成本法是一種為人們所廣泛接受並易於理解的人力資源成本的核算方法。

$$\text{人力資源歷史成本的帳面價值} = \frac{\text{預計剩餘服務期間}}{\text{目前已在職期間} + \text{預計剩餘服務時間}} \times \text{帳面購置成本}$$

（二）重置成本法

重置成本法，是指以在現實的物價條件下企業要重新得到目前所擁有或控制的已達到一定水平的某一員工或部分員工或全體員工所必須發生的所有支出作為企業目前相應的人力資源成本的一種核算方法。

重置成本法存在的明顯的不足之處在於：增加了會計核算的工作量。而且核算時，要按重置成本調整人力資源投資的帳面餘額，將重置成本與原帳面餘額的差額作為人力資源投資損益計入當期利潤總額，同時對以後會計期間分攤的人力資源投資的數額也要進行相應的調整，這些都會導致提供的會計信息失真。重置成本法提供的信息可以作為企業管理者在現時做出人力資源取得決策和開發決策時的參考。

（三）機會成本法

機會成本法，是指以企業員工在職學習而使有關部門受到影響導致工作效率下降，或遣散人員在離職前因工作業績下降及離職后職位空缺而給企業造成的經濟損失等為依據進行人力資源成本計量的一種核算方法。機會成本不是實際的支出，而是企業可能要為所做出的人力資源決策承擔的犧牲。

機會成本不會出現在財務記錄中，不能作為企業人力資源損益而計入當期損益，機會成本法提供的信息只作為企業管理者做出人力資源決策時的參考。

不少企業的管理者們很少意識到員工離職發生的成本正在悄無聲息地吞噬著企業的利潤。大多數企業將雇員離職成本狹義地理解為替代成本中的取得成本、開發成本和遣散成本，而忽略了遣散前業績差別成本和空職成本。

五、人力資源成本會計帳戶的設置

人力資源成本會計是將傳統會計中作為當期費用處理的與人力資源取得、開發、

使用和替代等活動有關的支出單獨地進行核算，並將其中的資本性支出進行資產化處理。因為有關的人力資源成本的數據都是以原始記錄為依據，因此將人力資源成本納入傳統會計帳戶內進行核算是簡便可行的。

人力資源成本會計應在傳統會計帳戶設置的基礎上，增設以下帳戶進行人力資源成本核算：

(1)「企業員工教育培訓經費」帳戶，用來核算企業提取的用於員工教育培訓的經費的增加、減少及其餘額。

(2)「人力資源費用」帳戶，用來核算企業發生的屬於收益性支出的人力資源取得成本和開發成本數額的變化及其餘額。

對企業來說，該帳戶可按招募的批次和部門類別相結合設置明細帳進行明細核算。該集體的人力資源取得成本和開發成本總額在受益期內平均分攤計入各期費用；該集體中的人員離開企業時，按人力資源取得成本進行核銷。開發成本的人均數額和人均人力資源取得成本、開發成本累計攤銷額之間的差額計算有關人員尚未攤銷完的人力資源取得成本及開發成本，記入「人力資源費用」帳戶的貸方。

(3)「人力資源投資」帳戶，用來核算企業人力資源投資的增加、減少及其餘額。該帳戶設置「人力資源取得成本」和「人力資源開發成本」明細帳戶。

①「人力資源投資——人力資源取得成本」明細帳戶，用來核算企業屬於資本性支出的人力資源取得成本的增加、減少及其餘額。該明細帳戶按人員進行明細核算，可採用多欄式的格式，在借方欄目下設置招募成本、選拔成本、錄用成本和安置成本專欄進行明細核算。

②「人力資源投資——人力資源開發成本」明細帳戶，用來核算企業屬於資本性支出的人力資源開發成本的增加、減少及其餘額。該明細帳戶按人員進行明細核算，可採用多欄式的格式，在借方欄目下設置「定向成本」「在職培訓成本」和「脫產培訓成本」專欄進行明細核算。

(4)「人力資源使用成本」帳戶，用來核算企業人力資源使用成本的增加和減少。該帳戶按人員或部門類別設置明細帳進行明細核算。明細帳採用多欄式的格式，在借方欄目下設置「維持成本」「獎勵成本」和「調劑成本」專欄進行明細核算。

(5)「人力資源投資攤銷」帳戶，用來核算企業人力資源投資（屬於資本性支出的取得成本和開發成本）的累計攤銷額。該帳戶應該按「人力資源投資——人力資源取得成本」「人力資源投資——人力資源開發成本」明細帳戶的人員來設置「人力資源取得成本攤銷」「人力資源開發成本攤銷」明細帳進行明細核算，明細帳採用多欄式格式。

(6)「人力資源投資清理」帳戶，用來核算因員工退出企業時產生的損益。

六、人力資源投資的攤銷期限和各期攤銷金額的確定

(一) 人力資源取得成本的攤銷期限和各期攤銷金額的確定

如果員工和企業之間簽訂的合同上規定有服務期限的，那麼企業對該員工的人力

資源取得成本的攤銷期限可以確定為合同所規定的服務年限；如果合同上沒有規定服務期限的，那麼攤銷期限可以根據同類人員在企業的平均服務年限來確定。

各期攤銷金額，可以採取在攤銷期內平均攤銷的方法來確定。例如，企業與那些畢業後願意前來企業工作的在校大學生簽訂用人合同後，為其支付培訓費用、發放獎學金等，其前提是大學生畢業後必須為企業提供若干年的服務，那麼，企業所支付的這些支出及其他相關的取得成本都應在有關學生進入企業開始工作時起在合同期內分期平均攤銷。

(二) 人力資源開發成本的攤銷期限與每期攤銷金額的確定

人力資源開發成本的攤銷期限的確定，應結合對有關人員進行培訓使其掌握的知識、技能的有效應用期限和有關人員可能為企業提供服務的年限來共同決定。當員工所掌握的知識、技能的有效應用期限大於或等於其可能為企業提供的服務年限時，攤銷期限按後者來確定；當其所掌握的知識、技能的有效應用期限小於其可能為企業提供的服務年限時，攤銷期限按前者來確定。攤銷方法一般可採用平均年限法。但對於企業中那些知識、技能更新快的部門的人員，開發成本的攤銷也可以採用與固定資產的加速折舊法類似的加速攤銷法。

在人力資源開發成本的攤銷期內，若員工在企業中以前參加培訓所掌握的某些知識、技能已經過時，不能再有效地應用時，儘管這時相關的人力資源開發成本尚未攤銷完，也可以不再繼續攤銷下去，而將尚未攤銷完的有關人力資源開發成本提前轉銷作為人力資源投資損失。在實際操作中，如果這種情況很難判定，也可以不考慮提前核銷尚未攤銷完的人力資源開發成本的問題。

參考文獻

[1] 毛付根. 管理會計 [M]. 北京：高等教育出版社，2000.
[2] 孫豐林. 對我國人力資源會計核算的一點設想 [J]. 會計研究，2001 (6).
[3] 高偉富，張文賢. 人力資源會計教程 [M]. 上海：上海財經大學出版社，2003.
[4] 張文賢. 人力資源會計 [M]. 大連：東北財經大學出版社，2002.
[5] (美) 布萊恩·貝克，馬克·休斯理德. 人力資源計分卡 [M]. 北京：機械工業出版社，2003.
[6] 林萬祥. 成本會計研究 [M]. 北京：機械工業出版社，2008.
[7] 劉希宋，等. 新的成本管理方法：作業成本法——機理、模型、實證分析 [M]. 北京：國防工業出版社，1999.
[8] (美) 羅納德·W. 希爾頓. 管理會計學——在動態商業環境中創造價值 [M]. 5 版. 閻達五，李勇，等，譯. 北京：機械工業出版社，2003.
[9] (美) 韋恩·J. 莫爾斯，詹姆斯·R. 戴維斯，阿爾·L. 哈特格雷夫斯. 管理會計——側重於戰略管理 [M]. 3 版. 張鳴，譯. 上海：上海財經大學出版社，2005.
[10] (美) 英格拉姆，奧爾布萊特，希爾. 管理會計——決策信息 [M]. 2 版. 陳晉平，程小可，譯. 北京：中信出版社，2004.
[11] (美) 查爾斯·T. 亨格瑞，斯坎特·M. 達塔，喬治·福斯特. 成本與管理會計 [M]. 11 版. 王立彥，等，譯. 北京：中國人民大學出版社，2004.
[12] 成本企畫特別委員會. 成本企畫研究的課題 [R]. 1994 年度成本企畫特別委員會報告草案，1994.
[13] 岡野浩. 日本的管理會計的展開——成本企畫的歷史觀 [J]. 東京：中央經濟社，1995.
[14] 羅伯特·S. 卡普蘭，安東尼·A. 阿特金森. 高級管理會計 [M]. 3 版. 呂長江，譯. 大連：東北財經大學出版社，1999.
[15] 賀將雄. 佳能的成本企畫 [J]. 企業會計（日本），1996 (11).
[16] 田中雅康. 成本企畫理論與時間 [J]. 東京：中央經濟社，1995.
[17] 清水信匡. 成本企畫中的「成本注入」概念 [J]. 會計，1995，147 (4).
[18] 林萬祥. 成本論 [M]. 北京：中國財政經濟出版社，2001.
[19] 林萬祥. 中國成本管理發展論 [M]. 北京：中國財政經濟出版社，2004.
[20] 費文星. 西方管理會計的產生和發展 [M]. 瀋陽：遼寧人民出版社，1990.
[21] 余緒纓. 會計理論與現代管理會計研究 [M]. 北京：中國財政經濟出版社，

1989.

［22］李宏健．現代管理會計［M］．武漢：湖北科學技術出版社，1994.

［23］夏寬雲．戰略成本管理［M］．上海：立信會計出版，2000.

［24］陳勝群．企業成本管理戰略［M］．上海：立信會計出版社，2000.

［25］李玉風，馬海群，余詩武．信息管理學概要［M］．西安：西安出版社，1997.

［26］戴新民，劉先兵．企業資源與成本管理——作業成本會計體系創新［M］．大連：東北財經大學出版社，2001.

［27］余緒纓．管理會計［M］．北京：首都經濟貿易大學出版社，2004.

［28］Atkinson. Banker. Kaplan. Young．管理會計［M］．北京：清華大學出版社，2001.

［29］胡玉明．高級成本管理會計［M］．廣州：暨南大學出版社，2002.

［30］許金葉．管理會計［M］．北京：經濟管理出版社，2006.

［31］孫茂竹．管理會計學［M］．北京：中國人民大學出版社，2000.

［32］潘飛．管理會計——案例研究［M］．北京：清華大學出版社，2005.

［33］潘飛．管理會計［M］．北京：高等教育出版社，2000.

［34］吳大軍．管理會計［M］．大連：東北財經大學出版社，2007.

［35］李天明．管理會計［M］．北京：中央廣播電視大學出版社，2005.

［36］周寶源．管理會計學［M］．天津：南開大學出版社，2004.

［37］王化成，佟岩，李勇．全面預算管理［M］．北京：中國人民大學出版社，2004.

［38］王斌．公司預算管理研究［M］．北京：中國財政經濟出版社，2006.

［39］林濤．管理會計［M］．廈門：廈門大學出版社，2003.

［40］秦洪珍．管理會計教程［M］．上海：立信會計出版社，2004.

［41］高標，史建梁．管理會計［M］．北京：科學出版社，2005.

［42］徐曉輝，王朝偉．管理會計［M］．沈陽：東北大學出版社，2001.

［43］於樹彬，等．管理會計［M］．大連：東北財經大學出版社，2002.

［44］胡秀群，等．新編成本會計學［M］．北京：對外經濟貿易大學出版社，2006.

附表 1

複利終値係數表

計算公式：$F=(1+r)^n$

期數	1%	2%	3%	4%	5%	6%	7%	8%	9%	10%	11%	12%	13%	14%	15%	16%	17%	18%	19%	20%	21%	22%	23%	24%	25%	26%	27%	28%	29%	30%
1	1.0100	1.0200	1.0300	1.0400	1.0500	1.0600	1.0700	1.0800	1.0900	1.1000	1.1100	1.1200	1.1300	1.1400	1.1500	1.1600	1.1700	1.1800	1.1900	1.2000	1.2100	1.2200	1.2300	1.2400	1.2500	1.2600	1.2700	1.2800	1.2900	1.3000
2	1.0201	1.0404	1.0609	1.0816	1.1025	1.1236	1.1449	1.1664	1.1881	1.2100	1.2321	1.2544	1.2769	1.2996	1.3225	1.3456	1.3689	1.3924	1.4161	1.4400	1.4641	1.4884	1.5129	1.5376	1.5625	1.5876	1.6129	1.6384	1.6641	1.6900
3	1.0303	1.0612	1.0927	1.1249	1.1576	1.1910	1.2250	1.2597	1.2950	1.3310	1.3676	1.4049	1.4429	1.4815	1.5209	1.5609	1.6016	1.6430	1.6852	1.7280	1.7716	1.8158	1.8609	1.9066	1.9531	2.0004	2.0484	2.0972	2.1467	2.1970
4	1.0406	1.0824	1.1255	1.1699	1.2155	1.2625	1.3108	1.3605	1.4116	1.4641	1.5181	1.5735	1.6305	1.6890	1.7490	1.8106	1.8739	1.9388	2.0053	2.0736	2.1436	2.2153	2.2889	2.3642	2.4414	2.5205	2.6014	2.6844	2.7692	2.8561
5	1.0510	1.1041	1.1593	1.2167	1.2763	1.3382	1.4026	1.4693	1.5386	1.6105	1.6851	1.7623	1.8424	1.9254	2.0114	2.1003	2.1924	2.2878	2.3864	2.4883	2.5937	2.7027	2.8153	2.9316	3.0518	3.1758	3.3038	3.4360	3.5723	3.7129
6	1.0615	1.1262	1.1941	1.2653	1.3401	1.4185	1.5007	1.5869	1.6771	1.7716	1.8704	1.9738	2.0820	2.1950	2.3131	2.4364	2.5652	2.6996	2.8398	2.9860	3.1384	3.2973	3.4628	3.6352	3.8147	4.0015	4.1959	4.3980	4.6083	4.8268
7	1.0721	1.1487	1.2299	1.3159	1.4071	1.5036	1.6058	1.7138	1.8280	1.9487	2.0762	2.2107	2.3526	2.5023	2.6600	2.8262	3.0012	3.1855	3.3793	3.5832	3.7975	4.0227	4.2593	4.5077	4.7684	5.0419	5.3288	5.6295	5.9447	6.2749
8	1.0829	1.1717	1.2668	1.3686	1.4775	1.5938	1.7182	1.8509	1.9926	2.1436	2.3045	2.4760	2.6584	2.8526	3.0590	3.2784	3.5115	3.7589	4.0214	4.2998	4.5950	4.9077	5.2389	5.5895	5.9605	6.3528	6.7675	7.2058	7.6686	8.1573
9	1.0937	1.1951	1.3048	1.4233	1.5513	1.6895	1.8385	1.9990	2.1719	2.3579	2.5580	2.7731	3.0040	3.2519	3.5179	3.8030	4.1084	4.4355	4.7854	5.1598	5.5599	5.9874	6.4439	6.9310	7.4506	8.0045	8.5948	9.2234	9.8925	10.6045
10	1.1046	1.2190	1.3439	1.4802	1.6289	1.7908	1.9672	2.1589	2.3674	2.5937	2.8394	3.1058	3.3946	3.7072	4.0456	4.4114	4.8068	5.2338	5.6947	6.1917	6.7275	7.3046	7.9259	8.5944	9.3132	10.0857	10.9153	11.8059	12.7614	13.7858
11	1.1157	1.2434	1.3842	1.5395	1.7103	1.8983	2.1049	2.3316	2.5804	2.8531	3.1518	3.4786	3.8359	4.2262	4.6524	5.1173	5.6240	6.1759	6.7767	7.4301	8.1403	8.9117	9.7489	10.6571	11.6415	12.7080	13.8625	15.1116	16.4622	17.9216
12	1.1268	1.2682	1.4258	1.6010	1.7959	2.0122	2.2522	2.5182	2.8127	3.1384	3.4985	3.8960	4.3345	4.8179	5.3503	5.9360	6.5801	7.2876	8.0642	8.9161	9.8497	10.8722	11.9912	13.2148	14.5519	16.0120	17.6053	19.3428	21.2362	23.2981
13	1.1381	1.2936	1.4685	1.6651	1.8856	2.1329	2.4098	2.7196	3.0658	3.4523	3.8833	4.3635	4.8980	5.4924	6.1528	6.8858	7.6987	8.5994	9.5964	10.6993	11.9182	13.2641	14.7491	16.3863	18.1899	20.1752	22.3588	24.7588	27.3947	30.2875
14	1.1495	1.3195	1.5126	1.7317	1.9799	2.2609	2.5785	2.9372	3.3417	3.7975	4.3104	4.8871	5.5348	6.2613	7.0757	7.9875	9.0075	10.1472	11.4198	12.8392	14.4210	16.1822	18.1414	20.3191	22.7374	25.4207	28.3957	31.6913	35.3391	39.3738
15	1.1610	1.3459	1.5580	1.8009	2.0789	2.3966	2.7590	3.1722	3.6425	4.1772	4.7846	5.4736	6.2543	7.1379	8.1371	9.2655	10.5387	11.9737	13.5895	15.4070	17.4494	19.7423	22.3140	25.1956	28.4217	32.0301	36.0625	40.5648	45.5875	51.1859
16	1.1726	1.3728	1.6047	1.8730	2.1829	2.5404	2.9522	3.4259	3.9703	4.5950	5.3109	6.1304	7.0673	8.1372	9.3576	10.7480	12.3303	14.1290	16.1715	18.4884	21.1138	24.0856	27.4462	31.2426	35.5271	40.3579	45.7994	51.9230	58.8079	66.5417
17	1.1843	1.4002	1.6528	1.9479	2.2920	2.6928	3.1588	3.7000	4.3276	5.0545	5.8951	6.8660	7.9861	9.2765	10.7613	12.4677	14.4265	16.6722	19.2441	22.1861	25.5477	29.3844	33.7588	38.7408	44.4089	50.8510	58.1652	66.4614	75.8621	86.5042
18	1.1961	1.4282	1.7024	2.0258	2.4066	2.8543	3.3799	3.9960	4.7171	5.5599	6.5436	7.6900	9.0243	10.5752	12.3755	14.4625	16.8790	19.6733	22.9005	26.6233	30.9127	35.8490	41.5233	48.0386	55.5112	64.0722	73.8698	85.0706	97.8622	112.4554
19	1.2081	1.4568	1.7535	2.1068	2.5270	3.0256	3.6165	4.3157	5.1417	6.1159	7.2633	8.6128	10.1974	12.0557	14.2318	16.7765	19.7484	23.2144	27.2516	31.9480	37.4043	43.7358	51.0737	59.5679	69.3889	80.7310	93.8147	108.8904	126.2422	146.1920
20	1.2202	1.4859	1.8061	2.1911	2.6533	3.2071	3.8697	4.6610	5.6044	6.7275	8.0623	9.6463	11.5231	13.7435	16.3665	19.4608	23.1056	27.3930	32.4294	38.3376	45.2593	53.3576	62.8206	73.8641	86.7362	101.7211	119.1446	139.3797	162.8524	190.0496
21	1.2324	1.5157	1.8603	2.2788	2.7860	3.3996	4.1406	5.0338	6.1088	7.4002	8.9492	10.8038	13.0211	15.6676	18.8215	22.5745	27.0336	32.3238	38.5910	46.0051	54.7637	65.0963	77.2694	91.5915	108.4202	128.1685	151.3137	178.4060	210.0796	247.0645
22	1.2447	1.5460	1.9161	2.3699	2.9253	3.6035	4.4304	5.4365	6.6586	8.1403	9.9336	12.1003	14.7138	17.8610	21.6447	26.1864	31.6293	38.1421	45.9233	55.2061	66.2641	79.4175	95.0413	113.5735	135.5253	161.4924	192.1683	228.3596	271.0027	321.1839
23	1.2572	1.5769	1.9736	2.4647	3.0715	3.8197	4.7405	5.8715	7.2579	8.9543	11.0263	13.5523	16.6266	20.3616	24.8915	30.3762	37.0062	45.0076	54.6487	66.2474	80.1795	96.8894	116.9008	140.8312	169.4066	203.4804	244.0538	292.3003	349.5935	417.5391
24	1.2697	1.6084	2.0328	2.5633	3.2251	4.0489	5.0724	6.3412	7.9111	9.8497	12.2392	15.1786	18.7881	23.2122	28.6252	35.2364	43.2973	53.1090	65.0320	79.4968	97.0172	118.2050	143.7880	174.6306	211.7582	256.3853	309.9483	374.1444	450.9756	542.8008
25	1.2824	1.6406	2.0938	2.6658	3.3864	4.2919	5.4274	6.8485	8.6231	10.8347	13.5855	17.0001	21.2305	26.4619	32.9190	40.8742	50.6578	62.6686	77.3881	95.3962	117.3909	144.2101	176.8593	216.5420	264.6978	323.0454	393.6344	478.9049	581.7585	705.6410
26	1.2953	1.6734	2.1566	2.7725	3.5557	4.5494	5.8074	7.3964	9.3992	11.9182	15.0799	19.0401	23.9905	30.1666	37.8568	47.4141	59.2697	73.9490	92.0918	114.4755	142.0429	175.9364	217.5369	268.5121	330.8722	407.0373	499.9157	612.9982	750.4685	917.3333
27	1.3082	1.7069	2.2213	2.8834	3.7335	4.8223	6.2139	7.9881	10.2451	13.1100	16.7386	21.3249	27.1093	34.3899	43.5353	55.0004	69.3455	87.2598	109.5893	137.3706	171.8719	214.6424	267.5704	332.9550	413.5903	512.8670	634.8929	784.6377	968.1044	1192.5333
28	1.3213	1.7410	2.2879	2.9987	3.9201	5.1117	6.6488	8.6271	11.1671	14.4210	18.5799	23.8839	30.6335	39.2045	49.9499	63.8004	81.1342	102.9666	130.4112	164.8447	207.9651	261.8637	329.1115	412.8642	516.9879	646.2124	806.3140	1004.3363	1248.8546	1550.2933
29	1.3345	1.7758	2.3566	3.1187	4.1161	5.4184	7.1143	9.3173	12.1722	15.8631	20.6237	26.7499	34.6158	44.6931	57.5745	74.0085	94.9271	121.5005	155.1893	197.8136	251.6377	319.4737	404.8072	511.9516	646.2349	814.2276	1024.0187	1285.5504	1611.0225	2015.3813
30	1.3478	1.8114	2.4273	3.2434	4.3219	5.7435	7.6123	10.0627	13.2677	17.4494	22.8923	29.9599	39.1159	50.9502	66.2118	85.8499	111.0647	143.3706	184.6753	237.3763	304.4816	389.7579	497.9129	634.8199	807.7936	1025.9267	1300.5038	1645.5046	2078.2190	2619.9956

附表 2

複利現值係數表

計算公式：$P = (1+i)^{-n}$

期數	1%	2%	3%	4%	5%	6%	7%	8%	9%	10%	11%	12%	13%	14%	15%	16%	17%	18%	19%	20%	21%	22%	23%	24%	25%	26%	27%	28%	29%	30%
1	0.9901	0.9804	0.9709	0.9615	0.9524	0.9434	0.9346	0.9259	0.9174	0.9091	0.9009	0.8929	0.885	0.8772	0.8696	0.8621	0.8547	0.8475	0.8403	0.8333	0.8264	0.8197	0.813	0.8065	0.8	0.7937	0.7874	0.7813	0.7752	0.7692
2	0.9803	0.9612	0.9426	0.9246	0.9070	0.89	0.8734	0.8573	0.8417	0.8264	0.8116	0.7972	0.7831	0.7695	0.7561	0.7432	0.7305	0.7182	0.7062	0.6944	0.683	0.6719	0.661	0.6504	0.64	0.6299	0.62	0.6104	0.6009	0.5917
3	0.9706	0.9423	0.9151	0.889	0.8638	0.8396	0.8163	0.7938	0.7722	0.7513	0.7312	0.7118	0.6931	0.675	0.6575	0.6407	0.6244	0.6086	0.5934	0.5787	0.5645	0.5507	0.5374	0.5245	0.512	0.4999	0.4882	0.4768	0.4658	0.4552
4	0.961	0.9238	0.8885	0.8548	0.8227	0.7921	0.7629	0.735	0.7084	0.683	0.6587	0.6355	0.6133	0.5921	0.5718	0.5523	0.5337	0.5158	0.4987	0.4823	0.4665	0.4514	0.4369	0.423	0.4096	0.3968	0.3844	0.3725	0.3611	0.3501
5	0.9515	0.9057	0.8626	0.8219	0.7835	0.7473	0.713	0.6806	0.6499	0.6209	0.5935	0.5674	0.5428	0.5194	0.4972	0.4761	0.4561	0.4371	0.419	0.4019	0.3855	0.37	0.3552	0.3411	0.3277	0.3149	0.3027	0.291	0.2799	0.2693
6	0.942	0.888	0.8375	0.7903	0.7462	0.705	0.6663	0.6302	0.5963	0.5645	0.5346	0.5066	0.4803	0.4556	0.4323	0.4104	0.3898	0.3704	0.3521	0.3349	0.3186	0.3033	0.2888	0.2751	0.2621	0.2499	0.2383	0.2274	0.217	0.2072
7	0.9327	0.8706	0.8131	0.7599	0.7107	0.6651	0.6227	0.5835	0.547	0.5132	0.4817	0.4523	0.4251	0.3996	0.3759	0.3538	0.3332	0.3139	0.2959	0.2791	0.2633	0.2486	0.2348	0.2218	0.2097	0.1983	0.1877	0.1776	0.1682	0.1594
8	0.9235	0.8535	0.7894	0.7307	0.6768	0.6274	0.582	0.5403	0.5019	0.4665	0.4339	0.4039	0.3762	0.3506	0.3269	0.305	0.2848	0.266	0.2487	0.2326	0.2176	0.2038	0.1909	0.1789	0.1678	0.1574	0.1478	0.1388	0.1304	0.1226
9	0.9143	0.8368	0.7664	0.7026	0.6446	0.5919	0.5439	0.5002	0.4604	0.4241	0.3909	0.3606	0.3329	0.3075	0.2843	0.263	0.2434	0.2255	0.209	0.1938	0.1799	0.167	0.1552	0.1443	0.1342	0.1249	0.1164	0.1084	0.1011	0.0943
10	0.9053	0.8203	0.7441	0.6756	0.6139	0.5584	0.5083	0.4632	0.4224	0.3855	0.3522	0.322	0.2946	0.2697	0.2472	0.2267	0.208	0.1911	0.1756	0.1615	0.1486	0.1369	0.1262	0.1164	0.1074	0.0992	0.0916	0.0847	0.0784	0.0725
11	0.8963	0.8043	0.7224	0.6496	0.5847	0.5268	0.4751	0.4289	0.3875	0.3505	0.3173	0.2875	0.2607	0.2366	0.2149	0.1954	0.1778	0.1619	0.1476	0.1346	0.1228	0.1122	0.1026	0.0938	0.0859	0.0787	0.0721	0.0662	0.0607	0.0558
12	0.8874	0.7885	0.7014	0.6246	0.5568	0.497	0.444	0.3971	0.3555	0.3186	0.2858	0.2567	0.2307	0.2076	0.1869	0.1685	0.152	0.1372	0.124	0.1122	0.1015	0.092	0.0834	0.0757	0.0687	0.0625	0.0568	0.0517	0.0471	0.0429
13	0.8787	0.773	0.681	0.6006	0.5303	0.4688	0.415	0.3677	0.3262	0.2897	0.2575	0.2292	0.2042	0.1821	0.1625	0.1452	0.1299	0.1163	0.1042	0.0935	0.0839	0.0754	0.0678	0.061	0.055	0.0496	0.0447	0.0404	0.0365	0.033
14	0.87	0.7579	0.6611	0.5775	0.5051	0.4423	0.3878	0.3405	0.2992	0.2633	0.232	0.2046	0.1807	0.1597	0.1413	0.1252	0.111	0.0985	0.0876	0.0779	0.0693	0.0618	0.0551	0.0492	0.044	0.0393	0.0352	0.0316	0.0283	0.0254
15	0.8613	0.743	0.6419	0.5553	0.481	0.4173	0.3624	0.3152	0.2745	0.2394	0.209	0.1827	0.1599	0.1401	0.1229	0.1079	0.0949	0.0835	0.0736	0.0649	0.0573	0.0507	0.0448	0.0397	0.0352	0.0312	0.0277	0.0247	0.0219	0.0195
16	0.8528	0.7284	0.6232	0.5339	0.4581	0.3936	0.3387	0.2919	0.2519	0.2176	0.1883	0.1631	0.1415	0.1229	0.1069	0.093	0.0811	0.0708	0.0618	0.0541	0.0474	0.0415	0.0364	0.032	0.0281	0.0248	0.0218	0.0193	0.017	0.015
17	0.8444	0.7142	0.605	0.5134	0.4363	0.3714	0.3166	0.2703	0.2311	0.1978	0.1696	0.1456	0.1252	0.1078	0.0929	0.0802	0.0693	0.06	0.052	0.0451	0.0391	0.034	0.0296	0.0258	0.0225	0.0197	0.0172	0.015	0.0132	0.0116
18	0.836	0.7002	0.5874	0.4936	0.4155	0.3503	0.2959	0.2502	0.212	0.1799	0.1528	0.13	0.1108	0.0946	0.0808	0.0691	0.0592	0.0508	0.0437	0.0376	0.0323	0.0279	0.0241	0.0208	0.018	0.0156	0.0135	0.0118	0.0102	0.0089
19	0.8277	0.6864	0.5703	0.4746	0.3957	0.3305	0.2765	0.2317	0.1945	0.1635	0.1377	0.1161	0.0981	0.0829	0.0703	0.0596	0.0506	0.0431	0.0367	0.0313	0.0267	0.0229	0.0196	0.0168	0.0144	0.0124	0.0107	0.0092	0.0079	0.0068
20	0.8195	0.673	0.5537	0.4564	0.3769	0.3118	0.2584	0.2145	0.1784	0.1486	0.124	0.1037	0.0868	0.0728	0.0611	0.0514	0.0433	0.0365	0.0308	0.0261	0.0221	0.0187	0.0159	0.0135	0.0115	0.0098	0.0084	0.0072	0.0061	0.0053
21	0.8114	0.6598	0.5375	0.4388	0.3589	0.2942	0.2415	0.1987	0.1637	0.1351	0.1117	0.0926	0.0768	0.0638	0.0531	0.0443	0.037	0.0309	0.0259	0.0217	0.0183	0.0154	0.0129	0.0109	0.0092	0.0078	0.0066	0.0056	0.0048	0.004
22	0.8034	0.6468	0.5219	0.422	0.3418	0.2775	0.2257	0.1839	0.1502	0.1228	0.1007	0.0826	0.068	0.056	0.0462	0.0382	0.0316	0.0262	0.0218	0.0181	0.0151	0.0126	0.0105	0.0088	0.0074	0.0062	0.0052	0.0044	0.0037	0.0031
23	0.7954	0.6342	0.5067	0.4057	0.3256	0.2618	0.2109	0.1703	0.1378	0.1117	0.0907	0.0738	0.0601	0.0491	0.0402	0.0329	0.027	0.0222	0.0183	0.0151	0.0125	0.0103	0.0086	0.0071	0.0059	0.0049	0.0041	0.0034	0.0029	0.0024
24	0.7876	0.6217	0.4919	0.3901	0.3101	0.247	0.1971	0.1577	0.1264	0.1015	0.0817	0.0659	0.0532	0.0431	0.0349	0.0284	0.0231	0.0188	0.0154	0.0126	0.0103	0.0085	0.007	0.0057	0.0047	0.0039	0.0032	0.0027	0.0022	0.0018
25	0.7798	0.6095	0.4776	0.3751	0.2953	0.233	0.1842	0.146	0.116	0.0923	0.0736	0.0588	0.0471	0.0378	0.0304	0.0245	0.0197	0.016	0.0129	0.0105	0.0085	0.0069	0.0057	0.0046	0.0038	0.0031	0.0025	0.0021	0.0017	0.0014
26	0.772	0.5976	0.4637	0.3607	0.2812	0.2198	0.1722	0.1352	0.1064	0.0839	0.0663	0.0525	0.0417	0.0331	0.0264	0.0211	0.0169	0.0135	0.0109	0.0087	0.007	0.0057	0.0046	0.0037	0.003	0.0025	0.002	0.0016	0.0013	0.0011
27	0.7644	0.5859	0.4502	0.3468	0.2678	0.2074	0.1609	0.1252	0.0976	0.0763	0.0597	0.0469	0.0369	0.0291	0.023	0.0182	0.0144	0.0115	0.0091	0.0073	0.0058	0.0047	0.0037	0.003	0.0024	0.0019	0.0016	0.0013	0.001	0.0008
28	0.7568	0.5744	0.4371	0.3335	0.2551	0.1956	0.1504	0.1159	0.0895	0.0693	0.0538	0.0419	0.0326	0.0255	0.02	0.0157	0.0123	0.0097	0.0077	0.0061	0.0048	0.0038	0.003	0.0024	0.0019	0.0015	0.0012	0.001	0.0008	0.0006
29	0.7493	0.5631	0.4243	0.3207	0.2429	0.1846	0.1406	0.1073	0.0822	0.063	0.0485	0.0374	0.0289	0.0224	0.0174	0.0135	0.0105	0.0082	0.0064	0.0051	0.004	0.0031	0.0025	0.002	0.0015	0.0012	0.001	0.0008	0.0006	0.0005
30	0.7419	0.5521	0.412	0.3083	0.2314	0.1741	0.1314	0.0994	0.0754	0.0573	0.0437	0.0334	0.0256	0.0196	0.0151	0.0116	0.009	0.007	0.0054	0.0042	0.0033	0.0026	0.002	0.0016	0.0012	0.001	0.0008	0.0006	0.0005	0.0004

附表 3

年金终值系数表

计算公式：$F = \dfrac{(1+i)^n - 1}{i}$

期数	1%	2%	3%	4%	5%	6%	7%	8%	9%	10%	11%	12%	13%	14%	15%	16%	17%	18%	19%	20%	21%	22%	23%	24%	25%	26%	27%	28%	29%	30%
1	1.0000	1.0000	1.0000	1.0000	1.0000	1.0000	1.0000	1.0000	1.0000	1.0000	1.0000	1.0000	1.0000	1.0000	1.0000	1.0000	1.0000	1.0000	1.0000	1.0000	1.0000	1.0000	1.0000	1.0000	1.0000	1.0000	1.0000	1.0000	1.0000	1.0000
2	2.0100	2.0200	2.0300	2.0400	2.0500	2.0600	2.0700	2.0800	2.0900	2.1000	2.1100	2.1200	2.1300	2.1400	2.1500	2.1600	2.1700	2.1800	2.1900	2.2000	2.2100	2.2200	2.2300	2.2400	2.2500	2.2600	2.2700	2.2800	2.2900	2.3000
3	3.0301	3.0604	3.0909	3.1216	3.1525	3.1836	3.2149	3.2464	3.2781	3.3100	3.3421	3.3744	3.4069	3.4396	3.4725	3.5056	3.5389	3.5724	3.6061	3.6400	3.6741	3.7084	3.7429	3.7776	3.8125	3.8476	3.8829	3.9184	3.9541	3.9900
4	4.0604	4.1216	4.1836	4.2465	4.3101	4.3746	4.4399	4.5061	4.5731	4.6410	4.7097	4.7793	4.8498	4.9211	4.9934	5.0665	5.1405	5.2154	5.2913	5.3680	5.4457	5.5242	5.6038	5.6842	5.7656	5.8480	5.9313	6.0156	6.1008	6.1870
5	5.1010	5.2040	5.3091	5.4163	5.5256	5.6371	5.7507	5.8666	5.9847	6.1051	6.2278	6.3528	6.4803	6.6101	6.7424	6.8771	7.0144	7.1542	7.2966	7.4416	7.5892	7.7396	7.8926	8.0484	8.2070	8.3684	8.5327	8.6999	8.8700	9.0431
6	6.1520	6.3081	6.4684	6.6330	6.8019	6.9753	7.1533	7.3359	7.5233	7.7156	7.9129	8.1152	8.3227	8.5355	8.7537	8.9775	9.2068	9.4420	9.6830	9.9299	10.1830	10.4423	10.7079	10.9801	11.2588	11.5442	11.8366	12.1359	12.4423	12.7560
7	7.2135	7.4343	7.6625	7.8983	8.1420	8.3938	8.6540	8.9228	9.2004	9.4872	9.7833	10.0890	10.4047	10.7305	11.0668	11.4139	11.7720	12.1415	12.5227	12.9159	13.3214	13.7396	14.1708	14.6153	15.0735	15.5458	16.0324	16.5339	17.0506	17.5828
8	8.2857	8.5830	8.8923	9.2142	9.5491	9.8975	10.2598	10.6366	11.0285	11.4359	11.8594	12.2997	12.7573	13.2328	13.7268	14.2401	14.7733	15.3270	15.9020	16.4991	17.1189	17.7623	18.4300	19.1229	19.8419	20.5876	21.3612	22.1634	22.9953	23.8577
9	9.3685	9.7546	10.1591	10.5828	11.0266	11.4913	11.9780	12.4876	13.0210	13.5795	14.1640	14.7757	15.4157	16.0853	16.7858	17.5185	18.2847	19.0859	19.9234	20.7989	21.7139	22.6700	23.6690	24.7125	25.8023	26.9404	28.1297	29.3692	30.6639	32.0150
10	10.4622	10.9497	11.4639	12.0061	12.5779	13.1808	13.8164	14.4866	15.1929	15.9374	16.7220	17.5487	18.4197	19.3373	20.3037	21.3215	22.3931	23.5213	24.7089	25.9587	27.2738	28.6574	30.1128	31.6434	33.2529	34.9449	36.7235	38.5926	40.5564	42.6195
11	11.5668	12.1687	12.8078	13.4864	14.2068	14.9716	15.7836	16.6455	17.5603	18.5312	19.5614	20.6546	21.8143	23.0445	24.3493	25.7329	27.1999	28.7551	30.4035	32.1504	34.0013	35.9620	38.0388	40.2379	42.5661	45.0306	47.6388	50.3985	53.3178	56.4053
12	12.6825	13.4121	14.1920	15.0258	15.9171	16.8699	17.8885	18.9771	20.1407	21.3843	22.7132	24.1331	25.6502	27.2707	29.0017	30.8502	32.8239	34.9311	37.1802	39.5805	42.1416	44.8737	47.7877	50.8950	54.2077	57.7386	61.5013	65.5100	69.7800	74.3270
13	13.8093	14.6803	15.6178	16.6268	17.7130	18.8821	20.1406	21.4953	22.9534	24.5227	26.2116	28.0291	29.9847	32.0887	34.3519	36.7862	39.4040	42.2187	45.2445	48.4966	51.9913	55.7459	59.7788	64.1097	68.7596	73.7506	79.1066	84.8529	91.0161	97.6250
14	14.9474	15.9739	17.0863	18.2919	19.5986	21.0151	22.5505	24.2149	26.0192	27.9750	30.0949	32.3926	34.8827	37.5811	40.5047	43.6720	47.1027	50.8180	54.8409	59.1959	63.9095	69.0100	74.5280	80.4961	86.9495	93.9258	101.4654	109.6117	118.4108	127.9125
15	16.0969	17.2934	18.5989	20.0236	21.5786	23.2760	25.1290	27.1521	29.3609	31.7725	34.4054	37.2797	40.4175	43.8424	47.5804	51.6595	56.1101	60.9653	66.2607	72.0351	78.3305	85.1922	92.6694	100.8151	109.6868	119.3465	129.8611	141.3029	153.7500	167.2863
16	17.2579	18.6393	20.1569	21.8245	23.6575	25.6725	27.8881	30.3243	33.0034	35.9497	39.1899	42.7533	46.6717	50.9804	55.7175	60.9250	66.6488	72.9390	79.8502	87.4421	95.7799	104.9345	114.9834	126.0108	138.1085	151.3766	165.9236	181.8677	199.3374	218.4722
17	18.4304	20.0121	21.7616	23.6975	25.8404	28.2129	30.8402	33.7502	36.9737	40.5447	44.5008	48.8837	53.7391	59.1176	65.0751	71.6730	78.9792	87.0680	96.0218	105.9306	116.8937	129.0201	142.4295	157.2534	173.6357	191.7345	211.7230	233.7907	258.1453	285.0139
18	19.6147	21.4123	23.4144	25.6454	28.1324	30.9057	33.9990	37.4502	41.3013	45.5992	50.3959	55.7497	61.7251	68.3941	75.8364	84.1407	93.4056	103.7403	115.2659	128.1167	142.4413	158.4045	176.1883	195.9942	218.0446	242.5855	269.8882	300.2521	334.0074	371.5180
19	20.8109	22.8406	25.1169	27.6712	30.5390	33.7600	37.3790	41.4463	46.0185	51.1591	56.9395	63.4397	70.7494	78.9692	88.2118	98.6032	110.2846	123.4135	138.1664	154.7400	173.3540	194.2535	217.7116	244.0328	273.5558	306.6577	343.7580	385.3227	431.8696	483.9734
20	22.0190	24.2974	26.8704	29.7781	33.0660	36.7856	40.9955	45.7620	51.1601	57.2750	64.2028	72.0524	80.9468	91.0249	102.4436	115.3797	130.0329	146.6280	165.4180	186.6880	210.7584	237.9893	268.7853	303.6006	342.9447	387.3887	437.5726	494.2131	558.1118	630.1655
21	23.2392	25.7833	28.6765	31.9692	35.7193	39.9927	44.8652	50.4229	56.7645	64.0025	72.2651	81.6987	92.4699	104.7684	118.8101	134.8405	153.1385	174.0210	197.8474	225.0256	256.0176	291.3469	331.6059	377.4648	429.6899	489.1098	556.7173	633.5927	720.9642	820.2151
22	24.4716	27.2990	30.5368	34.2480	38.5052	43.3923	49.0057	55.4568	62.8733	71.4027	81.2143	92.5026	105.4910	120.4360	137.6316	157.4150	180.1721	206.3448	236.4385	271.0307	310.7813	356.4432	408.8753	469.0563	538.1011	617.2783	708.0309	811.9987	931.0438	1067.2796
23	25.7163	28.8450	32.4529	36.6179	41.4305	46.9958	53.4361	60.8933	69.5319	79.5430	91.1479	104.6029	120.2048	138.2970	159.2764	183.6014	211.8013	244.4868	282.3618	326.2369	377.0454	435.8610	503.9166	582.6298	673.6264	778.7707	900.1993	1040.3583	1202.0465	1388.4635
24	26.9735	30.4219	34.4265	39.0826	44.5020	50.8156	58.1767	66.7648	76.7898	88.4973	102.1742	118.1552	136.8315	158.6586	184.1678	213.9776	248.8076	289.4945	337.0105	392.4842	457.2249	532.7501	620.8174	723.4610	843.0329	982.2511	1144.2531	1332.6586	1551.6400	1806.0026
25	28.2432	32.0303	36.4593	41.6459	47.7271	54.8645	63.2490	73.1059	84.7009	98.3471	114.4133	133.3339	155.6196	181.8708	212.7930	249.2140	292.1049	342.6035	402.0425	471.9811	554.2422	650.9551	764.6054	898.0916	1054.7912	1238.6363	1454.2014	1706.8031	2002.6156	2348.8033
26	29.5256	33.6709	38.5530	44.3117	51.1135	59.1564	68.6765	79.9544	93.3240	109.1818	127.9988	150.3339	176.8501	208.3327	245.7120	290.0883	345.7620	405.2721	479.4306	567.3773	671.6330	795.1653	941.4647	1114.6336	1319.4890	1561.6818	1847.8358	2185.7079	2584.3741	3054.4443
27	30.8209	35.3443	40.7096	47.0842	53.6691	63.7058	74.4838	87.3508	102.7231	121.0999	143.0786	169.3740	200.8406	238.4993	283.5688	337.5024	402.0323	479.2211	571.5224	681.8528	813.6759	971.1016	1159.0016	1383.1457	1650.3612	1968.7191	2347.7515	2798.7061	3334.8426	3971.7776
28	32.1291	37.0512	42.9309	49.9676	58.4026	68.5281	80.6977	95.3388	112.9682	134.2099	159.8173	190.6989	227.9499	272.8892	327.1041	392.5028	471.3778	566.4809	681.1116	819.2233	985.5479	1185.7440	1426.5719	1716.1007	2063.9515	2481.5860	2982.6444	3583.3438	4302.9470	5164.3109
29	33.4504	38.7922	45.2189	52.9663	62.3227	73.6398	87.3465	103.9659	124.1354	148.6309	178.3972	214.5828	258.5834	312.0937	377.1697	456.3032	552.5121	669.4475	811.5228	984.0680	1193.5129	1447.6077	1755.6835	2128.9648	2580.9394	3127.7984	3788.9583	4587.6801	5551.8016	6714.6042
30	34.7849	40.5681	47.5754	56.0849	66.4388	79.0582	94.4608	113.2832	136.3075	164.4940	199.0209	241.3327	293.1992	356.7868	434.7451	530.3117	647.4391	790.9480	966.7122	1181.8816	1445.1507	1767.0813	2160.4907	2640.9164	3227.1743	3942.0260	4812.9771	5873.2306	7162.8241	8729.9855

附表 4

年金现值系数表

计算公式：$P = \dfrac{1-(1+i)^{-n}}{i}$

期数	1%	2%	3%	4%	5%	6%	7%	8%	9%	10%	11%	12%	13%	14%	15%	16%	17%	18%	19%	20%	21%	22%	23%	24%	25%	26%	27%	28%	29%	30%
1	0.9901	0.9804	0.9709	0.9615	0.9524	0.9434	0.9346	0.9259	0.9174	0.9091	0.9009	0.8929	0.885	0.8772	0.8696	0.8621	0.8547	0.8475	0.8403	0.8333	0.8264	0.8197	0.813	0.8065	0.8	0.7937	0.7874	0.7813	0.7752	0.7692
2	1.9704	1.9416	1.9135	1.8861	1.8594	1.8334	1.808	1.7833	1.7591	1.7355	1.7125	1.6901	1.6681	1.6467	1.6257	1.6052	1.5852	1.5656	1.5465	1.5278	1.5095	1.4915	1.474	1.4568	1.44	1.4235	1.4074	1.3916	1.3761	1.3609
3	2.941	2.8839	2.8286	2.7751	2.7232	2.673	2.6243	2.5771	2.5313	2.4869	2.4437	2.4018	2.3612	2.3216	2.2832	2.2459	2.2096	2.1743	2.1399	2.1065	2.0739	2.0422	2.0114	1.9813	1.952	1.9234	1.8956	1.8684	1.842	1.8161
4	3.902	3.8077	3.7171	3.6299	3.546	3.4651	3.3872	3.3121	3.2397	3.1699	3.1024	3.0373	2.9745	2.9137	2.855	2.7982	2.7432	2.6901	2.6386	2.5887	2.5404	2.4936	2.4483	2.4043	2.3616	2.3202	2.28	2.241	2.2031	2.1662
5	4.8534	4.7135	4.5797	4.4518	4.3295	4.2124	4.1002	3.9927	3.8897	3.7908	3.6959	3.6048	3.5172	3.4331	3.3522	3.2743	3.1993	3.1272	3.0576	2.9906	2.926	2.8636	2.8035	2.7454	2.6893	2.6351	2.5827	2.532	2.483	2.4356
6	5.7955	5.6014	5.4172	5.2421	5.0757	4.9173	4.7665	4.6229	4.4859	4.3553	4.2305	4.1114	3.9975	3.8887	3.7845	3.6847	3.5892	3.4976	3.4098	3.3255	3.2446	3.1669	3.0923	3.0205	2.9514	2.885	2.821	2.7594	2.7	2.6427
7	6.7282	6.472	6.2303	6.0021	5.7864	5.5824	5.3893	5.2064	5.033	4.8684	4.7122	4.5638	4.4226	4.2883	4.1604	4.0386	3.9224	3.8115	3.7057	3.6046	3.5079	3.4155	3.327	3.2423	3.1611	3.0833	3.0087	2.937	2.8682	2.8021
8	7.6517	7.3255	7.0197	6.7327	6.4632	6.2098	5.9713	5.7466	5.5348	5.3349	5.1461	4.9676	4.7988	4.6389	4.4873	4.3436	4.2072	4.0776	3.9544	3.8372	3.7256	3.6193	3.5179	3.4212	3.3289	3.2407	3.1564	3.0758	2.9986	2.9247
9	8.566	8.1622	7.7861	7.4353	7.1078	6.8017	6.5152	6.2469	5.9952	5.759	5.537	5.3282	5.1317	4.9464	4.7716	4.6065	4.4506	4.303	4.1633	4.031	3.9054	3.7863	3.6731	3.5655	3.4631	3.3657	3.2728	3.1842	3.0997	3.019
10	9.4713	8.9826	8.5302	8.1109	7.7217	7.3601	7.0236	6.7101	6.4177	6.1446	5.8892	5.6502	5.4262	5.2161	5.0188	4.8332	4.6586	4.494	4.3389	4.1925	4.0541	3.9232	3.7993	3.6819	3.5705	3.4648	3.3644	3.2689	3.1781	3.0915
11	10.3676	9.7868	9.2526	8.7605	8.3064	7.8869	7.499	7.139	6.8052	6.4951	6.2065	5.9377	5.6869	5.4527	5.2337	5.0286	4.8364	4.656	4.4865	4.3271	4.1769	4.0354	3.9018	3.7757	3.6564	3.5435	3.4365	3.3351	3.2388	3.1473
12	11.2551	10.5753	9.954	9.3851	8.8633	8.3838	7.9427	7.5361	7.1607	6.8137	6.4924	6.1944	5.9176	5.6603	5.4206	5.1971	4.9884	4.7932	4.6105	4.4392	4.2784	4.1274	3.9852	3.8514	3.7251	3.6059	3.4933	3.3868	3.2859	3.1903
13	12.1337	11.3484	10.635	9.9856	9.3936	8.8527	8.3577	7.9038	7.4869	7.1034	6.7499	6.4235	6.1218	5.8424	5.5831	5.3423	5.1183	4.9095	4.7147	4.5327	4.3624	4.2028	4.053	3.9124	3.7801	3.6555	3.5381	3.4272	3.3224	3.2233
14	13.0037	12.1062	11.2961	10.5631	9.8986	9.295	8.7455	8.2442	7.7862	7.3667	6.9819	6.6282	6.3025	6.0021	5.7245	5.4675	5.2293	5.0081	4.8023	4.6106	4.4317	4.2646	4.1082	3.9616	3.8241	3.6949	3.5733	3.4587	3.3507	3.2487
15	13.8651	12.8493	11.9379	11.1184	10.3797	9.7122	9.1079	8.5595	8.0607	7.6061	7.1909	6.8109	6.4624	6.1422	5.8474	5.5755	5.3242	5.0916	4.8759	4.6755	4.489	4.3152	4.153	4.0013	3.8593	3.7261	3.601	3.4834	3.3726	3.2682
16	14.7179	13.5777	12.5611	11.6523	10.8378	10.1059	9.4466	8.8514	8.3126	7.8237	7.3792	6.974	6.6039	6.2651	5.9542	5.6685	5.4053	5.1624	4.9377	4.7296	4.5364	4.3567	4.1894	4.0333	3.8874	3.7509	3.6228	3.5026	3.3896	3.2832
17	15.5623	14.2919	13.1661	12.1657	11.2741	10.4773	9.7632	9.1216	8.5436	8.0216	7.5488	7.1196	6.7291	6.3729	6.0472	5.7487	5.4746	5.2223	4.9897	4.7746	4.5755	4.3908	4.219	4.0591	3.9099	3.7705	3.64	3.5177	3.4028	3.2948
18	16.3983	14.992	13.7535	12.6593	11.6896	10.8276	10.0591	9.3719	8.7556	8.2014	7.7016	7.2497	6.8399	6.4674	6.128	5.8178	5.5339	5.2732	5.0333	4.8122	4.6079	4.4187	4.2431	4.0799	3.9279	3.7861	3.6536	3.5294	3.413	3.3037
19	17.226	15.6785	14.3238	13.1339	12.0853	11.1581	10.3356	9.6036	8.9501	8.3649	7.8393	7.3658	6.938	6.5504	6.1982	5.8775	5.5845	5.3162	5.07	4.8435	4.6346	4.4415	4.2627	4.0967	3.9424	3.7985	3.6642	3.5386	3.421	3.3105
20	18.0456	16.3514	14.8775	13.5903	12.4622	11.4699	10.594	9.8181	9.1285	8.5136	7.9633	7.4694	7.0248	6.6231	6.2593	5.9288	5.6278	5.3527	5.1009	4.8696	4.6567	4.4603	4.2786	4.1103	3.9539	3.8083	3.6726	3.5458	3.4271	3.3158
21	18.857	17.0112	15.415	14.0292	12.8212	11.7641	10.8355	10.0168	9.2922	8.6487	8.0751	7.562	7.1016	6.687	6.3125	5.9731	5.6648	5.3837	5.1268	4.8913	4.675	4.4756	4.2916	4.1212	3.9631	3.8161	3.6792	3.5514	3.4319	3.3198
22	19.6604	17.658	15.9369	14.4511	13.163	12.0416	11.0612	10.2007	9.4424	8.7715	8.1757	7.6446	7.1695	6.7429	6.3587	6.0113	5.6964	5.4099	5.1486	4.9094	4.69	4.4882	4.3021	4.13	3.9705	3.8223	3.6844	3.5558	3.4356	3.323
23	20.4558	18.2922	16.4436	14.8568	13.4886	12.3034	11.2722	10.3711	9.5802	8.8832	8.2664	7.7184	7.2297	6.7921	6.3988	6.0442	5.7234	5.4321	5.1668	4.9245	4.7025	4.4985	4.3106	4.1371	3.9764	3.8273	3.6885	3.5592	3.4384	3.3254
24	21.2434	18.9139	16.9355	15.247	13.7986	12.5504	11.4693	10.5288	9.7066	8.9847	8.3481	7.7843	7.2829	6.8351	6.4338	6.0726	5.7465	5.4509	5.1822	4.9371	4.7128	4.507	4.3176	4.1428	3.9811	3.8312	3.6918	3.5619	3.4406	3.3272
25	22.0232	19.5235	17.4131	15.6221	14.0939	12.7834	11.6536	10.6748	9.8226	9.077	8.4217	7.8431	7.33	6.8729	6.4641	6.0971	5.7662	5.4669	5.1951	4.9476	4.7213	4.5139	4.3232	4.1474	3.9849	3.8342	3.6943	3.564	3.4423	3.3286
26	22.7952	20.121	17.8768	15.9828	14.3752	13.0032	11.8258	10.81	9.929	9.1609	8.4881	8.8957	7.3717	6.9061	6.4906	6.1182	5.7831	5.4804	5.206	4.9563	4.7284	4.5196	4.3278	4.1511	3.9879	3.8367	3.6963	3.5656	3.4437	3.3297
27	23.5596	20.7069	18.327	16.3296	14.643	13.2105	11.9867	10.9352	10.0266	9.2372	8.5478	8.0218	7.4086	6.9352	6.5135	6.1364	5.7975	5.4919	5.2151	4.9636	4.7342	4.5243	4.3316	4.1542	3.9903	3.8387	3.6979	3.5669	3.4447	3.3305
28	24.3164	21.2813	18.7641	16.6631	14.8981	13.4062	12.1371	11.0511	10.1161	9.3066	8.6016	7.9844	7.4412	6.9607	6.5335	6.152	5.8099	5.5016	5.2228	4.9697	4.739	4.5281	4.3346	4.1566	3.9923	3.8402	3.6991	3.5679	3.4455	3.3312
29	25.0658	21.8444	19.1885	16.9837	15.1411	13.5907	12.2777	11.1584	10.1983	9.3696	8.6501	8.0218	7.4701	6.983	6.5509	6.1656	5.8204	5.5098	5.2292	4.9747	4.743	4.5312	4.3371	4.1585	3.9938	3.8414	3.7001	3.5687	3.4461	3.3317
30	25.8077	22.3965	19.6004	17.292	15.3725	13.7648	12.409	11.2578	10.2737	9.4269	8.6938	8.0552	7.4957	7.0027	6.566	6.1772	5.8294	5.5168	5.2347	4.9789	4.7463	4.5338	4.3391	4.1601	3.995	3.8424	3.7009	3.5693	3.4466	3.3321

國家圖書館出版品預行編目(CIP)資料

管理會計 / 陳萬江、李來兒 主編. -- 第二版.
-- 臺北市：崧博出版：崧燁文化發行, 2018.09
　面；　公分

ISBN 978-957-735-432-7(平裝)

1.管理會計

494.74　　　　107014895

書　名：管理會計
作　者：陳萬江、李來兒 主編
發行人：黃振庭
出版者：崧博出版事業有限公司
發行者：崧燁文化事業有限公司
E-mail：sonbookservice@gmail.com
粉絲頁　　　　　　網　址：
地　址：台北市中正區重慶南路一段六十一號八樓 815 室
8F.-815, No.61, Sec. 1, Chongqing S. Rd., Zhongzheng
Dist., Taipei City 100, Taiwan (R.O.C.)
電　話：(02)2370-3310　傳　真：(02) 2370-3210
總經銷：紅螞蟻圖書有限公司
地　址：台北市內湖區舊宗路二段 121 巷 19 號
電　話:02-2795-3656　傳真:02-2795-4100　網址：
印　刷：京峯彩色印刷有限公司（京峰數位）
　　本書版權為西南財經大學出版社所有授權崧博出版事業有限公司獨家發行
　　電子書繁體字版。若有其他相關權利及授權需求請與本公司聯繫。

定價：450 元
發行日期：2018 年 9 月第二版
◎ 本書以POD印製發行